秦大河
南极科考行记

秦大河 著

科学出版社

北京

内 容 简 介

为保护人类居住星球的健康和子孙后代的生存，1989—1990年，一支由六个国家六名队员组成的国际科学考察队首次徒步穿越了冰雪覆盖的南极大陆，秦大河为中方队员。本书记录了这次人类有史以来穿越南极活动策划、筹备、训练及实施的全过程，读者从中不仅可以感受到人类此次代价高昂的南极穿越所经历的各种艰难险阻，考察队员们大无畏的英雄气概、科学家精神和友谊，而且可以领略到南极洲的自然风光和绮丽的冰雪世界。根据秦大河穿越南极日记绘制的包含217个宿营地的详细的行进线路图，以图文并茂的形式重现了这一段历时220天、跋涉5896公里的艰险征程。本书还将穿越过程的精彩章节录制了声音文件，感兴趣的读者可以扫码听书。

本书适合大众阅读。

审图号：京审字（2024）G第0506号

图书在版编目（CIP）数据

大穿越：秦大河南极科考行记 / 秦大河著. — 北京：科学出版社，2024.6
ISBN 978-7-03-078376-9

Ⅰ.①大… Ⅱ.①秦… Ⅲ.①南极 – 科学考察 – 中国 Ⅳ.①N816.61

中国版本图书馆CIP数据核字（2024）第072087号

策划统筹：彭　斌　李栓科
责任编辑：李春伶　李秉乾 / 朗读：金　蓉
责任校对：张亚丹 / 责任印制：肖　兴
封面设计：张　放　邓　跃 / 装帧设计：北京美光设计制版有限公司

科学出版社 出版
北京东黄城根北街16号
邮政编码：100717
http://www.sciencep.com

北京中科印刷有限公司印刷
科学出版社发行　各地新华书店经销

*

2024年6月第 一 版　开本：710×1000　1/16
2024年6月第一次印刷　印张：30 1/2　插页：2
字数：482 000

定价：128.00元

序

2023年4月，科学出版社李春伶编辑在给孩子挑书的时候，淘到我30年前出版的《秦大河横穿南极日记》，提出要重新整理日记出版一本适合现代年轻人阅读的科普新书。而新冠疫情前，《中国国家地理》杂志社社长李栓科研究员也计划在穿越南极30周年时，再版我的日记，杂志社陈红军主任、孙媛媛副主任做了大量准备工作。后来因疫情，再版工作也随之停止。2023年11月，科学出版社彭斌总编辑主动提出重新整理出版南极科考日记一事，在彭总的协调下，科学出版社从《中国国家地理》杂志社接收了书稿的相关资料，决定由李春伶任责任编辑，本书遂进入科学出版社的出版流程。

今年5月，收到春伶编辑用半年心血完成的《大穿越——秦大河南极科考行记》清样件后，急不可耐，匆匆翻阅……很兴奋！1989—1990年5896公里徒步穿越南极大陆的科学探险活动过去34年了，往事太过遥远，记忆日渐模糊，但翻阅这既熟悉又"陌生"的新书时，当年穿越南极冰盖的往事在脑海中开始复苏，我很激动！我是幸运者，作为一名从事冰冻圈科学研究的中国科学家，有幸加入并和其他五国五位战友竭尽全力，合作完成了人类首次徒步穿越南极大陆的科学探险活动。回忆当年，中国科学院、国家南极考察委员会及其办公室、兰州冰川所、中国极地研究所和中国南极长城站，以及各相关机构的领导、同事和科学家，还有我的父母和家人等，是我徒步南极的坚强后盾。同时，在美国、澳大利亚、法国的国际友人，考察队在美国和法国办公室的秘书、后勤团队、雇员和志愿者，也是我的坚强后盾。对他们，我感恩感谢不止！南极科学、国际合作与世界和平，国家、事业和家庭等，在这次南极大穿越中融为一体，无法分割！

徒步穿越南极大陆活动过去34年了，但大穿越的后续活动仍在继续。

2007年10月，"由于努力构建和传播人类活动影响气候变化的知识，并为提出防止气候变化的措施奠定了坚实科学基础"，政府间气候变化专家委员会（IPCC）和美国前副总统戈尔共同分享了当年的诺贝尔和平奖。12月10日在挪威奥斯陆颁奖仪式上，我作为IPCC 25人代表团成员之一，和戈尔团队的维尔·斯蒂格（Will Stiger）等得以见面，实现了我们南极大穿越后的第一次相聚。气候变化和环境恶化是全人类共同面临的重大安全问题，如高温热浪、暴雨洪涝、森林大火、干旱缺水、土地退化和荒漠化、冰川退缩、物种锐减，等等。厄瓜多尔首都基多、玻利维亚的拉巴斯、秘鲁首都利马等城市，因安底斯山的冰川退缩而缺水，哺育着世界四成人口的喜马拉雅山冰川、冻土和积雪等固态水源，受全球变暖而锐减，给区域经济发展和社会生活带来风险。此外，中国、非洲大陆还面临着沙漠化的威胁。从广义上讲，气候和环境问题引发的灾害影响了人类安全，居民面对灾害确实无安全可言。积极应对气候变化、保护环境就是保护了人类安全，这是诺贝尔评奖委员会将和平奖颁给IPCC团队和戈尔的原因。大穿越科学考察队队员在应对气候变化和保护地球环境命题上，无论穿越活动之前还是之后都未松懈，目的是保护人类居住星球的健康和子孙后代的生存。

2010年12月6—15日，在纪念南极大穿越20周年之际，考察队在美国明尼苏达美加边界处的考察队营地聚会，在轻松的环境里，队员们回忆着徒步穿越中的往事，明尼苏达大学的专家团队做了声像记录，成为口述历史的珍贵资料。12月11日在明尼苏达大学大礼堂，我和该校的邦妮·基勒（Bonnie Keeler）教授以气候和环保为题，面向公众举行报告会。会议主持人是一位在明尼苏达大学进行访问的中国学者，我讲述穿越南极大陆的目的和意义，介绍南极和气候变化的关系。基勒教授则讲述中美气候合作、中国工业减排的行动与成效，给大家留下深刻印象，尤其是她拍摄的中国大型石化工厂减排和清洁生产的照片，社会反响很好。后来了解到，清华大学和明尼苏达大学在应对气候变化领域有着长期合作关系，她在清华大学做访问学者一年多，刚回来不久，曾到山东、河北等地化工企业做过调研，对中国工业减排行动和环保措施落实有亲身经历。

2019年11月8—13日，应日本极地研究协会邀请，考察队全体队员到日本参加在东京举行的南极大穿越30周年系列活动暨"思考南极 面向未来"研讨会，来自日本学术、教育、政府、媒体和相关各界组织机构的千余位代表也参加了此次系列活动。研讨会于11月10日在东京国际会议中心举行，各界500余人出席。每位队员都在自我介绍之后，就大穿越和南极环境保护等自己熟悉的领域讲话，我专门讲了大穿越期间雪冰采样的科学研究，以及全球气候变化的事实、影响和应对等。会上，听众频频提问，队员回答坦率幽默，场面欢快热烈，记忆极为深刻。在日期间，考察队员还下沉到东京立赤塚第二中学和社区同中小学生、居民200多人面对面进行交流。在社区的科普活动注重宣讲南极大穿越考察活动后三十多年来，全球加速变暖及其对南极洲和全球的影响，培养和提高中小学生和社区居民的环保意识。这段时间里，考察队员还就大越穿的历程、南极面临的挑战、气候变化的应对措施等问题，接受了美国《穿越南极之后》（After Antarctica）制片组、日本NHK电视台的专访。《穿越南极之后》是一部纪录片，讲述了30年来南北极环境变化及其面临的挑战，我在专访里介绍了IPCC第五次评估报告和特别报告《全球温升1.5℃》和《海洋与冰冻圈》的内容。在东京，考察队还讨论决定2020年3月3日南极大穿越30周年之际，访问中国兰州、丽江和北京。不幸的是，一场连续三年的新冠疫情全球大流行使之未能成行，遗憾至极！

"全球变暖的时代已经结束"，"全球沸腾的时代已经到来"，气候变化的影响全面而深刻！控制温升2℃以内并力争1.5℃、"双碳"目标、调整能源结构、转型脱离化石能源等应对政策已经或正在形成国际共识，气候变化问题已经从自然科学问题上升为经济、政治、外交乃至地缘问题。如果全球变暖持续下去，南极冰盖的加速消融将不可逆转，南极大陆最终会成为无冰的大陆，这对地球环境和人类社会将是一场灾难！应对气候变化、保护地球家园的科普教育要常抓不懈，南极大穿越后续的科普活动还会继续下去。2024年9月28日—10月4日，考察队计划在法国巴黎和波尔多重聚，法国和其他各方准备工作都在紧锣密鼓地进行，相信气候治理和环保保护仍是中心议题。中国是力行应对气候变化政策的大国，我希望大穿越考察队将来也能访问中国，共浇保护气候、呵护地球的国际之花！

1990年南极大穿越活动结束后，曾出版过《我是秦大河》（1990年，甘肃少儿出版社）和《秦大河横穿南极日记》（1993年，科学普及出版社），朋友们常和我谈到这些书籍。记得在一次聊天时，宛廷聚先生说，中文里横是沿纬向而行，而穿越南极是经向行动，用"横穿"一词不妥。此次重新整理日记出版过程中，已将"横穿"改为"穿越"。宛君是我多年挚友，他毕业于西北师范大学中文系，长期从事民族文化工作，是著名的书法家，于2022年7月16日突发心梗不幸离世，这里借此机会纠错，愿他在天国得知这个消息。徒步穿越过程中的原始记录是每日在长途跋涉、完成一天科考工作、做饭吃毕后才握笔，已经疲惫不堪，原始资料中的各种语病同样是这次重新整理必须面对的难题。令人欣慰的是，科学出版社有一支强大的编辑团队和深厚的学术积淀，除了通过细致工作消除各种语病之外，他们还从科学文库中调出我1995年出版的《冰川学考察报告》作为参考，在国内首次编绘了人类第一次徒步穿越南极大陆的线路图（1∶2000万）和南极科学考察站分布图（1∶2500万），整理了40年来中国进行南极科考的大事记。这对于读者了解南极内陆自然条件和景观，了解我国南极科学考察事业的历史，很有裨益。这里，我还要感谢《中国国家地理》杂志社李栓科社长和他的同事们，他们为本书勘误也做了大量的工作。

　　30多年过去了，徒步穿越南极220天、5896公里的征程，低温、狂风、暴雪，狂抖的帐篷，勇敢的雪橇狗……一旦出发，绝无回头机会。在穿越最艰苦的时刻，科学给了我力量，坚持挖雪坑、采雪样、搞观测、做记录，兢兢业业，我完成了沿途雪样采集和冰川、气候、地貌的科考任务。在穿越最困难的时候，亲人给了我力量，我反复默读爱人的来信，她在车祸受伤住院时仍支持我奔赴南极，让我终生内疚。30多年过去了，许多前辈先后离世，中国南极事业的掌舵人武衡院士，我的导师李吉均院士，老领导施雅风院士、孙枢院士、谢自楚教授，张祥松研究员，南极办郭琨主任和高清泉副主任，还有我的父亲和母亲。当年，他们给了我莫大的支持、帮助、指导和鼓励，甚至祈祷，都是我勇闯南极大陆的力量之源。我八十岁的老母亲每天磕头祷告，祈求上天保佑她小儿子的平安！……此番受国家南极考察委员会派遣，参加国际穿越南极科学探险，系国之重任，当努力拼搏，志在必成，因为"秦大河代表了中国"！

　　今年是中国开展南极科学考察事业的第40个年头，2月7日我国第五个南极科学考察站秦岭站建成开站，越来越多的青年才俊加入到了南极事业之中，令人欣慰。当前，科技进步加速，南极野外后勤条件优越，希望本书对广大读者和年轻的极地工作者全面了解南极工作有所裨益。

2024 年 5 月 23 日

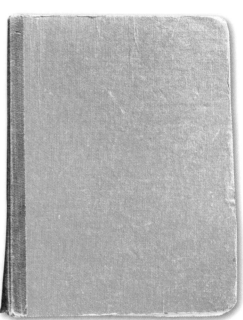

秦大河 1989—1990 年穿越南极大陆时使用的日记本

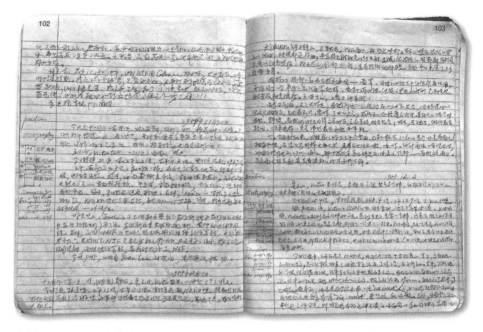

秦大河 1989—1990 年穿越南极大陆日记本内页一

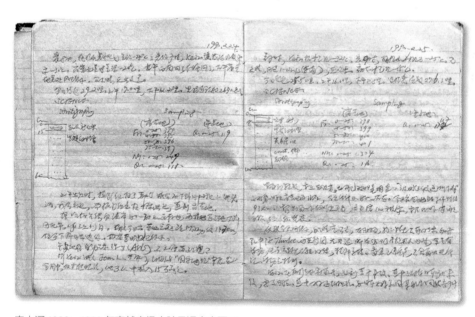

秦大河 1989—1990 年穿越南极大陆日记本内页二

目 录

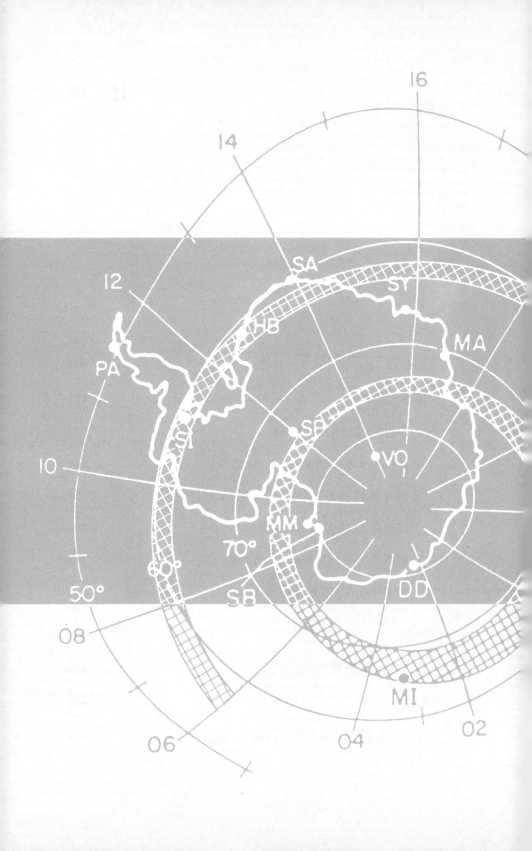

18

20

22

OOLT

准备

1988 年 5 月 19 日
—
1989 年 7 月 26 日

1988年5月19日　　　　　　星期四

接到北京电话，说了几件事情。

1. 最近南极办正在物色人员（1人），参加1989年8月15日起由美、苏、法、日、联邦德国、中六国组成的联合考察队，自南极半岛→阿蒙森–斯科特站→东方站→（麦克默多站？）的大考察工作。我讲亦欲试，但颜回答，先安心工作，回来还有许多事情要做，云云。

2. 询问是否仍考虑到极地所工作一事。我回答仍在考虑，但时间望能稍迟一些。颜讲，等结束工作回国后再商议此事。极地所1988年8月正式破土动工兴建。

3. 最近在杭州召开南大洋学术会议，系为明年的国际会议作准备，望能参加。回答最近正在准备文章，届时一定前往。

4. 郭主任、颜其德等将在近日赴新西兰参加南极条约国组织的南极洲矿物资源会议。

5月17、18日两天，大面积天气过程，乔治王岛地区连续降雨，地面上的厚厚积雪几乎被冲刷干净。长城站因西湖水满为患，1号和2号楼之间的"河流"奔流不止。5月17日的最高气温达3.2℃。据气象人员讲，5月17、18日两天降水量已超过300毫米，相当之大。

5月19日上午，风向转为东南风，小暴风雪。到下午，地面覆盖一层白雪，甚为壮观。海水水温5月17、18日明显上升，今日又下降到–1.0℃。

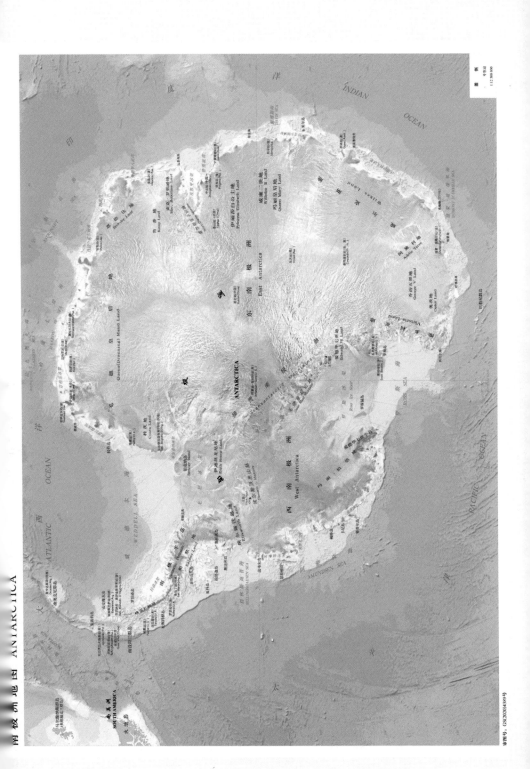

南极洲地图 ANTARCTICA

凯西站的日出加日落

凯西站 pico 钻在打钻　　　　　　　　秦大河在凯西站低温室

秦大河参加冰盖内陆考察车队

1988年5月20日 　　　星期五

给南极办发去电报，申请参加穿越活动，报告如下：

南极办：

　　获悉，1989—1990年将派人参加六国合作穿越南极冰盖科学考察，特提出申请，请领导考虑。本人参加这项工作具备下列条件：

　　1. 参加过两次东南极洲内陆冰川地球物理大考察，独立承担并很好地完成了研究大纲。本人不仅较熟悉牵引车、雷达与通信设备操作与联系等工作，而且经历过野外重大事故处理、强暴风雪及低温的袭击等，具有丰富的南极内陆工作经验。

　　2. 年富力强，身体健康。

　　3. 数次独立承担国际合作研究项目，并获得较好成绩。

　　4. 穿越内陆的考察中冰川学是重点。本人能提出独立的，并具有当代国际冰川研究水平的课题。另外，自阿蒙森-斯科特站到东方站约1000公里的内陆系海拔3000—4000米的南极高原。本人多次在高原地区工作，具有高原缺氧地区工作经验，身体亦有良好的耐受能力。

Qin Dahe　(People's Republic of China)
Team member for International Trans-Antarctica Expedition. Glaciologist with the Lanzhou Institute of Glaciology and Geography. Expedition glaciologist.
Born: 1/4/47

5. 工作、生活、通信中不存在语言障碍，不利因素是目前仍在长城站工作，到年底或明年初才能返回，准备时间仓促。

请领导放心，不论批准与否，本人均将安心在此地工作，并搞好长城站越冬的工作。

秦大河
1988.5.20

1988年12月12日　　　　　星期一

波提先生来访长城站，讨论下列问题：

关于穿越南极路线上稳定同位素采样。

须采集厚度包含10个年层的雪样。如果雪坑深100厘米，可每25厘米采样一个，共计4个样（或至少2个样）。

如果积累量很大，采5年的亦可。剖面中若遇冰，则不必继续往下挖。

（问题：如何知道采样地的积累量？）

每50公里采一次样。共计约100个样点（400个样）。

晚张福刚来电话通知我量"尺寸"——参加"1990年国际穿越南极探险队"之活动。通知说身体尺寸尽快电传报回。要求我在长城站工作告一段落后，于1989年2月1日前直奔美国参加集训。集训于3月中旬结束，然后再回国。

1988年12月13日　　　　　星期二

一、前天苏联船"费德洛夫院士"号抵达苏站。波提先生及其助手被接到长城站作客。他带来了同位素样的采样瓶及β样瓶、塑料袋黏合机等。两天中详谈了下列问题：

1. 关于穿越采样问题。

2. 法、苏东方站的冰芯进展情况。

3. 我们的进一步合作问题。

4. 纳尔逊冰帽的冰样分析正在进行。首先看看是否有季节性变化，估计明年3月份可能结束。

5. 他去东方站工作，约于明年3—5月份才能返回法国。

二、波提于中午到马尔什机场乘飞机返回船。当天"费德洛夫院士"号离开此地。

下午穿越的后勤飞机抵达乔治王岛。两名机上人员（斯蒂夫，工程师；莫斯，飞行员）及杰夫·萨莫斯来站，将住在站上1—2周。其主要任务系在南极洲内陆食物存放地安置明年用的后勤物资。

来此地的飞机为"水牛"（即加拿大生产的"双水獭"式飞机），上标有"国际探险网"，左翅膀上写有C-FDHB。系加拿大飞机。

1988年12月14日　　　　　星期三

在马尔什机场堆放的、由苏船"费德洛夫院士"号运抵的考察队部分物资如下：

狗食：12（大木箱）×507公斤。每只狗按每天2磅（1磅≈0.45公斤），均为压缩的狗食。食品：8（纸箱）。

共计20大箱物资要空运到埃尔斯沃思山脉（约74°S）及其他地点储存。上述食品仅供南极半岛及其以南一段路程中使用。

作为训练计划的一部分，国际穿越南极探险队已于1988年4月18日至6月14日完成了格陵兰冰盖穿越训练。他们于4月18日从格陵兰南端纳萨克出发，6月14日到达北端的汉博尔德冰川。参加训练的人员及简况如下：

维尔·斯蒂格（美国人），1990年国际穿越南极探险队主力队员。曾率领第一支无补给而徒步抵达北极点的考察队，并获成功。年龄：43岁。

让·路易·艾迪安（法国人），1990年国际穿越南极探险队主力队员，是第一个单人滑雪抵达北极的人。年龄：41岁。

伯纳德·蒲内德哈姆（法国人），1990年国际穿越南极探险队格陵兰训练队员，法国电影公司录音师。年龄：41岁。

维克多·巴雅斯基（苏联人），1990年国际穿越南极探险队主力队员之一，苏联南北极研究所成员。年龄：37岁。

维尔·斯蒂格

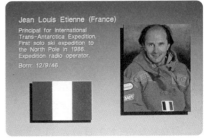

让·路易·艾迪安

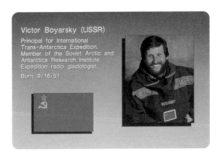

维克多·巴雅斯基

舟津圭三

杰夫·萨莫斯

　　舟津圭三（日本人），1990年国际穿越南极探险队一般队员，驯狗专家。年龄31岁。

　　杰夫·萨莫斯（英国人），1990年国际穿越南极探险队一般队员，英国南极考察队成员。年龄：38岁。

1988年12月24日　　　　　　**星期六**

　　上午秦大河、李果、曹冲、吕纯操、徐如国、吴伟烈六人到马尔什机场帮助穿越考察队装运航空汽油共39桶（每桶180公斤）。该油共计325桶，在法国装上苏联"费德洛夫院士"号，运到别林斯高晋站前海湾，又用直升机飞了4个架次，才运到机场南头。我们的任务是帮助考察队把汽油安放到一个平坦地方。

1988年12月28日　　　　　　**星期三**

　　已装箱毕，即将告别长城站回国。

　　上午9：40，与张涛、陈永申离开长城站赴马尔什机场。刘书燕队长、李果、郎英杰、曹冲、刘琛、依诺夫等同志到机场送行。

上午10：30，马尔什机场举行基地新、老司令交接仪式，升国旗、唱国歌、致辞等。巴斯蒂亚斯司令用西语致辞，但当回忆到与长城站的友谊、合作时，特别指出了与前站长秦大河的友好相处和合作，则用英语讲。

仪式后，直到下午4时（智利时间下午5时）飞机才起飞。巴斯蒂亚斯夫妇和小女儿同行（余皆已先期返回），还有其他四位军官及家属，以及10—20名智利站的队员同机。该飞机系巴西空军的"大力神"飞机。一路顺利，下午7时安全抵达彭塔机场。

到机场后即去购票，因下班未购上。但已订好明晨的"铜矿公司航班"，起飞时间上午9时，7：20在市内有大巴士送客人。因行李太多乘两辆出租车到"萨包依旅馆"，但客满。张主任已驱车先到 Los Navecantes旅馆。仅有单间，每间12 000比索。张主任住大间，100%收费。317和310房间略小，按85%折扣，我和永申各住一间。出租车每辆3000比索，共花费6000比索。讲好明晨7：20两车来接我们去机场。

住定后即往"中国北京餐厅"就餐。店主系柯良玉，台湾移民，很热情，饮料喝茶免费。

夜10：50挂长话给圣地亚哥中国使馆，到11时10分仍未见回音。

1989年2月10日　　　　星期五

近几天经历如下：

2月7日：晨7：30乘44次特快前往北京，一路顺利，于2月8日傍晚6时正点抵达。徐建中到车站接我，当时取出托运的行李和走轮包，并顺利住进海洋局招待所。

2月9日：海洋局招待所春节期间停业，但有人值班。今天仅我一人住宿。上午贾副主任、张福刚来办公室，为我办各种手续。在南极办领到的物品见本笔记本后页。领到的外币、护照、机票等亦见后页。张福刚叮嘱，在返回前订好机票后，电告南极办，以便接人。下午1时，到张青松家中取中国地图（英文版）6张，付8元（7折）。

2月10日：晨6：50，徐建中来办公室接我，并把我送到首都机场。

行前，将给朱克家和刘耕年同志的几张照片包在一张报纸里放在贾副主任的桌子上，请转交陶丽娜，再转交朱、刘二位；又将给屈振生及钦珂的信，请徐建中同志帮助寄发。昨天，还从邮局给张坤诚、唐兴信同志各一信，将在长城站拍的照片寄去，并祝新春愉快。

在大北窑，张福刚上车，到机场送行。顺利过了海关并办理了登机手续。办毕手续后，与张福刚、小徐告别，旋即进入候机厅。

乘坐CA983航班（系北京→上海→洛杉矶→旧金山）从北京9：20起飞，到上海出海关，逗留约一个半小时后，中午12：30起飞，连续飞行12小时后，于当地时间上午8：30抵达洛杉矶。携带的行李均要在此地入关，于是乎忙得一塌糊涂。在取行李处拿出行李，并带手提行李出关，需要请搬运工帮忙，又要租用手推车，等等。直忙到当地时间11：30，又返回原机起飞，于12：50许到达旧金山。

在旧金山取出行李，又租用手推车，乘电梯到楼上，在西北航空公司处询问，可提前乘356号航班去明尼苏达/圣保罗。该机15：05起飞，比原来预订的358航班早2小时。

洛杉矶和旧金山位于太平洋岸边，是美国的西海岸城市。这里全天的气温分别为15℃和11℃，异常暖和，我们中国民航的旅客们都热得不得了，纷纷脱掉外衣、毛衣。我也急不可耐地脱大衣、毛衣、毛裤。下午3：55左右，356航班起飞约半小时后，飞机下面出现高山和白雪皑皑的景观。起飞1小时后，复为干旱大陆。飞行员告知，明尼苏达现在很冷，气温可达-35°F左右（约-37℃）。

飞机在飞行3小时后，于当地时间晚8：30安全抵达明尼苏达机场。在换币机上换了1美元的外币，打电话给凯茜女士，她为我提前两小时抵达甚感惊奇，随即凯茜夫妇来机场接我，但因皮箱未找到，只好告知机场西北航空公司的行李处工作人员，答复说待查出后再通知。凯茜夫妇拉我到城郊辛西娅和史蒂文家中居住。在机场凯茜说真想不到中国队员能熟练地讲英语，也想不到中国队员个子如此之高。

辛西娅·博诺莫和史蒂文·米勒；凯茜迪·莫尔和史蒂夫·伯托；詹妮弗·金布尔·加斯佩里尼；玛格丽特和比尔·斯蒂格（维尔的父母亲）；高尚英。

以上系辛西娅让我即刻要记的有关人士之姓名。前三名是考察队美国办公室工作人员（及丈夫姓名），然后是维尔的父母亲和维尔的女友之姓名。

1989年2月11日　　　　　　星期六

直睡到下午2时才醒来，辛西娅说我睡了一个长觉。我感到精神很好，在连续飞行24小时后，能好好休息太重要了。

下午7时，维尔·斯蒂格及其父母，还有一美籍朝鲜人高尚英女士来到史蒂文·米勒家中看我，约好7：30请我到明尼苏达郊区的一家豪华饭馆就餐，算是为新的中国队员接风洗尘。该饭馆距维尔家不远。维尔告诉我，昨天"丢失"的皮箱已找到，并已由西北航空公司的职员送到维尔的家中。在去饭馆吃饭时，将我的其余东西带到了车上，并转住到维尔家中。辛西娅行前嘱咐，如果在维尔家中居住感到不便，可搬到她家中与他们夫妇同住，表示欢迎。

维尔·斯蒂格在其父母处居住。比尔·斯蒂格先生年已70岁（刚过70岁生日3个月），有9个孩子，1—5为男孩，6为女孩，7为男孩，8—9为女孩。即六男三女，均已独立，老夫妇身体健康。由于孩子多，所以住房亦宽敞。一座半地下式的三层尖顶大屋，足以容纳9个孩子。因此，考察队安排我们5人均住在维尔家中。我和杰夫同居一室，系半地下式。杰夫已先期抵达伊力，明、后天回来。比尔的长子为电子计算机教授，住在新罕布什尔。

这是我第一次到美国。在洛杉矶刚下飞机时，顺楼道而下，在您眼前的是赫然几个大字，用英、法、日、中等文字书写：请准备好入境手续。再向前走几步，英文写有："THINK ABOUT IT"，伴随此字的是一幅铁窗内关押犯人的图画。意思是提醒诸位守法，安全通过移民局和海关的检验，不要做违法的事情。这简简单单的几个字，一幅画，给人留下深刻的印象。

和辛西娅及其丈夫交谈中，明显地感觉到他们对外界知道得太少了，尤其是对中国和东方。可能也就只知道中国在东方而已，还知道中国盛产丝绸。对南极洲呢？用辛西娅的话来说，美国人很少知道南极洲。澳大利亚的大人、小孩，几乎都知道南极。相比之下，美国这一大国的人民知道的关于南极洲的知识反而比小国澳大利亚的人知道得都少，让人不能理解！

1989年2月12日　　　　　　　　星期日

上午休息。

中午1：30，维尔和其女友高尚英携我去看望一位美籍华人刘一华先生。刘先生57岁，夫人叫琳达，美国人。刘移居美国已40年，现有一男一女两个孩子，男孩在夏威夷做旅馆经理，可能不久要去中国上海做合资旅馆的经理，女儿在东部读实验室技术的学位。其母已病故，父亲90高龄，健康，住在火奴鲁鲁。

刘原籍上海，但可讲标准的美国普通话。因在美国已40年，中文不大流利。他毕业于美国一间大学艺术系，学习美术，现在在一家广告公司做执行副主席，从事创作活动。业余时间也画不少水彩画，我们外行看起来感到很不错，似与中国传统水墨画的风格不同。刘一华在伊力拍电影时认识了维尔，他们是老朋友了。刘先生对中国文化很欣赏和留恋，甚至希能有一部《古文观止》《唐诗三百首》《孟子》之类的中国书一读，可惜1988年回国时未能购到。我答应试试，帮他购一套，7月份带来。

在刘先生家中吃午饭，琳达可以做一手中国饭，烧卖、锅贴、虾饺、炒米饭、酱猪舌头等，味道还很好。刘讲，琳达经常请教其大姑子，学习做中餐的技艺。

下午5时，刘先生邀我到郊区一家广东餐馆参加"美中友协明州分协会"主办的中国新年欢庆宴会。参加者有100多人，大多数为美国人，还有部分美籍华人、中国留学生等。此间饭馆中国菜的质量很差，还不如琳达的技术。美中友协主席（名字未记住）和我交谈，送友协徽章一枚。在讲话中又将我介绍给大家，受到欢迎。留学生都询问中国南极研究的现状和中山站建筑进展情况，一一作了回答。刘先生讲，我是此宴会上最引人瞩目的人物，本州一家私人电视台还拍了电视，亦包括中国南极考察队员秦大河。刘先生提醒我注意，以后这种场合会很多很多的，一定要准备好发言的腹稿。

晚10时回到维尔·斯蒂格家中。圭三和维克多已安全抵达明尼苏达。

1989年2月14日　　　　　星期二

昨天的活动：

上午到一公司（名称为Daytons公司）参观该公司为考察队制作的诸多小型物品。该公司从明年开始将制作我们考察队的狗作为新年和圣诞吉祥物。公司职员凯瑟琳女士负责接待。

中午到圣保罗市中心的一家意大利餐厅午餐。

晚上ABC电视台摄影组到维尔家中拍摄每位队员。晚10时许，让·路易从法国抵达这里参加集训。

今天在明尼阿波利斯市中心拉得森旅馆会议厅举行考察队准备工作进展情况的会议。除考察队员、工作人员外，主要参加人为此次活动的赞助商。内容如下：

维尔·斯蒂格：介绍全体队员及考察队工作人员；介绍南极洲、南极洲的自然条件以及研究考察南极洲环境问题；介绍考察目的、路线、计划。

让·路易：介绍考察队通信指挥船"UAP"号建造进展情况并放映幻灯片。

该船120英尺（1英尺≈0.3米）长，30英尺宽，吃水线3—4英尺，并非破冰船。全金属（铝合金）结构。计划4月22日完工，6月12日驶抵纽约。

维克多：介绍苏联伊尔-76和安-74型运输机的情况，以及需求条件。介绍科学考察计划（与秦合作）。

凯茜：介绍美国办公室组织、活动以及所获资助问题（资助及开支计划已见报纸）。

主要资助人：

办公室一秘书：介绍考察队的日程计划，ABC公司拟定的新闻报道计划，线路卫星电视实况转播的计划等；并介绍几个主要新闻公司，这些公司计划采访、报道此次国际合作穿越南极的活动。

詹妮弗·金布尔·加斯佩里尼：介绍考察队有关结合穿越南极进行的全球青少年关心、保护南极洲环境的教育计划（详见文件）；詹妮弗详细地介绍了有关南极教育的计划和活动。

各资助单位的代表相继发言，有"德腾斯公司""目标公司"，等等。其中加利福尼亚伯克利的"北面"（The North Face）公司的代表提出愿意资助一批寒区用的野外服装和鞋时，另一公司的代表说："您晚来一步，我们已经为队员们提供了。"

目标公司出版了《探险经验谈》一书，并放映幻灯片解释我们的探险计划，真是周到得很。

下午3—6时，在明尼阿波利斯市中区的"明尼阿波利斯健身俱乐部"举行鸡尾酒会，招待新闻界朋友及赞助单位的来宾。

晚上，希尔先生（拖橇狗所用食物的长期赞助者）请吃晚餐，我、圭三和杰夫三人未去。

1989年2月15日　　　　　星期三

晚上在伊力训练营地开会，主要内容如下：

"UAP"号船将于7月15日抵达智利彭塔。届时所有的狗都暂时放到中国长城站。紧急救援电台可借用苏联站或智利站的，因为这两个站有24小时监听。考察队工作人员、伊力训练营地负责人约翰·斯坦德森将在1989年7月至12月1日住在乔治王岛的中国站或苏联站。

12月1日，我们抵达南极点后，通信指挥船"UAP"号启航，经彭塔接埃尔斯沃思山补给站的后勤人员后，立即西行到苏联和平站，迎接抵达终点的全体队员。考察队将力争于1990年2月15日左右抵达苏联和平站。

东南极洲穿越路线中的物资补给的问题。原来计划放到苏联东方站的食品，在苏联和平站由直升机从船上吊往岸上时因绳子断了掉入海中。计划今年年底重搞一批食物、燃料等由苏联人设法送到东方站。

7月16日的飞机将载14 000磅自明尼苏达飞往乔治王岛，包括6名队员加约翰·斯坦德森以及狗食，还有食物、燃料、帐篷以及其他生活必需品。

法国摄影组将跟随我们行进一段时间现场拍电影，该组人员的食物等最多准备5—6周的即可。

ABC公司、法新社、朝日新闻社等约8名记者将住长城站。

在训练营地伊力的合影

飞机将于7月16日飞往乔治王岛，途经古巴首都哈瓦那和智利首都圣地亚哥两地。

关于行进速度，如果刚开始保持11英里（1英里≈1.6公里）/日，1个月后增到20—25英里/日，到南极点后保持20英里/日则可于2月7日抵达和平站。将在埃尔斯沃思山脉南端设爱国者丘陵救援站。10月份DC-4可飞到埃尔斯沃思山救援站。站上有两架"双水獭"式飞机，专门用于后勤及安全保障。等我们到南极点时，飞机再飞到极点待命；我们到达东方站后，飞机再飞到东方站住勤，直到我们结束，飞机才可以撤离。该飞机属加拿大国际南极探险网航空公司。

我们全体队员是今天下午5时许抵达伊力的"营地"，即训练营地。该营地距伊力镇约14公里，位于加拿大边界不远的美国国家自然保护区内。营地周围为小丘、森林，积雪很厚，一片白茫茫的营地旁边即为湖泊。风景十分美丽。这里远离城市，人烟稀少，连电灯都没有，照明用的是瓦斯汽灯，做饭烧的是木柴，一切都很"原始"。这里又是北美末次冰期期间苏伦泰德冰盖作用过的地区，小丘实为冰碛，湖泊应是冰川侵蚀湖。今天下午抵达时气温为-31℃。

1989年2月16日　　　　星期四

清早6时起床。ABC摄影组一行5人早上6点还不到即已抵达营地，并开始拍摄活动。摄影组拍摄我们的一切：做饭、洗漱、吃早点、谈话等。

今天清晨气温为-37℃，下午上升到-15℃，夜10时为-27℃。今日尝试学习驾驭狗拉雪橇。

首先，维尔给我介绍这里的一只母狗，它刚生产了三只小狗。这里的狗均为北极狗，此母狗即为爱斯基摩狗和狼的杂交后代。怎样辨别一只狗好与不好呢？一只极地雪橇用的好狗，要四肢长而粗壮，脚掌宽大且结实，前胸高挺而且宽，当然个头儿也不能小。只有这样的狗，才有可能在深深的雪地里拉动雪橇。维尔给我讲解时，群狗昂头长鸣，其形态、声音都和狼相似。

拉雪橇的狗通常分为领头的狗和一般拉橇狗。前者排在最前边，或单个，或一双，其体格不一定要大，关键在于灵活与否！要能听懂驭手的口令，使驾驭者得心应手。其余的狗均为一般拉橇的狗，而最后边的一对狗，则要求体格高大有力，能出力气才行。当驭手一声口令后，全体狗成双成对地一齐用力，将主绳拉动，即可使雪橇滑动。

狗拉雪橇的平面图如下：

口令如下：

起动——××（狗名字），Hap；

向右转——Jii；　　　向左转——Ha；

停止——Woo；　　　向前直走——Keep straight。

要注意的是，当每次狗听从指令并完成后，应当不断表扬、夸奖它们，它们能听懂的。通常是"××，好狗""很好"，等等。驾驭者定要精力集中，因为每只狗的耳朵都是竖起来的，它们在注意听指挥、听口令，如果有两个人在后边谈话，发出近似口令的声音，会干扰它们的行动。驯狗一律用英语进行，它们是不懂中国话的！

今天我和舟津圭三共驾一乘雪橇。雪橇上拉了400公斤沙石，我们两个人重150公斤，雪橇重100公斤，共约650公斤，10只狗在拉，除上大坡略有困难外，一般都可较快地滑动，狗也十分卖力。

今天还开始学习滑雪。午饭后让·路易非要教我滑雪，因为我是唯一个不会滑雪的队员，而摄影师们则在等候，拍下我这个不会滑雪却

训练时的合影

"妄想"滑雪6000公里穿越南极的人，在学习滑雪时是怎样出洋相的。谁知我刚穿上滑雪板，还未站稳，滑了一跤，当即摔断一只滑雪板上的套带，让·路易直摇头！后来，全体队员在湖冰上拍滑雪和狗拉雪橇的电影。

电影拍摄组拟在夜里8：00—10：00在维尔的房子里拍摄我们开会讨论发言的镜头，并要求每个人谈一谈为什么参加此次穿越南极的活动。我谈的大意是：

1. "六国六人"意味着和平、合作、友谊，希望全世界都和南极大陆一样充满这种精神。

2. 本人是冰川学家，8年来一直从事南极冰川学研究工作，尤其对南极冰盖表面的自然过程及其环境、气候方面的研究兴趣很大。此次考察是做这方面工作千载难逢的机会。拟做同位素冰川学、采样和雪层剖面及冰面地形观测等三方面的工作。

晚上开会时告知了我们集训的时间安排与计划，集训将于3月17日结束。

1989年2月17日　　　　　　星期五

今天的气温为-31℃—-15℃。

上午7：30—8：30，在小丘上由ABC电视台摄制组拍摄电影并接受记者采访。记者埃米莉小姐问了每个人几个问题，每人3分钟。问我的问题如下：

◆问：你对这个营地印象怎样？答：很好，冬季训练，夏季风景一定很好。

◆问：昨天开始训练，情况怎样？答：要渐渐熟悉狗及狗拉雪橇，但是滑雪还差得很远，不会用肩膀来用力，使雪板滑动。

◆问：对考察队及未来6个月有什么想法？答：明年3月我们一定

出发前合影

能成功。

9点全体队员到附近（营地以北15—20公里）装车，拉盖房子建筑用的大石头，共计50吨。中午12时完成，1：30返回营地。

下午2时许，巴黎又来了两位摄影师，系来给让·路易拍摄的。

下午3时，埃米莉摄影师给我与维克多拍摄采雪样的镜头，还要我们表现出合作与友谊的精神，真不知该怎样表现。

4时，全体队员合影，要穿"正式"衣服，由维尔的摄影师拍摄。还拍摄了个人照，地点为湖冰上。所谓"正式"服装，即每件衣服上有自己国家的国旗。

下午、晚上一直在拍摄，明天才能结束。

晚上8：00—10：00在维尔的房子里开会，讨论"合同"（草稿）。很难听懂或读懂。让·路易讲，我只需知道一点，即所拍摄的照片要经过柯达（Kodak）公司（考察队的赞助公司之一）挑选后，才可带回国内，而且只能在中国国内出版发行，可在讲演时用别人的照片。

1989年2月18日　　　　　　　星期六

今天气温为-30℃——13℃。

根据日程表安排，今天为体格检查日，来自明尼苏达州杜卢瑟市医学会的10位医生为队员做体检。

清早大夫即已到达。体格检查分牙科、内科和生理实验三部分。牙科只是检查了一下，决定过一周后到杜卢瑟市修补牙齿。内科检查非常简单，询问病史，最近得过病没有，吸烟史，关节炎，父母健康情况，结婚否及孩子年龄，健康情况，最后看了耳朵、喉部，听了胸背，并量了血压，我当时血压为60/90毫米汞柱。生理测验时间较长，将中指和无名指戴探头后放入0℃的冰、水混合液中，测量手指温度及血压。45分钟后，把两手指从冷水中拿出，再用10分钟时间测量手指温度回升及血压变化。整个测试要1个小时左右。据介绍，该测量项目之目的是看人体对冷水、冰的耐受能力。下午6：30许，6个人全部测试完毕。

上午未吃早饭，7：30起床后随即由医务人员抽血，估计系内科检查化验。

晚上6：00—6：20，由医务人员召集会议，讲解急救包扎时的要求和方法，到时每个队员有什么特殊任务，治疗抢救的原则和原理等。

维尔·斯蒂格的营地所在地位于伊力镇东北方向约10公里的森林里。沿公路走的话，约15公里。训练营地位于皮克茨湖岸边，这是一个东北—西南向延伸的冰川侵蚀湖，长约1.7公里，宽约200米。本区海拔为400—450米，皮克茨湖面高程为40米左右。营地位于明尼苏达州北部，距美加边界很近，仅14英里，伊力小镇约有居民5000人。

和维克多协商后的科考计划（草稿）

一、气象观测［有可能让·路易帮助解决一台全自动气象站（AWS），重量仅8公斤］

每天3次：6：00，13：00和19：00（地方时间）。
观测项目：气温、气压、风速和风向、云量和能见度。

二、臭氧观测

观测项目：测量距冰面0.5—1米高度上的臭氧水准，每天3次。测量整个大气圈内的臭氧水准，每天1次，在太阳上升到每日最高点时进行。

测量臭氧的工作在一段时期内将与苏联南极科考船"费德洛夫院士"号上的测量同时进行（9—10月份，此间该船在威德尔海区）。

三、冰川学观测

每50—80公里一测站，采10年的雪样4个。拟在6500公里途中采样站点为100个，共400个样，多数样瓶已运抵内陆两个地点。采空气样（约每200公里一个）。雪层剖面观测。采冬季雪样，每个地点一瓶（100毫升）。PICO钻孔（12米系统），测10米深处的冰体温度（秦准备温度计）。有可能的话，拟采集几支12米长的冰/雪芯，并做几个项目的研究。沿途冰面地貌的观测记录。

1989年2月19日　　　　　　　　　星期日

全天讨论野外服装，量尺寸，提个人要求等。

上午8：30—12：00，北面公司来了6个人，有经理，有行政人员，还有设计师和裁缝，并带了缝纫机。经理马克·埃里克森详细介绍了该公司专为我考察队生产的各种服装之特性及设计原理。玛丽女士为该公司行政人员，马克实际为北面一分公司的老板，我们的外衣全由马克的分公司包了。

北面系美国加利福尼亚州伯克利的一家服装公司，该公司主要生产寒区服装、登山服装、风雨衣、帐篷、睡袋等等，在苏格兰、远东太平洋地区、澳大利亚及西欧，以及中国香港等地都有厂家或分公司，因此其产品遍布全世界。

北面公司以前就资助过维尔·斯蒂格的北极考察队。此次又赞助了我们这支国际南极考察队。据说，此次考察队共获得各种赞助约800万美元，其中高-特克斯公司（GORE-TEX，戈尔特斯）赞助了200万美元，北面公司则用高-特克斯材料制作了我们的全部服装等。

为我们做的衣服有两种基本考虑：保暖并防潮；质轻且易使身体排出的汗逸出。为了保暖，我们的内衣（相当于中国人的毛衣、毛裤或绒衣裤）均采用新材料——极地弹性绒，其化学名称为聚酯。该材料极易使汗气逸出，保暖性优于毛衣，质极轻。另外，外套采用的材料系一种内层涂有聚四氟乙烯（Polytetrafluoroethylene，特氟隆）的布料做成，人们称此种布料为高－特克斯，或称这一内层涂膜为特氟隆。涂有特氟隆的布可以防雨、防风，但是身体内的汗气可以从内向外穿透衣服逸出，是一种新的衣料。我们的衣服种类十分多，数量多，估计每一种都有3—6套不等。

美国高－特克斯公司系一家专门生产特殊化学材料的公司，它的产品多数用于医药，如人造器官、关节、骨骼、血管、心脏瓣膜等。这种材料也可做特殊需要的衣料。此次即由该公司提供衣料，由北面公司为我们制作考察服。高－特克斯公司是我考察队的两个主要赞助公司之一。

中午饭12：00—下午1：00。

下午1：00—3：00，继续开会讨论外衣问题。我的确谈不出什么特殊需要。

3：00—4：30，在户外拍电影、电视、照片等。拍照片和电影的公司名为唐·弗瑞德尔，该公司两年前曾前往北极，为维尔·斯蒂格考察队拍电视、电影。但此次系为高－特克斯公司拍摄电影，作为高－特克斯资助我们考察队的一种"回报"。

4：30—6：00，再次试内衣，外衣，量尺寸。上午量好，裁缝师傅已改好，请我们试穿，看合体否。效率很高。

晚7：00—9：00：伊力的二位妇女来营地，专门为我们制作防寒鞋、袜、毡袜子、套鞋。量了每个人脚的尺寸。随后，北面的缝纫师问我们每个人对服装有何特殊要求，我的要求是：

1. 内衣上衣请稍长一些，以防弯腰时内衣下边从腰部露出来。

2. 我的内衣需做口袋，以便随时放一些小东西，如眼镜、笔，等等。

北面公司为每人分发下列衣服：衬衣两件、长袖线衣一件、T恤一件、长裤一条（训练时穿的）。

1989年2月20日　　　　　　　星期一

上午北面公司继续拍照（仅秦、圭三和维克多3人）。

下午先到雪松湖去拍照（6人），返回后在营地讨论帐篷的设计质量、强度、保温以及是否舒适等问题。晚饭后让·路易和维克多离开此地，前往莫斯科联系有关伊尔-76运输机的事宜。他们将于3月上旬回来，直接去拉斯维加斯市。

和詹妮弗·金布尔·加斯佩里尼谈可否与PICO公司联系，资助一套12米系统的PICO轻型取样钻。回答说可试一试，或许可以办到。考察后在中国出书，但仅限于中国国内发行，不知可否？答复问题不大。可否发行"国际穿越南极考察纪念封"，答复可以，但若在美国发行办公室要提一定比例的收入。

1989年2月21日　　　　　　　星期二

昨天的最高气温已上升到-7℃，但清晨仍为-31℃。

今天清早6：30的温度为-15℃。舟津圭三昨晚睡在室外露天的睡袋内，感到两只睡袋太热，说明整个晚上气温都不低。

1989年2月23日　　　　　　　星期四

2月21日：从上午11：30起，到2月23日上午11时止，为第一次野外训练，历时整整两天。参加者有维尔·斯蒂格、杰夫·萨莫斯、舟津圭三、秦大河、尼尔·奥门、马克·埃里克森，共计6人。

马克·埃里克森系北面下属一分公司的老板。他前几天一直在营地和我们一起讨论服装、帐篷等事宜，因为他的分公司承担了此次南极考

秦大河在训练营地

训练营地皮克茨湖周围地貌（2）

训练营地皮克茨湖周围地貌（1）　　　　　　　　训练营地皮克茨湖周围地貌（3）

察队全部服装、装备、帐篷等的制作。他参加我们这次野外训练，目的是看我们穿他的公司制作的衣服是否合适，是否适用于野外。途中闲聊时才知道，马克本人在北面公司工作已经18年了。近年来他自己经营属于北面公司的一家小公司，名为"埃里克森野外服装公司"。作为公司的老板，42岁的马克不辞劳苦，亲自来伊力我们的营地讲解、示范、征求意见和要求，任何特殊的、哪怕仅适于一个人的要求，他均予以满足。

尼尔·奥门是《华尔街日报》的一名记者，此次跟随我们一块儿野营两天，目的是想写报道。尼尔告诉我，他所在的日报是美国也是西方最主要的报纸之一，发行量为每年200万份，比《纽约时报》（150万份/年）的发行量还高，主要读者是西方的知识阶层。作为记者，尼尔处处显得彬彬有礼，每天早起晚睡赶路不说，一直忙到夜间，还要写日记。我时常听到他在睡袋里一边讲一边用小录音机录音。我则因条件所限，只好今天才补记此次野营训练情况。

此次训练，我们6人分别驾驶三乘狗拉雪橇，从我们的营地即皮克茨湖北岸出发，沿简易公路（伐木者开的）北上，再沿马河，蜿蜒曲折，在距巴斯乌德河约半英里处建立了第一个营地并宿营。在转入沿马河向东北方向前进时，已无路可走，只好在河冰上行进，河冰仅1—2厘米厚，很容易破，好在小河水浅，我的右脚曾踏破冰掉入水中。有时在森林中穿行，一边走一边砍树开路。雪很厚，达60—80厘米，干雪极松软，行走十分吃力。

从维尔·斯蒂格处要了一张训练区域的1∶62 500比例尺地形图。

2月22日：自21日的宿营地出发，很快行进在巴斯乌德河河冰上，前进方向为正东。但巴斯乌德河的河曲十分发育，开阔的河面还结了冰，窄处河水流急，未结冰。河水自东向西流去。我们为避开开放的水流，在独轮车瀑布和巴斯乌德瀑布，狗橇队系在森林中边开路边前行的，几乎用了多半天的时间，尤以前一段更吃力，因后边的巴斯乌德瀑布段内走的是以前的一条林间小道。狗橇队进入大湖——巴斯乌德湖后，速度大大加快，一直向西南方向前进，经杰克鱼湾，在湖的西南端安营，当晚我们共四人留宿。维尔·斯蒂格和马克返回训练营地，马克连夜返明尼阿波利斯市，以便返回伯克利。

2月23日：我们4人自宿营地出发，于上午9：20抵达宿营地东南的雪松湖。10时40分许（比预定时间晚约半小时），一架仅能坐6人（连驾驶员）的小飞机在湖面降落，拉尼尔到一小镇，再从那儿坐飞机去明尼阿波利斯市。我们于11时返回营地。

今天清早5：30起床，气温较低，约−25℃。早上醒来，我们头部的睡袋周围都是霜。野营训练的几天里，每天晚上均在5：00—6：00安营扎寨、喂狗、安排挖雪安营地、伐木烧火做饭并取暖。美国人的野炊十分简单，晚饭是一锅大杂烩，大米、奶酪、肉干、各种调料、黄油往锅里一丢，烧开煮一会儿即可食用。说不上好吃，但卡路里足够高。

夜间露宿，睡在睡袋里。第一夜用旧式睡袋感到上半身较冷，第二夜换了一个新的，好一些了。

在低温条件下晚上休息时保护鞋、袜子的干燥至关重要。我的靴子第一天忘了放进睡袋内，当夜只将毡袜从靴子里拿出来并放入睡袋，虽然袜子干了，但第二天清早靴子冻得极硬，好像一双铁鞋，好不容易才穿上，但脚冻得不得了。今天回到营地才发现脚已冻伤，赶快拿热水烫、泡、洗。野外一定要带足够数量的鞋、袜，并保持干燥，是今后在低温区工作、穿越南极时的重要经验。

21号、22号我一直在驾驭维尔·斯蒂格的狗队，已较熟练。

今天下午拉石头，继续熟悉狗和练习驾驭狗橇。

今天圭三的狗队排列如右图。

狗队的头头为库泰

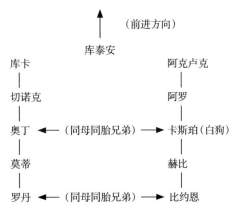

安，余皆一对接一对，但每天的排列顺序不一样，这与每只狗的脾气和习性相关，脾气不和不能成对。明天将继续观察并详细记录。狗都很卖力，尤其是罗丹和比约恩等后排的狗，个头大，也有力气。

1989年2月24日　　　　　　　　星期五

晨6时起床，早餐。原来以为上午和昨天下午一样，将继续运石料。但是约翰·斯坦德森在早餐结束前宣布，今天上午9时许，本考察队狗食品的赞助者希尔及一批兽医将来营地，故我等3人在此待命，听兽医给我们讲课。

昨天下午拉运的石料是供维尔在今年夏季营造新房子用的，这一批石头，即2月17日我们全体队员及营地的人共同装车运回的50吨石料，截至昨天，大多数已运到营地的小丘上，但尚余一些较大的石块和部分小石料。我和圭三的主要任务是运大石料，因为我们是两个人同赶一驾车，其他的是一人驾车，大石头一个人搬不动。今日的狗橇基本上由我驾驭。

我们考察队计划于7月5日在明尼阿波利斯集中，于7月16日乘苏联的伊尔-76飞机，经古巴、智利到乔治王岛。在该岛，约翰及部分狗（6只备用狗）以及通信电台等住长城站，我考察队亦住长城站。因为马尔什旅馆价格昂贵，每人每天要花100美元，故考察队决定不住旅馆。至于记者团，他们有可能住旅馆。他们的人也不少，主要为ABC的电影摄制组。

当我们的队伍快抵达埃尔斯沃思山脉时，考察队将租用国际南极探险网航空公司的飞机，在埃尔斯沃思山脉建立营地，该营地在迎接我们抵达该地后，在我们抵达南极点前，迁移到南极点。之后继续与我们保持通信联络，直到我们抵达东方站。最后，飞机飞到东方站，一直等到我们的穿越结束，这时飞机才能取道南美洲、美国，返回加拿大。

营地训练搬运石料（1）

营地训练搬运石料（2）

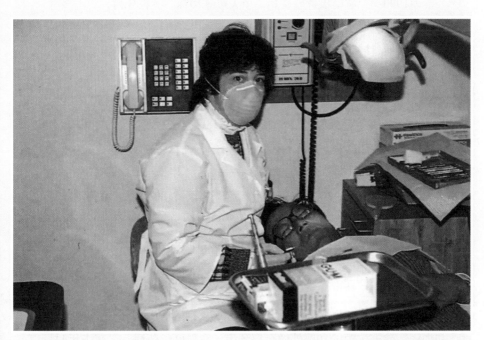
秦大河一次拔掉 10 颗牙齿

下午继续用狗橇运石料，两次即已全部运空，第三趟起开始拉沙子。

晚饭后与约翰、克里斯琴（约翰的女朋友）及圭三共4人离开营地前往杜卢瑟市。晚10时抵达，住约翰的家中（客厅的地毯上）。因为明天上午约翰、圭三和我3人将在杜卢瑟一间牙科医院拔牙或修补牙齿。据约翰介绍，该医院为我们考察队免费检查和治疗，已于2月18日医生来营地检查时就约好明天上午为我们看病，虽然明天是周末。

1989年2月25日　　　　　星期六

为1990年穿越南极考察胜利，今天拔牙10颗。牺牲牙齿，为南极考察顺利！

上午8时整，约翰·斯坦德森、圭三和我3人准时抵达杜卢瑟市区的一间牙科医院，医院的牌子上写着大湖牙科医学会。今天是星期六，休息日，但此牙科医院及另一医院的部分大夫和护士自愿放弃休息，为我们3人，也是为考察队免费牙齿诊治。据2月18日的诊断，约翰的牙齿要拔4颗，圭三亦要拔掉两颗牙齿。

在大湖牙科医学会医院，我的牙齿经大夫检查后遇到了极大的麻烦。首先，一护士小姐为我拍X线片。一架机器可旋转180°，很快就得到牙齿的1∶1比例之照片。旋即又用小照相机对牙齿有病的部分拍照。这一工作费时很短，仅半小时全部结束。又过约了20分钟，全部照片底片冲出。

为我们补牙齿的大夫是布鲁斯·休斯德特。布鲁斯医生检查了我的牙齿后，又看了拍摄的X线片，认为至少有10颗牙齿要拔掉，即我右侧上部全部牙齿，左侧上下各若干颗，共10颗牙齿。布鲁斯医生为我修理并加固了除需拔掉的10颗外的全部牙齿，注射麻醉药后，又将去年4月在乔治王岛苏联的别林斯高晋站米沙医生所补的牙齿锉掉，但牙根仍在。拔牙要到口腔外科医院去拔。

之后，牙科医生凯瑟琳·格里芬又为我清洁并抛光剩下的牙齿。凯瑟琳一边为我清洁牙齿，刮牙垢和牙石，一边讲解口腔卫生。她认为，现在拔掉10颗牙齿，剩余的14颗牙齿仍应尽力保存，虽然布鲁斯认为在未来的5年中我的全部牙齿将损失殆尽。清洁牙齿的最后一步为抛光，并用牙线在牙缝中间清除食物残渣，最后凯瑟琳还给我一些牙线、牙刷，要求每次刷牙时认真，在一处至少刷15秒钟才行，经常清除牙锈等，假牙更要保持清洁。凯瑟琳讲，布鲁斯亦强调，如果我能在4周后，或在7月中旬出发前到杜卢瑟来，他们可为我配一副假牙，两位一再表示愿意为我服务。

在凯瑟琳为我清理牙齿时她的同事们陆续走完。工作结束后，凯瑟琳带我参观了他们的牙科医院。该牙科医院共有工作人员30余人，是杜卢瑟这座仅10万人口城市（明尼苏达州第三大城市，明尼苏达州共400多万人口，而姊妹城已占200万人口）最大的一所牙内科医院。除修补牙外，还有X线拍照室，拍片立等可取。地下室还有镶牙的工作间，可以配制各种不同质地和不同颜色的假牙。凯瑟琳讲，镶牙约要5天时间，但价格很贵。约翰说，他拔牙四颗，若配假牙的话共计要2400美元。该牙内科医院真正的牙科大夫只有6名，估计布鲁斯是大夫，凯瑟琳是技师。

约11时许，凯瑟琳驾车带我去本市的中心医院，去看牙外科医生约翰·康奈尔。虽然是周末，但康奈尔医生及其助手在等我们。当我抵达时，圭三已将两颗牙拔掉，告诉我感觉很好。不久，约翰也拔了4颗牙齿出来，讲感觉亦可。但我一次拔10颗牙，心中十分担心。因为在国内，兰州市医院的牙科大夫一般一次只拔2—3颗牙，10颗至少要3—4次才能拔完。为此感到紧张。但凯瑟琳和约翰·康奈尔都安慰我，叫我不要担心。

首先，康奈尔医生的助手让我在手术椅上静坐一段时间，然后量血压，大夫将口腔内有关部位麻醉，给了我几本杂志读。20分钟后，康奈尔医生及其助手返回，静脉注射麻醉药2—3分钟后，我进入梦乡。梦见和钦珂已周游了美国，正在乘飞机回国。飞机快到北京时钦珂推醒我，叫我收拾东西准备下飞机。醒来一看，康奈尔医生和助手正望着我笑，说10颗牙已拔完——真是奇迹！当时为12：15，我在休息间内卧床睡半小时后，约翰、克里斯琴和圭三已办完了事返回接我，旋即乘车返回营地。约翰·康奈尔医生在我走前给了消炎药，口服药片两袋，还把拔下来的十颗牙齿装入小袋给我"留念"。

此次拔牙痛苦小，心理压力也小。例如布鲁斯注射麻醉药时，使身体横卧，他坐的位置在我头部，根本看不到他手中的东西，待我明白打麻醉药时，针早已打完，麻醉药已生效。而且布鲁斯手也十分利索、熟练，给人印象极深。

我们一行4人于下午3：40回到营地，但圭三中途下车去朋友家。晚上营地开宴会，跳舞，很是热闹。我因拔牙伤口过大，流血不止，只能吃流食，并提早休息。

1989年2月26日　　　　星期日

昨天晚上的宴会一直持续到清晨3时许，圭三将我叫醒（虽然很吵闹，但我未脱衣服就在自己的床铺上睡着了），并替我熄灭了瓦斯汽灯。

补记日记——2月24日兽医来营地的有关情况。

2月24日上午9时许，一批兽医营养学专家来到营地为全体队员和营地工作人员讲解有关狗的营养学知识。他们同时也是我们考察队狗食品的赞助者，该食品的商品名称为"科学耐久性狗饲料"。

主讲人是刘易斯，副主讲人为马克·莫里斯，还有一批记者、摄影师等也来凑热闹。另外，来自华盛顿州的某市的一位老太太玛丽女士和我交谈，说她丈夫的实验室里有许多来自中国的留学生，亦有兰州来的。他们夫妇亦于1984年访问过兰州，并在兰州市有关兽医单位作了学术报告，会见了有关的专业人士。

每只狗在南极洲每天需要6000—6500千卡之热量。科学耐久性饲料是一种特制的狗的耐力食品。其主要成分为肉、脂肪、水分和矿物质（磷和钙为主）。每磅的热量为3000千卡左右。每只重量为80—85磅的狗在南极洲每天的供应量为2磅，热量达6000千卡。但狗的体重不一，加之温度高低不一，所需的热量也不一样。此次我们穿越南极洲，考察队的每只狗平均食物供应为2磅/日，是科学耐久性饲料。

一只拖橇的狗可使用的年龄为1—10岁，但最佳使用年龄为中年，即4—6岁。科学耐久性饲料公司亦根据每只狗的不同年龄及其营养学要求，制造用途不同、年龄不同的狗的食物，是驰名西方的狗的饲料生产销售公司。

来此地主讲营养学的两位专家的主要情况：

刘易斯博士，在怀俄明大学和科罗拉多州大学分别获得有机化学学士学位和兽医学硕士学位。

马克·莫里斯从小在他父亲亲手创办的小动物医院里受到熏陶，饲养小鸟以及生病的狗和猫，这些鸟和狗、猫都因病而住在兽医院里。马克在康奈尔大学获得学士学位，又在威斯康星大学获得兽医病理学和生物化学的硕士和博士学位，在他的学位论文中，他阐明了猫因缺乏牛磺酸和狗因缺镁而造成的损害。目前，马克是康奈尔大学的副教授，临床动物营养研究组组长，马克·莫里斯协会的负责人，莫里斯动物基金研究部的副主席，并领导一项旨在赞助动物研究的独立赞助计划。

今天全天休息，全体营地人员均休息。我因牙齿问题服药（盘尼西林剂和止痛胶丸）后感到恶心，只能睡觉。下午略好一些，自己煮了些稀饭吃。

午饭后托高尚英带一封给钦珂的信去明尼阿波利斯时发出。

1989年2月27日　　　　　　　　　星期一

　　昨天维尔·斯蒂格已去姊妹城。下午放映电影（录像），系关于阿蒙森和斯科特的故事，长达5小时。我因拔了牙，服用的止痛药实际上是镇静药，服后可以睡觉。另外，服药后再吃饭，很快感到恶心，躺下后稍好一些。故几乎全天在睡觉。

　　今天早上6：30起床略晚了一些。口腔内伤口仍在出血。前天医生讲，出血可能将持续2—3天。

　　早饭后讨论未来6天的野外训练计划。此次野外训练去的地区为美加边境区，那里仍属国家公园，属保护区，在营地西北方向25—30英里处的拉克诺依克斯湖，主要任务是安放简易厕所的坐式马桶。2月28日出发，3月5日返回，共计6天。在国家公园或国家森林放公共简易厕所是一项义务工作，我们此次既为训练，又是义务劳动。

杰夫狗队：

图利	
索达帕卜	斯平纳
丘巴基	卡伟雅克
索维亚	哈克
戈泽拉	
弗洛佩	吉米
乔基	加勒特
穆斯	朱巴克

维尔狗队：

蒂姆	罗丹
塞姆	蒙迈
耶格尔	布莱
丘齐	汉克

朱利亚　　　　熊猫

高迪　　　　　巴菲

　　下午详细询问了训练营地工作人员皮尔斯此次野外训练的路线。此次训练第一天，即28日，将力争走25英里，那里有座木房子，可住在室内。然后沿美加边界向西行进，3天，均需露营。第5天回到木房子，第6天返回训练营地。欲住的木房子处皮尔斯等于3周前去过，而且在一些地段安放了标志，希望明天能够找到路线，顺利前进。明早规定5时起床，6时出发。下午4时许已整理好狗队，刚才我已备好个人衣物。皮尔斯建议我的内衣最好为尼龙的，因为棉布衬衣出汗后会感到很冷。

　　今日气温-21℃，下午仅-7℃。

1989年2月28日　　　　　　　　星期二

　　晨5时起床，约6时30分，皮尔斯、圭三、杰夫和我4人分别驾驭三乘狗橇和21个简易厕所的马桶离开营地向西北方向、美加边境的国家森林地区前进。晚上6时许，抵达湖畔守林人住的小木屋（夏季才有人住），并留宿。今日行进约25英里，一路顺利，比前一次训练时的路好走。所携21个厕所马桶，在前一半路程处即已安放到位，但需待夏季森林公园人员来时才能安装。

1989年3月2日　　　　　　　　星期四

　　3月1—2日，我们从小木屋出发沿拉克诺依克斯湖泊的美加边界，先向西，又折向西南方向行进，共运送简易厕所马桶56个。3月1日夜，4人宿于多姆岛的湖冰上。3月1日顶风前进15—18英里，安放简易厕所马桶33个。

3月2日，我们自多姆岛宿营地向西南沿湖面行进，约10英里停止。共安放简易厕所马桶约23个。在终点沙洲岛附近看到几所印第安人的木屋，并见到有印第安人驾雪车或雪上摩托车往返奔驰。自多姆岛到沙洲岛，湖面上有奔驰的卡车，天空中有小型飞机飞翔，见到飞机在湖冰上起降，有高耸的天线塔（或电视塔），亦可看到冰面上车辆奔驰留下的车印。这里的印第安人也生活在现代化之中！

自沙洲岛到拉克诺依克斯湖上的小木屋24—25英里。上午11时我们抵达沙洲岛，放下马桶后即掉头返回多姆岛吃中午饭。下午1时驾雪橇启程，下午5：30—6：00返回到小木屋。

在离小木屋约2英里处的加拿大境内湖边岩石壁上，有数万年前印第安人绘的壁画。主要画面为麋鹿，以及人的手脚等。我们未办签证，穿过边界，尽情欣赏了个把钟头，拍摄了照片。

此地有北美洲最大的野生动物麋鹿，还有北美洲特有动物河狸，皮毛很值钱。水獭亦为此地的野生动物之一，生活于水中。

3月1日到2日的工作原计划3天完成，但我们两天完成，提前了1天。

1989年3月3日　　　　星期五

今日共运送25个简易马桶。向南行进了约16英里。上午约8时出发，下午4时即返回小木屋。至此我们4人到国家森林地区运送简易马桶的工作，亦即我们的"冬训"告一段落，比计划缩短了1天，明天或返回营地，或到附近玩1天，正在讨论，尚未决定，但趋势是到毗邻加拿大境内某地一游。

今天从美国护林人住的小木屋处装运25个简易厕所马桶后，首先向西南方向，运到阿格尼丝湖的东北边时，放下15个马桶；继续向西南行进，通过阿格尼丝湖西南角，沿拉姆斯海德支流向西南行进到拉匹兹时，将预计运往拉姆斯海德湖的6个马桶放下，待夏季有船时运进去，然后折返回阿格尼丝湖的西端，穿过森林以及牡蛎河的一小段，再穿越森林，到达牡蛎河的东端，放下最后4个马桶。此时我们送的25个厕所马桶已全部到位，时间为下午1时。午餐后，即打道返回小木屋。

此次计划外出6天，计划夜宿木屋两夜，露宿三夜。但实际露宿仅一夜，余皆住在了小木屋内，甚是幸运。

小木屋内条件挺好，有火炉，生火即可取暖。有煤气炉可做饭，亦可点灯。旁边的湖内可破冰汲水做饭。昨天夜里仅用一条睡袋，仍感到很热，后半夜打开拉链才合适。此次训练算是"运气"。

但野外较冷。尤其3月1日，向西北方前进时，刮北风，脸上吹得生冷。加上露宿，更是冷得很。今天下午返回时，又迎风前进，甚冷。不过，由于今天是阴天，实际气温比昨天高一些。下午3—4时下小雪。

1989年3月4日　　　　　星期六

由于提前一天完成运送马桶的任务，今天全天驾狗橇到加拿大境内"旅游"。路线为：自小木屋向西北沿拉克诺依克斯湖前进。经过3月2日参观并拍摄的印第安壁画后，折向东，经过加拿大森林部护林人的小木屋后（未进入），又经过2—3处河曲，由于河未结冰，只好穿越森林，行走艰难。又向南转入麦克卡瑞湖，经该湖南端的雷别卡瀑布（河宽约6米）再次进入森林小径。然后转入铁湖，向西经森林小径，返回小木屋。全程约16英里，大部分在加拿大境内。上午8：30出发，下午5：00返回。

听到一些消息。

（1）关于我们此次穿越南极，听杰夫讲，美、法两队员筹资占86%的股份，苏方占14%。若赚钱，三方按此股份分红；若亏本，三方亦按此比例赔偿。赚钱（商业性）只可能从印有标记的衬衣和出售照片、画册赚取，估计最多可赚100万美元。但杰夫、圭三和我不在此列，赚或赔都无我们三人的份。

（2）昨天给杰夫和圭三讲了采集雪样和冰芯研究的意义。杰夫建议我写篇文章，他可以带到英国皇家地理学会申请资助。一旦皇家学会资助我们的项目，其他协会亦将资助我们的项目，因为皇家地理学会是权威单位。以前，杰夫曾经试过，但未成功，皇家地理学会认为考察队的科学成分太低了！如果我能写文章宣传有可能使考察队得到资助。1958年英国人组队沿最短路线穿越南极洲（机械化车队），曾得到皇家地理学会的资助和政府的资助。

（3）谈话中了解到，1988年格陵兰训练时，考察队遇到的最大风速为65公里/小时。当时杰夫使用的帐篷的问题不大，而维尔的帐篷倾斜得很厉害。又据杰夫回忆，他在南极半岛的英国站工作时，冬季遇到的最大风速为130公里/小时。长城站去年（1988年）冬季最大风速约为35米/秒（约为126公里/小时）。

1989年3月6日　　　　　　　星期一

昨天上午6时起床，早饭后于8：00从小木屋出发返回。一路顺利，下午5：45回到营地，共用了10小时，行程为28英里。

3月5日全天天气晴朗，阳光明媚，静风。清晨的气温低一些，但白天的气温相当高，可能高达-5℃——-3℃。此温度下狗感到热，舌头伸出很长，不断地吃雪，走得也较慢。

昨夜回到训练营地时，受到大伙的欢迎。克里斯琴等告知，上周六，即3月4日上午，此地的气温低达-37°F（约等于-38.3℃），那天恰好是我们去加拿大旅游的日子。

我因眼镜坏了，回到营地后，东西也看不清，感到不习惯，很难受。昨天晚餐时有两名法国女记者来采访我们，要求拍照，我只好讲"我不喜欢不戴眼镜照相"，婉言谢绝，但讲归讲，她们只好"偷偷地"拍摄。她们从巴黎专程来此地拍照，若无照可拍，也确实难以交代，我也只好装聋作哑。

今日上午我、圭三和杰夫三人专门为两名法国记者拍照而着装，并协助杰夫套他的狗橇，在外面兜风一圈，让她们拍照。上午剩余的时间收拾东西，准备午饭后离开此地去杜卢瑟市。克里斯琴让我们携带全部发给的衣服，以便在过几天去拉斯维加斯市时用。

我给营地的工作人员每人一本中国印制的南极明信片，并签了名，又给每个男士一个领带别针。给克里斯琴送了一顶哈尔滨生产的"HL"滑雪帽子。她是此地的裁缝，为我做了衣服、帽子等等，以示感谢。

克里斯琴告知明天的活动：

7：30在一学校早餐；9：30秦、杰夫去牙科医院看牙齿；下午去另一学校后，再去公园会见公众。下午6：30放映格陵兰考察的幻灯片，晚上去明尼阿波利斯市。

下午6时，克里斯琴驾车将杰夫和我送到杜卢瑟市我们的住地假日旅馆。该旅馆为本地中档旅馆，全体队员及工作人员均住此旅馆，其中4名队员（维尔、杰夫、圭三、我）一人一间，工作人员两人一间，圭三认为太浪费了。此次旅馆费用由明尼苏达电力公司承担，该公司系我队的赞助者之一。

晚7时，克里斯琴、杰夫、我三人到楼下酒吧喝茶和啤酒。

晚8时，维尔、杰夫、圭三、秦、詹妮弗·金布尔·加斯佩里尼、辛西娅、维尔的前妻、约翰·斯坦德森、克里斯琴和两名法国女记者，等等，在杜卢瑟市一家饭馆吃饭，晚11时才返回。我和圭三累得直想睡觉，昨天住在杜卢瑟，未去明尼阿波利斯。

昨天训练营地清晨的气温为−24℃。但午后我们离开伊力返回杜卢瑟时，气温已高达−3℃左右。和3月4日一样，3月5日阳光明媚，静风，很暖和。和一周前（2月25日）我到杜卢瑟拔牙时比，虽仅相差一周，但从训练营地一驶上公路，发现公路上的雪已融化，黑色路面已出露，春天来临了！

1989年3月7日　　　　　　　　星期二

3月7日在杜卢瑟忙碌一整天。今天是杜卢瑟市的"南极日"，或"维尔探险队日"。在明尼苏达电力公司赞助下，我们在杜卢瑟全天活动安排如下：

上午6：55：WEBC广播电台实况采访并播出。

上午7：00：旅馆大厅集合。

上午7：30：正式工作早餐。

上午9：30：杰夫和大河去牙科医院。

上午11：15：参加一所小学的会议，并与学生共进午餐。

下午2：15：WD-10电视台来中学实地采访。

下午3：15：KDAL电台实况采访并播出。

下午4：30：在湾前公园会见公众。

下午6：30：在市会议中心放映幻灯片并讲演。

下午8：30：晚餐。

以上为今天全天的活动安排表。我们从清早起床（6时），一直忙忙碌碌地到了夜10：30，才回到旅馆，非常忙碌和疲惫。

早餐在圣·斯高拉西卡学院小会议厅内吃的，实际是工作早餐。杜卢瑟市政府要员，市各企业的头面人物赞助者及志愿者，以及有关方面约200人参加。我们4名队员除维尔坐在主席台上外，余3人分别由詹妮弗·金布尔·加斯佩里尼、辛西娅陪同，与来宾坐在一块。来宾中有我们考察队的医生、牙医等，我还记得他们两周前曾在营地为我们做体检。和明尼苏达电力公司的经理亦见了面，对他们的安排组织表示感谢。

早餐很简单，时间很短。随即为早餐会。会议主持者为一女士。明尼苏达电力公司负责人先简短讲了话。然后，维尔介绍了考察队准备工作，并将我们三人介绍给大家。听众就后勤供应、沿途的物资安放、狗及橇的能力及特征等提了问题，我们作了回答。会议9时结束。到下午才知道，凡参加此次早餐会者，需要交付10美元，我们也不例外，杰夫等都认为太贵。

9：30—11：00，凯瑟琳驾车将我和杰夫接到她们医院看牙。布鲁斯和他的助手沃依奥拉为我检查了剩下的牙齿。发现有两颗牙齿仍要修补。随即打麻药修补。凯瑟琳为我又清洁了牙齿。布鲁斯、凯瑟琳均认为，我必须用西方通用的牙线，每天至少清理一次牙齿缝。凯瑟琳再次教我怎样使用。布鲁斯则用牙科刮刀刮我的牙齿，发现牙刷仍不能彻底清除牙齿间和表面的食物残渣。他们警告说，如果不清理，剩余的牙齿保持不了几年；但若口腔卫生保持得好，则可以保存十几年以上。而剩余的牙齿保存的时间长，对安装假牙很有好处。

关于做假牙，布鲁斯和凯瑟琳均认为可为我做一副"非常好"的假牙，可在7月份来美国时做。但是，在驾车送我去中学时，凯瑟琳告诉说，美国安一颗假牙的价格为500美元。我的全部牙齿要补齐的话，要7500美元，真是一个天文数字！但是，凯瑟琳又说，她们医院仅收镶牙费约每颗牙100美元，该费用系用来支付手工费用的。即使按此计算，我这些牙齿（15颗）亦得付1500美元。不知道考察队是否愿意为我支付此笔费用？

原定计划11：15到切斯特公园小学，我和杰夫两人看牙医后，凯瑟琳即用车送我们来到了学校。学校校长玻尔·奥斯特兰德先生以及该校六年级的六名男女学生在门口欢迎我们。校楼内张贴有从一年级到六年级的学生们办的欢迎考察队来访的墙报，还有剪纸、绘画、由南极地图形成的图案花形，等等。儿童们的欢迎形式多种多样，贴满了墙壁，令人目不暇接！儿童们的诚挚、坦率、热情和天真，和中国的少年儿童们一样，都给我留下了难忘的印象。

切斯特公园学校是杜卢瑟市一所公立的普通完全小学，全校六个年级有学生约600名，25个教学班，每班约25名学生，教职员工约60名，其中约一半为教师。学生每天在校时间约6小时，即上午8：30至下午2：30，包括在学校吃中午饭的45分钟。下午2：30，黄色的大巴车便"云集"校门口，"分兵多路"送学生们回家。

我的印象是美国的小学生（包括中大学生）的"压力"都很小，学生学习的时间短，形式也多样。如这里低年级（一到三年级）学生基本上无课桌，只是7—8名学生围坐一小圆桌，教师在教室的另一头坐。学生们或画画，或干其他事等等。不像在中国那样"严肃"，他们各有座位，但"自由度"很大。学习也多为启发式，如英语课，学生们有读本，以扩大词汇量并提高阅读理解能力，再配有问题练习书，程度也比较深。

学生们的培养也是多样化的。如从墙报上可看到小学生的照片，之后留三个空行，每个学生可填三个问题的答案。例如，问题是"我想……"回答则令人深思！有的写道："我希望有一天能够到中国"；"我想飞越佛罗里达"；"我想要钱"；等等。我们几个人认为这种培养方式是不太恰当的，杰夫则认为很不好，是"新潮流"。

学生来自各阶层，肤色也不同。也有不少是美国的少数民族儿童，还有中国小朋友。如"6人接待组"中的"头面人物"，是个小胖子，讲一口地道的美国英语，很"牛皮"，也是中国人的后代，他告诉我他姓"Chin"，似乎为秦。还有四年级一女学生，文质彬彬，要我签名后，又来找我，告诉我她是中国人，从台湾来，11岁，爸爸在大学教书，妈妈在医院当护士，还能讲几句普通话，可惜忘了问她的名字。对外国来的新生，学校有专门的语言教室，教他们学习英语，以便尽早通过语言关。

午餐和孩子们一块儿吃，很热闹。签名者拿片小纸，络绎不绝，很可爱。学校饭厅不大，一次只能容纳两个年级。全校学生分三批，每批15分钟。饭菜质量很高，主食米饭，菜味道很好，还有饮料、牛奶，等等。如果每个孩子把那份饭菜都吃光的话，可能会营养过剩。

下午1：00—2：30，为全校师生及部分家长、来宾讲了两场有关南极及南极考察探险队的报告，并展示了维尔在北极、格陵兰考察时的照片。还展示了考察队将使用的睡袋、炉子和狗——高迪和塞姆。

孩子们的问题多极了：为什么去南极？怎样上厕所？吃什么东西？……总之，孩子们到底是孩子，问题多，好奇心强。和中国儿童比，美国的孩子更大方，更大胆。

下午3：30—4：30，到KDAL电台录音，很简单。

4：30—6：30，在市会议大厅内与市民见面，签名，签名……

6：30—8：30，在会议中心的剧院为群众放北极和格陵兰的幻灯片，维尔·斯蒂格主讲。

在会议大厅里，一小伙子要求签名，他是1986年骑自行车环绕全球，并在中国境内通过了一段，他的名字叫埃瑞克·诺兰德。

晚餐在杜卢瑟市一家"转盘餐厅"用餐。

1989年3月8日　　　星期三

上午和杰夫自旅馆动身，先到约翰·斯坦德森家中拉加勒特，然后返回明尼阿波利斯。杜卢瑟市今日上午大雪纷飞。早上6：40，十频道播放了我们访问切斯特公园学校时的电视新闻。

返回圣保罗市已下午2时。先住办公室，之后住比尔家中。

下午4：00开会：讨论睡袋，高-特克斯服装问题；考察队员自带衬裤，余皆由考察队供给；每人可带120磅个人物品，分为4包，每包30磅，包括个人需要的食品。

晚上到汉森先生家中吃饭。汉森系维尔考察队专门的摄影和暗室工作人员。昨天在杜卢瑟市学校、大学和会议中心等地展出的图片（照片）均由他负责。汉森给了我们每人一份格陵兰考察队的照片。杰夫认为我们应当感谢他，回去后写封信表达谢意。

汉森系普罗卡拉公司主席，亦专门为我们放大照片。高尚英是他的养女。除赠送我们每人一套照片外，汉森还赠送每人一件T恤。他的全名为阿微德·汉森。

1989年3月9日　　　　星期四

留在维尔·斯蒂格父母家中物品清单（供7月份返回时用）：

各种维生素9瓶（杜卢瑟市别人送的）；从中国带来的药1包（内装黄连素，似要再带一些）；南极风光画片19本；领带夹6个；牙线（小绿盒，每盒可用1个月）5个；钢卷尺1个（3米）；长城站帽子2顶；皮帽子1顶；粗牙线2袋；牙刷7只；裤子1条（黑色）；"湄窖"酒2瓶；长城站织锦3条，蓝提包1只（用来装上述物品）。

上午11时，志愿者帕特里斯女士拉我和圭三进城看中国食品。在大学附近的一家所谓的"中国商店"，实际上是韩国人开的。店内出售的主要是韩国和日本食品，中国食品很少。韩、日食品多数系在美国生产的，但中国食品如罐头等却是从中国进口的。我买了两袋食品和一盒方便面，回来尝了一下，味道一般。

关于购买食品问题。原计划和圭三共拟一份清单，请比尔的女婿帮助采购或订货，这样可以便宜很多，甚至比半价还便宜。但考虑到野外只能携带轻的东西，而这间韩国商店内品种很少，可供选购的仅几种调料和方便面等，7月份买也来得及。返回比尔家后，杰夫认为订货早一些可以便宜得多，还是划得来的。怎么办？可在拉斯维加斯或旧金山看一看中国商店，再请比尔的女婿帮助订货。

随后帕特里斯又带我们看了几家商店，包括一家电器商店。主要看了看我们野外将要使用的（欲购）录音机。商店里各种型号的录音机很多，单放机为20—30美元一台，且多为Sony或Aiwa，牌子也很好。有一点值得注意，即National的商标在美国不能使用，故National公司产品在美国一律改用Panasonic。微型录音机在此地却不便宜。在国内买500元人民币的Sony牌录放机，在此地（Aiwa牌）为250美元。

下午5：00，自比尔家中乘出租车，与杰夫、圭三到机场。到6：30，詹妮弗·金布尔·加斯佩里尼尚未到，凯茜与我们3人则到10号门711航班（西北航空公司）处等待登机，直到开始登机时，詹妮弗才姗姗来迟。

乘NW711航班，于下午7：15起飞前往拉斯维加斯市。拉斯维加斯时间下午8：39正点抵达。明尼苏达州和拉斯维加斯市两地时差2小时，飞机飞行3个半小时左右。当天住沙丘旅馆，与杰夫共一房间，房间号3621号。

1989年3月10日　　　　　　　　**星期五**

昨天在飞机上，詹妮弗·金布尔·加斯佩里尼给了我们在拉斯维加斯市活动安排表：

3月9日（星期四）：飞往拉斯维加斯市。

3月10日（星期五）：全天全体队员访问向考察队提供赞助支持的公司；

下午4：30：在杜邦公司展台讨论对睡袋的要求。

3月11日（星期六）：上午10：00：全体队员在希尔顿酒店会议室参加高－特克斯公司的新闻发布会；

全天在高－特克斯公司展台前活动；

下午4：30：全体队员在希尔顿酒店会议室参加国际穿越南极考察队新闻招待会；

下午7：00：高－特克斯公司组织的宴会。

3月12日（星期日）：上午10：00—11：30：在北面公司展台活动；

下午2：00—4：00：在杜邦公司展台活动；

下午4：00：在北面公司讨论我们的服装事宜。

3月13日（星期一）：乘飞机离开拉斯维加斯市。

关于伊尔-76、安-74和"大力神"（C-130）三种飞机载货对比（据维克多）：

伊尔-76：载40吨货时只能飞较短距离（不宜飞南极），载20吨时可飞长距离（我考察队将载货20吨左右）。

安-74：载10吨货时可飞1000公里，载5吨货时可飞2000公里。

伊尔-76型飞机载货量是安-74的4倍。

"大力神"：自麦克默多站飞往东方站时只能载货5吨。

（以上系维克多告诉我的粗略情况）

今天上午8：30，全体队员及苏联水文气象和自然环境监督委员会副主席齐林格洛夫，苏联水文气象委员会国际科技合作局副局长斯卡契诃夫和娜塔莎、凯茜、詹妮弗等共计11人，在楼下餐厅吃早餐。

维克多介绍了他的妻子娜塔莎，他们夫妇将在美国待10天，儿子未来美国，由娜塔莎的母亲照料。早餐时维克多介绍了苏联飞机的情况。一架苏伊尔-76型飞机将于今年7月13日飞抵明尼阿波利斯国际机场，7月16日将全体人员及狗、货物等，经古巴和智利运往长城站。维克多夫妇参加拉斯维加斯的活动后，将去明尼苏达、杜卢瑟和训练营地等地，于3月18日经纽约回苏联。今天活动结束后，我们走回旅馆，娜塔莎在商店选购了一些化妆品（4—5美元一盒）。听他们讲，列宁格勒的妇女鞋特别不好买，品种很少，只有捷克进口的鞋，每双70—80卢布，而维克多每月的工资约为300卢布。

让·路易也刚从苏联回来。他讲道，此次在苏联见到了今年年初从和平站滑雪到达东方站的苏联女子南极滑雪探险队的队长，她们用了62天时间完成了此次活动。苏联人正在组织一支国际妇女滑雪队，将从和平站滑雪赴南极点，我考察队可能在东方站附近与她们相遇。

今天全体队员到拉斯维加斯市的会议中心，参加SIA（美国滑雪工业博览会），这是第35届SIA，从3月10日起，到3月15日止。

SIA实际是一次商业性的展览会，凡与滑雪有关的一切商品均在此地展出，而且客商来自世界各地，实际上是一次国际性的滑雪工业博览会。展厅分设在拉斯维加斯会议中心大厅和旁边的希尔顿酒店的一楼展厅。大的厂商有著名的公司，小到可能只是一两个人的手工作坊。展出的东西有：各类野外用服装、防寒设备、越野汽车、手套、帽子、雪橇、滑雪用具、炊具、帐篷、睡袋、各类野外食品、药品等等，不一而足。

我们集体到凡是在格陵兰训练时和即将进行的南极考察队考察时给我们资助了物资的各公司的展台向他们表示感谢。除此之外，主要在高－特克斯的展台附近活动。

高－特克斯的主席鲍博·高先生会见了大家，并照了相。

资助睡袋的杜邦公司经理下午4时与大家会见，听了我们的建议，又带大家去他在希尔顿酒店的客房看新式睡袋，他的公司为杜邦公司下属的一家公司。

晚上到贝利饭店26楼参加了杜邦公司的鸡尾酒会，我和杰夫很早返回旅店。

今天在会议中心展厅内的活动，大多都拍了幻灯片。

1989年3月11日　　　　　星期六

SIA进入第2天。

今天全天我们6人共"讲了三次话"。上午10：30—11：30，高－特克斯在希尔顿酒店会议室举行新闻发布会，我们6人被安排到主席台上就座。"主席台"上就座的仅我们6人。

高－特克斯负责人之一约翰·斯坦德森主持会议，他介绍了高－特克斯公司及其产品的发展过程。然后，公司的技术负责人详细介绍了高－特克斯的性能。讲解约40分钟，全部用幻灯片。整个讲解过程中，运用最多的"三个技术词汇"是：Windproof（防风）、

Waterproof（防雨）和Breathable（透汗）。这三个词也恰好是高－特克斯的基本特性。高－特克斯自1976年到1989年，经过十几年反复试验，不断推陈出新，终于在1988年大获发展。詹妮弗·金布尔·加斯佩里尼说高－特克斯在1987年的SIA上只谈成10万美元生意，第二年约200万美元，翻了20倍。"高－特克斯因赞助南极考察队出名；而南极考察队员被高－特克斯宣传而出名。"詹妮弗说。高－特克斯是本次考察队最大的赞助者，赞助额为200万美元。最后，我们6人向客商们简单介绍了自己，维尔·斯蒂格介绍了南极考察的计划，以及长期使用高－特克斯的情况。

会后，香港办事处主任简德洛找我，介绍了他的妻子（亦为美国人）。说不久前中国军队派有关人士和他们洽谈为士兵们做衣服而欲购高－特克斯的事宜。谈判的主要环节是价格。高－特克斯材料价格非常贵，如一件普通毛衣或线衣，内加一层高－特克斯，其适应温度为-40℃——-26℃，但价格却高达300美元，至少要比毛衣贵200美元。

午饭与杰夫、圭三一块儿在希尔顿酒店内一家交8.75美元随便吃的餐厅里用餐，大家吃得均过量。

下午4：30，北面公司在希尔顿酒店的宴会厅内举行了新闻发布会。如同上午，我们再次"登台亮相"，自我介绍。随后，约6时多，发布会结束，但高－特克斯在此宴会厅举行的招待会接着开始。

该大厅名字为希尔顿1—11宴会大厅，高－特克斯邀请的各界人士达4000人之多。还邀请了华盛顿州的一家乐团来这里演奏美国摇滚乐，吹萨克管的演员为黑人著名演奏家格雷夫·华盛顿，其助手为中国人，姓吴。在大厅的四角及中央，设有中、日、法、英、美和苏的食品台，插有各国国旗，以示此次南极考察有6个国家参加。此外，还在各食品台上备有各国的酒，中国青岛啤酒受到好评。大厅四周遍布酒吧。据估计，连吃喝、租金和乐队，不会少于25万美元，有人估计达50万美元。高－特克斯真舍得下本钱。

1989年3月15日　　　　　　星期三

　　从早到晚的忙碌，几天来未记任何事情。现将几天的活动简略回忆如下：

　　补记3月12日：

　　SIA进入第三天。今天我们主要在北面公司展台处活动。上午用2—3个小时，为我们6人的合影照片签名送给参观北面展台的来宾，请求签名者甚多。午餐后，在杜邦公司的展台前照相。后再回到北面公司的展台处，与马克·埃里克森及其夫人讨论并试衣服。关于我们南极服装的需求数量，每人发了一张表，要求自己填写，数量除"鸭绒"衣我填3件外，余均填需要4或5件。

　　晚上7：00在3716号房间为娜塔莎庆祝生日，詹妮弗·金布尔·加斯佩里尼打电话要了中国食品送到房间。而维克多准备了苏联酒和小点心等。9：00，集体到离沙丘酒店不远处的鲨鱼俱乐部参加北面公司组织的宴会。这里灯光昏暗，墙壁用装有鲨鱼的玻璃柜装饰，大大小小的鲨鱼在水中游来游去，很特殊，也别具风味。由于太累，我和圭三仅待了半小时即返回旅馆，发现杰夫已先于我们返回房间，正在悠闲地吹奏长笛。

　　苏联水文气象和自然环境监督委员会副主席齐林格洛夫昨天深夜在酒店一层大厅的赌场上赌博时，将录像机丢失。半夜三更报案，闹得同房住的圭三不能入睡。

　　今天上午7时许，亦即东部时间10时，打电话给马约夫斯基，询问格陵兰打钻情况及今年送去的冰雪样品事宜。他回答说，格陵兰冰芯今年将打到500米，在随后的4年中，将打到底，打钻进展顺利。他现在忙于改建实验室，待改好后才能做这一批样品。他确认，我今年送去的所有样品均处在良好状态。他将于4月份去兰州，也许不能参加杭州会议。他刚从南极洲返回新罕布什尔。玛丽已出差，不在此地。他将转告玛丽保持与我的联系。因为我告诉他，自我将样品从长城站运出后，杳无音讯，表示关心亦示不满。

今晚在娜塔莎生日庆祝会上，凯茜和让·路易、维尔等都谈到，我们将于5月份在巴黎正式签订"穿越南极考察队"的合同。每人有什么想法或要求，根据草稿可以认真思考，到时提出并讨论。让·路易还告诉我，考察队的船"UAP"号正式下水的时间为5月10日，我须在5月10日前到达巴黎。但詹妮弗却说，"UAP"号下水的正式仪式为5月13—14日举行，故12日或13日到达即可。详情看正式通知吧。

补记3月13日：

清晨6：00起床，随即到沙丘旅馆的餐厅就餐。我们平时就餐的餐厅全天24小时营业，但在清早6：00—7：00停业，打扫卫生，故改在二楼的一餐厅就餐。仅喝咖啡和一小片面包后，回到前几天就餐的餐厅。7：30用毕，早餐最普通的是薄煎饼，配以糖汁或枫树汁，后者为天然的，很贵。7：30，离开旅馆，所有费用，包括早餐均计入房间费内付钱。我们住的房费从账单上看是65美元/天。

上午9：00，乘美国联合航空公司的飞机自拉斯维加斯飞往旧金山，航班号为1158，飞行1小时35分钟，准时抵达旧金山机场。途中我们飞越了干旱荒凉的内华达州然后飞越内华达塞拉利昂山脉，进入加利福尼亚州的农业区。两州的交界处可以看到雪山和小型山地冰川，但数量有限。临近旧金山市，大地翠绿。最后抵达旧金山市机场。

杰夫的妹妹露易斯来机场接我们，紧紧张张地将全部行李硬塞入车内，行车1小时，才到达露易斯的家中。露易斯家住旧金山市东北部的匹兹伯格镇附近，距离机场或旧金山市约60英里，一路途经了大桥湾、伯克利、奥克兰，最后才到达匹兹伯格她的家中。露易斯系英国人，迄今仍持英国护照，与丁·弗雷泽结婚已十余年。两个小孩，男孩11岁，读六年级，叫威廉；女儿10岁，叫詹妮弗，读四年级。詹妮弗的学校只有一至四年级；而威廉的学校却只有五至七年级而已。丁的个子6英尺有余，体重210磅。全家都欢迎杰夫、圭三和我的到来。丁和露易斯还准备休息几天陪我们。我们的住房安排是，我住詹妮弗的房间，圭三住威廉的房子，而杰夫和威廉则住在旅行野营时用的宿营车内。

下午，丁带我和圭三在匹兹伯格参观了几个地方。先到新开辟的住宅区，三室一厅的住宅，带两个厕所及厨房，售价15万美元。四居室的约为20万美元。购房用分期付款的方式，每月一次，每次约1000美元。随后又参观了本地区内的农业区，即三角洲地区及其岛屿。丁介绍，三角洲农业区是100年前的中国移民开发的，现盛产瓜果、蔬菜等。人工开凿的运河将三角洲地区与陆地分开。最后在购物中心买了食品和酒、啤酒等后返回。晚饭前，将带来的中国南极帽和长城站织锦（6人签名的）赠送给两个孩子和丁夫妇，大家很高兴。到第二天发现，还剩有一个领带夹和两本南极画片，均送给他们。

补记3月14日：

早餐后散步，玩垒球，同时等待马克来接我们，今日上午的日程安排是参观北面公司及其车间。

马克直到11时才到达丁的家中。我们三人并丁全家都到北面公司参观。该公司马克的工厂设在伯克利，与著名的加利福尼亚大学伯克利分校相邻。该厂约有职工600人，自1976年起发展迅速，目前已是西方世界的一家著名服装工厂。我们参观了裁衣、设计、计算机优选裁衣料、熨衣服及制做登山服、睡袋、背包等生产线，以及最后的包装车间。睡袋每45分钟可生产一条。工厂自动化、计算机化程度很高。

午餐和厂部主要职员见面，其中一位腾姓女士，自台湾来，是三个部门的头儿，能讲很好的中文。另外，午餐为意大利烤饼，我因拔了牙，无法吃，只好放弃，喝了两瓶饮料算是午饭。

下午在车间与我们的衣服制作者再次商讨服装问题，并反复试衣。裁缝们询问我们每人体形变化的情况及原因，十分认真。

工厂上班时间为上午7：00至下午3：30。下午4时，马克相约克里斯琴女士、圭三和我4人到旧金山市观光。我们先在伯克利山顶远望了伯克利、奥克兰和大桥湾及旧金山市容。又驱车观光了旧金山市区，驶过金门大桥，最后在夕阳西下之际拍摄了金门大桥并旧金山市区的照片。

夜在一日本餐馆吃饭，随后又到一餐厅喝香槟，很贵。夜1：30，马克送我们回到丁家中。

1989年3月16日　　　　　　星期四

3月15日上午8时离开丁·弗雷泽家，10时到机场，办登机手续后，12时入关，且与丁、圭三和杰夫告别。

下午1：45飞机离开旧金山，于16日下午5：30到日本，又于16日夜10时40分到北京，住海洋局招待所地下室。

1989年3月28日　　　　　　星期二

3月22日回到兰州，发烧，病卧床三天。

给高翔回信关于电影解说词等事宜。

给丁全家和汉斯去信致谢。

1989年5月8日　　　　　　星期一

5月6日下午乘44次火车赴京，5月7日下午9时抵达北京（晚点1小时），住中科院机关招待所1楼7号房间。

上午9：00—10：00，南极办郭主任谈有关事宜：

1. 此次参加穿越应以"南极考察委员会"的名义去。

2. 中国南委会的英文Committee有学术委员会之含意，请翻译时注意。

3. 此次穿越带一些纪念性的东西回来，以便展览。可否带两只狗回来，送训练基地养，最好带一公一母为妥。

4. 中山站建立后，我国南极考察进入新阶段，需要人。自1982年投身南极，从个人特长和工作来看，在极地所可发挥更大作用。因此需要考虑调入极地研究所，担任副所长，主持科学研究工作。郭讲，他已与科学院孙鸿烈副院长说过此事，孙副院长讲与谢所长商议后再详议。如果一切顺利，则要在穿越时把手续办理清楚，穿越活动结束，即到中国极地所工作。孩子考完大学后再办手续。

5. 苏联正在组织一支国际女子队徒步在南极走一段（和平站—南极点），已与我方商议，但是考虑到语言问题、女同志体力问题，等等，尚未决定是否派人。

6. 关于翻译的书籍出版经费问题，郭表示尚未听说，亦未听到汇报。回头他查询一下，下次回来（18日前后）再看结果。

1989年5月9日　　　　　　　　　星期二

1. 中午12点30分，到国家基金委见地学部副主任沈文雄同志，又见到地理组郭廷彬同志。张知非副主任到杭州开会（杭州会议），不在。沈、郭二位均讲到我因穿越而申请的基金已专门从众多申请中抽出，分送五名专家审查，估计问题不大。基金委考虑到此项活动的紧迫性和重要性，打算从主任基金拨款资助，不行则转到面上，再不行的话，明年回来后补一笔一次性资助。基金委员会愿意资助此项目，并且很重视。另外，专门向郭廷彬同志讲，希望1987—1990年的基金项目（即我申请的长城站冰川研究课题，计划为4年，因为1987年开始实施时已到年底）能延期6个月到1年，答复是可以，但须办理手续。

2. 到中国银行提外汇，美元250.00元。

3. 到大明眼镜店取眼镜。

1989年5月10日　　　　　星期三

5月9日上午在南极办见到贾根整副主任，汇报了工作准备情况。

已在南极办外事处张福刚处拿到法国联络地址。

5月9日下午徐建中送我上机场。下午4点在机关招待所接我，6：30乘CA949起飞，途经上海、沙迦到达巴黎。上海—沙迦的距离7000多公里，飞行时间9小时30分，沙迦—巴黎为6000多公里，飞行时间为6小时50分，共飞行约18小时。

飞机于当地时间上午8：40抵达巴黎，地面温度13℃。下飞机后，让·路易办公室主任克瑞克特及其女友来机场接，其女友中文名字为"小魏"，能讲几句中国话。

到达办公室时方知，考察队员均已在前几天到达，而且在阿尔卑斯勃朗峰的冰川上完成了穿越冰隙的野外训练。我抵达时全体人员正在开会讨论队务工作：狗的衣服、安全绳等问题，以及每位队员到美国的最后期限。我拟7月2日抵达美国明尼阿波利斯市。

每个人又登记各种鞋子，我登记了不少于10双（11—12双？）各式皮鞋和运动鞋，用圭三的话讲，足够穿一辈子。

下午到让·路易的摄影师像馆去拍个人照和集体照，该摄影师系法国名家，曾为法国总统拍过照片。下午4：30返回，直到这时候我才进入旅馆，洗澡和换衣服。5：30集体前往巴黎大学某分校参加招待会。一如既往，首先每个人都讲了话，放了美国训练营地和北极训练时拍摄的电影短片和幻灯片。之后为鸡尾酒会。夜11时返回休息，感到十分疲劳。

按计划11日杰夫·萨莫斯将离开这里回英国；12日让·路易离开。我们于11日下午前往船出海的港口城市，参加"UAP"号下水仪式。

美国维尔·斯蒂格办公室的三名工作人员均来到巴黎参加此次集训、会议和仪式。

1989年5月11日 星期四

需要向考察队谈的事情如下:

1. PICO钻要的5000美元只能筹集到一半,问詹妮弗·金布尔·加斯佩里尼5000美元是20米系统还是10米系统(我们仅要10米系统即可)。

2. 中方正在制作10米雪层测温探头,测温范围为0—100℃,6月底交货。

3. 新增两个高精度2米雪坑采样地点。一个位于塞尔山脉之前,另一个位于80°S南极点到东方站之间。样品分析将与新罕布什尔大学合作,需要和他们联系(计划7月1日自北京到新罕布什尔,然后再到明尼苏达)。

下午3:50开始讨论合同。杰夫定于下午5:00离开巴黎返回英国。谈到下列几个问题:

1. 让·路易讲,1988年他在北京见到郭琨时,曾谈到按合同第1条规定中国政府应给考察队交5万美元。郭琨讲没钱,但中国可提供方便。故考察队将不收我的5万美元。

2. 询问中国哪家新闻单位将负责我的穿越新闻之报道。

下午因付小费、午餐等,需法郎,跑了五六个银行均不换。和杰夫到写有"兑换"字样的银行,排队兑换钱。到了跟前后营业员说要护照,给了护照后又刁难说不知现钞真伪,请其鉴定,又说无机器,最后终未换成!回到办公室告知史蒂夫,他也摇头,并以1:6.5的兑率拿自己的现金和我兑换了100美元(共收入650法郎)。

1989年5月12日 星期五

昨天下午7：30考察队在办公室招待高－特克斯公司经理夫人（老夫人及少夫人）等一行。此间，终于与驻法使馆科技处的秘书取得了联系。秘书叫蒋大智。蒋秘书告知随我考察队到港市参加考察船下水仪式的小男孩叫徐小刚，七八岁，其父徐广存教授系山东人，在巴黎东方语言学院教中文，妻子来自国内某地。徐氏父子两人将前往参加仪式，他们均为法籍华人。

夜11时李占生来电话联系，他住在凯旋门附近的一家旅馆13号房间，电话号码：472×××67，该旅馆位于巴黎16区。他在"国际会议中心"（ICC）开会。我们的办公室在18区。

李占生同志讲，他们今天散会，将乘5月15日CA934回国。并约好上午可能的话到他旅馆去，并带考察队的合同书一份，请他仔细看一看。合同上涉及许多法律条文，很难懂。

昨天上午9时许与格勒诺布尔的波提先生通了电话。波提先生两个月以前从东方站返回。本年度东方站冰芯进展已到达约2500米深。所采集的冰样一部分带回分析，一部分仍将留在东方站。

关于我考察队的δO和δD样品分析，波提认为如果雪坑挖1米深，则每25厘米采一个样为妥；若2米深，可每米采一个样。明年他的同事将去东方站工作，届时可将样品交与其同事带回，他的实验室承担分析工作绝无任何问题。

电话中波提还告诉说，去年夏季东方站气温异常，12月6日的气温曾下降到-59℃，这在过去是罕见的、不正常的。他遇到的最低气温为-62℃，系3月初。12月底到元月中旬，是东方站到共青团站之间南极洲内陆高原面上温度最高时期，一般为-40℃左右。

今年晚些时候，一支由苏联组织并牵头的国际女子滑雪队将继续去年的活动。去年她们完成自和平站—东方站的滑雪考察，今年将转为从东方站—南极点。拟于明年2月底3月初我们到达和平站时，她们到达南极点。女子队行进中将有考察车随同，夜间她们将住到考察车内，因此情况将和我们大不相同。

一位联邦德国青年，曾登上过14座8000米以上的山峰，非常强壮，声称他比我们更早地提出了穿越南极，并提出与我们"竞赛"，说我们的国际穿越南极考察队是商业性质的，是非体育性的。简而言之，他第一，我们第二。他将于今年10月自罗尼冰架出发，抵南极点后，再前往麦克默多站，完成按短路径穿越南极的活动。此年轻男士的名字为莱因霍尔德·麦齐乐。

购邮票3套（每套2张，合计4.20法郎），分别寄纪念封给周良、陶丽娜和钦珂。

上午11时到旅馆看望李占生，他已去国际会议中心。会议中心在凯旋门附近，我们闲聊了一阵，随后又到一中餐馆共进午餐，下午3时按时返回考察队办公室。

到办公室时，办公室竟无队员，问后方知，下午到卢阿沃港市去的时间已改到6时。给办公室斯蒂夫打招呼后，我一个人步行到距办公室不远的一座小山上的古老教堂去参观。当地华人称该教堂为"圣心堂"。教堂极其雄伟，可容纳数百人，入口处不远，香烛高照，许多人买香烛点燃后插在像"圣诞树"一样的地方，烛光美丽无比，增加了庄严、肃静和安详的气氛。教堂正门口一个大台阶上，人们拾级而坐，一名吉他歌手边弹边唱，博得游客们的喝彩。教堂西侧有一小广场，堪称民间艺术广场。许多年轻画师，手拿画架欲为游客画素描。还有不少人用彩笔抹画——大多为巴黎风光，一边画一边出售，他们工作的认真，神情的专注，就好像根本无人在旁边，似乎进入了"艺境"。画师们来自世界各地，有各种肤色的人，在一个角落可看到十来个华人（讲广东话）排坐，等游人们来洽谈画像。教堂附近的街道顺地形修建拾级而上，街道窄长蜿蜒，两侧小店林立，游客比比皆是。

下午8时启程，和圭三一起到了卢阿沃市，住在一小旅馆内。晚上竟没饭吃！圭三喝了我给他的半瓶白酒后，上床睡觉。

1989年5月13日　　　　星期六

早饭时，在旅馆小餐厅饭桌上遇一青年，自称为专门收集南极纪念封的人，且与王自盘为"挚友"，他们从未见过面，但却是集邮朋友。他请我们签名，我亦请他帮助把周良的邮品等盖好邮戳。

今日为"UAP"号船正式下水的庆祝典礼。我们全体队员（杰夫已回国，除外）共5人在卢阿沃市的游艇俱乐部与各位来宾共进午餐，之后前往"UAP"号船。

"UAP"号船长33米，宽10米，全部由铝合金制成。船有4个帆，2个大帆，2个小帆，亦有机械动力，一般时速为10海里，最大可达12—13海里/小时。该船具抗冰性能，稳定性较好，但船很小，摇晃很厉害，容易晕船。船上共有船长、船员6人，2名其他工作人员。"UAP"号定于明天启航前往纽约，然后赴南极，开始为期一年的航海生活。

我们5名队员乘"UAP"号出港约一个多小时。船上的4个帆全部张开，迎风驶入大海。此时在"UAP"号的周围，围满了许多小艇及橡皮艇，其中多为摄影师。我们5人则被单独放在船头甲板上，反复地拍照。两架直升机亦在头上盘旋，拍摄电影，等等。

海上气温较低，为10℃—13℃。许多观众都穿着大衣、棉衣甚至戴着围脖，我仅穿一条夏天的单衫和单裤，有些招架不住，到晚上，有感冒之迹象，只好把毛衣和高－特克斯的风衣都穿上。

6时许"UAP"号放下帆，开动机器驶回到游艇俱乐部的小码头。由于船大，码头小，着实使大大小小的汽艇、橡皮艇忙了一阵子，才进入指定区域。

随即举行欢迎庆祝仪式。卢阿沃市市长先讲话，让·路易讲话后，6名六国儿童和队员拉动一条船绳，同时拉动了礼炮。一支铜管乐队在奏乐，典型的法国式庆典活动！随后，市长给每人赠送一枚1789—1989年卢阿沃市成立200周年的纪念币。鸡尾酒会即告开始。法国电视一台

"UAP"号船长33米,宽10米,全部由铅合金制成

"UAP"号在澳大利亚

考察队环南极洲巡航的"UAP"号船在法国卢阿沃市下水仪式

专门采访了我。

当我们的"UAP"号回到俱乐部时，才看到来参加庆典活动的徐教授。徐教授自我介绍说，他叫徐广存，山东临沂人，今年53岁，现任巴黎第三大学中文系高级讲师。1972年回家结婚，1978年才将妻子接出，现已为法国国籍。妻子原来在国内时为社员，粗识字，来后才学习法文，现已不错了，平时照看4个孩子，还绣花赚钱。来参加我们庆祝活动的是其长子徐小刚，9岁，读五年级。晚餐一块儿在一间"上海饭馆"吃。赠送徐教授长城织锦1条，给小刚长城纪念币1枚。

陪徐教授同来的一女士，仅停留不久即告走。后来徐告知，不少留学生来此地读书，读完不回去。此女士学陶瓷工艺，拿到学位后与法国人结婚，也不回去了。徐十分感叹地说，20世纪50年代台湾留学生在美国的，第一流的回大陆，第二流的留美国，第三流的回台湾。言谈之中可以感到，徐先生是一位重感情和民族意识很强的中国人。他讲退休后将回国居住，准备买房子。

1989年5月14日　　　　　星期日

5月14日卢阿沃市的报纸登出了我考察队的新闻报道。文中讲，"UAP"号船长35米，载重量为75吨，主桅杆高27米，共计2根主桅杆。

"UAP"号定于今日启程经英国的格恩西岛（杰夫的双亲住在此岛上），6月7日到达纽约。在纽约直待到6月14日，之后驶往南美洲，约于7月20日抵达智利南端港口彭塔。该船将驶往南极半岛，在考察队行进期间，逐渐地自半岛北端向和平站方向行进，预计海路为6000公里。

今日下午与詹妮弗·金布尔·加斯佩里尼、辛西娅3人乘火车返回巴黎。火车于下午2：00自卢阿沃准时开车，下午4时回到巴黎。

5时许，詹妮弗、辛西娅、一名美国女记者和我4人前往巴黎埃菲尔铁塔，登到塔顶。埃菲尔铁塔高324米，可分为3层。欲登顶者，购票入内，每票22法郎。但第一、二层须步行爬上，从第二层才能乘电梯到顶。在顶部眺望，整个巴黎尽收眼底。

1989年5月15日　　　　　　　　星期一

上午11时许，徐广存先生来到办公室，带我出去游玩并参观巴黎市区。徐先生先带我到他家中午餐，徐还邀请了中国新闻社巴黎分社首席记者唐宏钧及其夫人刘海英，吃的是典型的山东水饺加几样小炒菜。徐先生和夫人秦兰英现有3子1女，是个典型的中国家庭。长子徐小刚9岁，已读五年级，次子6岁，已读一年级，三子4岁，小女2岁，都聪明、健康、活泼、可爱。

巴黎是世界历史文化古城，今天徐先生带领我参观了巴黎市中区的巴黎圣母院、卢浮宫、路易十六王后的宫殿、协和广场等地。

巴黎圣母院坐落在塞纳河心的一座小岛上。塞纳河中心的两座小岛是法国巴黎最古老的市区，早期的圣母院（建于12世纪）就建在此地，巴黎市后来逐渐扩大，成为世界级的大都市。巴黎市现有900万人口，市区约400万人口。圣母院高大雄壮，所有的玻璃均为整块彩色玻璃，其工艺已失传，院内游人如云，祈祷者甚多，亦很严肃。

卢浮宫是法国大革命前的法国王宫，1789年法国大革命以后，这里成为博物馆。卢浮宫是世界上最大的珍藏博物馆，每周开放6天，周二休息，周日免费，平时售票，每张售价27法郎。由于时间关系，我们重点看3件东西：蒙娜丽莎、拿破仑加冕典礼和维纳斯。达·芬奇的杰作蒙娜丽莎像很小，长约50厘米，宽约33厘米，在玻璃框盒内保存，旁边有警卫站岗，人们围观拍照（不准用闪光灯）。反之，拿破仑加冕画却很大，占一面墙，约5米×8米。等我们赶到维纳斯展厅时已经关门，未看到，真是遗憾！

从卢浮宫向北，一条大道直通协和广场（穿过小凯旋门）。广场不大，一侧为外交部，一侧临近总统府，广场边缘有形状古老的铜灯，广场中心竖立着拿破仑征服埃及后从埃及抢回来的铁柱子。

广场再往北即为著名的香榭丽舍大街，穿过总统府街区后，即为繁华的商业区。这里没有巨大的令人眼花缭乱的灯光，因法国政府规定，不准这样做，以免过分的商业气氛影响到名胜古迹。香榭丽舍大街的北头即为被遮盖住的凯旋门，为庆祝法国大革命200周年正在对凯旋门进行修整。和徐先生在凯旋门下坐了许久，又到香榭丽舍大街上的一家咖啡馆喝柠檬汁，然后回家。我自感感冒在加重。

塞纳河本身就是巴黎的一景，白天游船满载客人，穿梭往来。入夜，游船上灯光闪烁，船上的探照灯照向两岸的街道，分外耀眼。塞纳河上的大桥，最有名的是拿破仑第二修建的，桥栏杆及上面的雕像均为铜制品，艺术价值甚高。

圣母院和卢浮宫建筑用的大理石五颜六色，十分漂亮，给人留下华贵之感。这些石头并非出于法国，都是"进口货"。另外，法国政府为保护卢浮宫，数年前国际招标，由美籍华人建筑大师贝聿铭中标，设计的新卢浮宫入口及大厅，是玻璃和金属架构成的金字塔，具有采光，从地下联结卢浮宫，购票、书店和休息等多种功能，是建筑和艺术的杰作！

法国所有的博物馆对教师（大、中、小学）一律免费开放。外籍教师只要出示能证明教师身份的证件，亦一律免费。所以徐先生建议让中国教师出国，最好能带工作证，且附带有英文。徐介绍说，法国小学教师工资和大学教师的一样，高等师范学校的学生拿的工资和教授的相差不大，可见教师的地位和教师的质量之高。

1989年5月16日　　　　　　星期二

今天上午11时到下午4时，徐先生带我参观了巴黎大歌剧院和巴黎第四大学。

歌剧院系拿破仑第三于1858年初决定，1861年动工，到1875年历时14年才完工。巴黎大学共计11所，在第四大学我们参观了教师上课的情形。老师正在讲授毕加索的美术课，还有音乐课等。该校是在一所教堂的基础上扩大起来的。巴黎第四大学位于第五区，而巴黎第五区主要是学生区，由于古时法国学生都讲拉丁语，故这里亦称拉丁区。这里有一所法国最好的高中，学生都是来自各初中的第一、二名，且经考试方可入内。据说，今年招收的30名新生中，有9名是中国孩子。

1989年5月19日　　　　　　星期五

汇报法国之行（略）后，郭琨主任谈了下列事宜：

1. 写一个前次美国和此次法国集训的概要报告。

2. 誓师活动的日程安排。

3. 穿越南极的主要情况，包括人员、简介、船、预计的时间表及行程，穿越后的活动。

4. 有何问题需要领导知道，以便上报，使其知概况等。

5. 走前的外事活动要向外事处讲清楚，如机票、活动费以及返程机票。

6. 其他尚未估计到的问题等。

1989年6月28日　　　　　　　　星期三

一、南极办张福刚谈穿越活动有关经费：

1. 伙食费：400美元；

2. 小食品费：200美元；

3. 机动费：400美元；

4. 高山背包（200美元，由冰川所付）；

以上收入共1000美元（已于6月28日打借条拿到1000美元）。

二、个人补助费问题：由南极办负责支付。去程直到抵达南极洲按乘船的计算（每天3美元）。从出发地点到和平站按国外站计算（每天4美元）。以后仍按路程计算。

三、购钻5000美元（支票），商议好回国后再还此款。总收入：6000美元。国家南极考察委员会在海洋局外事会议厅开欢送会，参加人：

武衡、孙鸿烈、钱志宏、王仁、张知非、郭琨、贾根整，以及国家南极考察委员会委员和南极办的同志。会后新闻记者采访。

郭琨：介绍秦大河参加穿越南极洲的目的和意义。强调了考察队在南极洲"和平、友谊与合作"精神，环境保护意识，和平利用南极等。我国于1988年7月正式参加"1990年国际穿越南极考察队"。我国提供十箱蜂王浆，已有六箱运往内陆。影响比较大，苏联花钱较多，提供后勤支持。我国原计划派国晓港，后因病改换秦大河代表中国参加。

秦大河：介绍考察队的时间表、计划和科学考察内容等。

武衡：中国是发展中国家，秦大河作为考察队六国中唯一一位发展中国家的代表，很光荣。长城站承担部分后勤工作，应当这样做。以后能支持的都要支持。我们不要小看自己，中国冰川学在世界上并不落后。我们在南极洲的工作也可以做得很好。祝穿越南极考察队成功。这里我考虑赠送秦大河同志八个字："沉着、勇敢、机智、安全。"明年欢迎您胜利回来！

孙鸿烈：秦大河参加穿越南极探险考察队是中国人和中国南极科学家的光荣。这次科学探险活动极其艰苦，极其光荣。秦长期从事南极冰川学研究，可能下半辈子一直要搞南极冰盖了。南极冰川学研究极有意义，对环境、古气候、全球变化等研究都有意义。预祝凯旋，明年春天举行盛大的欢迎会。

王仁：秦大河代表中国参加穿越南极科考活动意义有三：一是南极洲和南极大冰盖是全球变化研究中的要害地区，此次活动不仅是探险活动，科学意义也很重大。故得到国家科学基金的资助——基金委主任基金资助，今年共有14 000个申请项目，但是只批准了4000个左右。秦大河穿越南极科考研究的申请在评审中一致评价很好，予以支持。二是国际合作的政治意义。因为除中国外，余皆为发达国家，秦不仅代表了中国，也代表了第三世界，这对促进南极条约继续发挥作用很有意义。三是在动乱后继续参加此次活动，证明我国改革、开放的政策不变。希望您发挥中国人民艰苦奋斗的作风，树立中国的威信。希望按科学精神办事，扎扎实实地取得第一手资料和样品，做好穿越活动的各项工作。还要做好思想准备，回答各国记者的提问。国内亦应大力宣传。

张知非：秦大河就穿越申请的基金项目，已列为委主任基金项目，给予"三特殊"：特殊任务、特殊人物、特殊情况。在委主任基金项目讨论会上基金委主任唐敖庆教授率先表示支持，一致通过资助8万元。这一项目从开始申请到拨款，只用了3—4个月，创最高速度，反映了基金委对此活动的支持。

下午2：30—4：00，中国科学院在院部大楼2-50房间开欢送大会。孙鸿烈副院长主持会议，参加人员有党组副书记余志华，还有资环局、干部局、国际合作局、院办公厅等院机关的领导和有关处级负责同志，张焘、陈家申、陈江峰等同志亦参加。陈院长一一作了介绍，我都是第一次见到，以前并不熟悉，但气氛非常和谐。我详细介绍了穿越计划等，接着孙院长讲话，又赠送一台微型录音机，并磁带一盒，供野外工作时使用。

清华大学陈毓延教授主持的单原子测定技术实验室参观记录（下午5：00—6：30）。

陈教授：1. 任务比较重要，且难度较大。因为在冰雪物质中的测量，12种元素测量本底值低，比测量不常见元素的困难性更大。而这12种常见元素在空气中就有相当高的含量。所以首先要有一个超净环境。国外文献说，净化室每升体积内不超过100限，普通环境为100万限。净化环境分为三级：10万限/立方分米、1万限/立方分米和100限/立方分米。清华大学现有实验室的最高净化为500限/立方分米，但仅限于很小的容积内。

2. 可以在美国、法国看看别人的样品是怎样处理的。高纯试剂价格昂贵。如纯HNO每升约700美元。

3. 我们的仪器可以测到10量级（ppt），但必须要有一个超净化的环境，这是关键。苏州超净设备厂有成品的超净设备出售。

下午2时拿到机票：北京—东京—旧金山—明尼阿波利斯；墨尔本—北京。

冰川所派陈克恭到北京送我。他今天全天陪同，下午7时在机关招待所附近的一小餐馆为我送行。我离开后，许多事情请他办理。

1989年6月29日　　　　　星期四

昨天是非常忙碌的一天，一直到深夜2时才休息。

昨天下午5：00—6：30，在清华大学物理系陈毓延教授处商谈我们的合作问题，清华方面的态度归纳起来有三点：（1）积极并乐意完成此任务；（2）缺少高水准的净化装置；（3）搞一个三级净化装置需要10万—20万元。

我回答（1）理解了陈教授的意思；（2）采样计划不变，仍将为这个实验室采集1个雪坑100个样品，但不能协作，将另找出路；（3）到新罕布什尔大学参观时，可为陈教授收集资料，尤其是关于设备分析过程、方法的文章；（4）给科委唐兴信处长写信专门汇报合作进展及面临的实际问题。

唐处长到外地出差开会，未能面晤。

下午6：30，清华大学派车将我和陈克恭送回科学院城区招待所。

晚8：00至凌晨1：00，新华社记者张继民来访，说他准备写一个专访。正在采访时，科学报总编室主任李存富同志亦来访。

张继民同志参加过东南极中山站的建站工作，今年5月份才从东南极洲返回，与南极办公室的何志很熟悉。他让我在整个穿越过程中多发一些稿子回来，保证各报都会采用。

李存富同志告知，《历史性的科学探险活动——介绍1990年国际穿越南极考察队》一文已决定采用。告诉李，此文是我给《地球科学进展》约稿。李说，该杂志系内部发行，不存在一稿两投问题。尽管如此，我仍请李存富同志注意，希望能把这篇文章改动后再发。《中国科学报》已开始排稿，决定下一期出版。

对张、李都要求能把登出来的文章给钦珂寄一份去，留了地址。

给钦珂一信，又给任贾文一信，托陈克恭带回去。

由于昨天太忙，野外用的小刀和幻灯片都未买到。昨天又睡得太晚，醒来时已上午6：50，匆匆忙忙地把东西包装后，7时，小徐准时来接，又接郭琨主任、钱志宏副局长，送我到机场，告别。携PICO钻及皮箱一只，顺利登上CA951班机。

CA951班机上午9：20从北京起飞，50分钟后抵达大连机场。这一段旅途中飞机上的乘客仅20—25人。在大连出海关，休息一个多小时，11：30又起飞飞往东京，于下午2：50抵达东京。在大连又上来10余人，故此次航班只载30—40名乘客到东京，而飞机是波音767。

在东京机场一下飞机，即到登机处办理了JL002航班到旧金山的登机手续。JL002航班于下午6时才起飞，5：30开始登机，我要在此等候3个小时，行李到旧金山提，此处不再办理任何转行李的手续。

东京时间下午6时，在同一卫星厅转乘JL002航班飞往旧金山，一路顺利。当地时间中午11时左右抵达旧金山。取行李并不费事，但办理入关手续却不甚容易，很慢（美国人似乎不是办每件事都很利索），约等待1小时。

随即转乘NW356航班，于美国东海岸地区时间下午2时起飞，并于当地时间晚上8：30抵达明尼阿波利斯国际机场。

在机场向考察队办公室打电话，凯茜不在，又只好给刘一华先生打电话，也不在家中，只好在机场等待。连打若干次电话后（每次0.25美元），终于在晚上10：30与凯茜接通，告知帕特丽斯将于晚上11：20—11：30来机场接我。

1989年7月1日　　　　　　　　星期六

6月30日在帕特丽斯家中一直睡到中午11：30。

下午1：30—4：00，到市内一家眼镜行去验光和配眼镜，只配了一副冰川近视镜，即深色墨镜，但却是近视镜，价格130美元，验光费30美元，合计160美元。还计划另配一副变色镜，等这一副拿出来试一试后再配下一副。

配镜后帕特丽斯送我到办公室，见到了鲁斯、詹妮弗·金布尔·加斯佩里尼、辛西娅、克里斯琴等。

凯茜和詹妮弗均说5月底和6月初我打给她们的电传未收到，只收到了南极办的电传。

晚上，凯茜夫妇请我到饭馆吃饭，主要说下列几个问题：

1. 6月29日接通知，阿根廷方面拒绝苏联伊尔-76飞机在阿领土停降。为此只好转往智利。但苏、智无外交关系。如果必要的话，请秦给中国驻智利使馆和北京打电话，请中国方面予以协助，说服智利同意考察队的飞机在其领土起降并加油。目前，此事正由法国让·路易联系。

2. 鉴于北京发生的事情，法国有人问让·路易，为什么还继续与中国政府派出的人员合作考察南极？让·路易回答说，考察是为了和平与合作。凯茜说，在7月9日让·路易到达后，可能记者仍要问这些问题，并说美国方面无什么大问题，可能法国反应较强烈些。

3. 许多记者在等待中国队员到来后询问北京的事情，考察队将一律予以"挡驾"，希望我全力准备穿越前的工作。

我则告诉凯茜，6月3—27日，我因妻子受伤，顾不上许多事情；兰州离北京很远；我所知道的仅限于中国电视、电台播放的内容。我作为中国政府和人民派出的代表，非常感兴趣的是南极洲和科学探险。

晚饭后，凯茜夫妇（史蒂夫）开车送我返回帕特丽斯寓所。帕特丽斯直到11时30分才结束工作回来。她在明尼苏达音乐厅的后台工作，每周工作25—30小时，多为晚上上班。有一17岁的女儿，读高中二年级，还想将来做一名记者。帕特丽斯毕业于明大图书馆系，学习美学与艺术。

另外，辛西娅给我几张表格填写，主要是办理澳大利亚、阿根廷、巴西等国的入境签证。护照已交给辛西娅，她将复印件拿给我保存。

今天为周末，上午10时驱车与帕特丽斯前往詹妮弗和吉姆在阿夫顿小镇乡下的家中。詹妮弗和吉姆将外出度周末，请我们来看家。

和帕特丽斯在市中心的公寓比，乡下凉快多了。而在市区，这几天的天气可以和北京"媲美"，又闷又热，即使一场雨过之后，温度也降不下来。而这里很安静。

下午和帕特丽斯驱车前往哈德森，这是威斯康星州的一个小镇，离明尼阿波利斯仅40公里。哈德森是个小镇子，比阿夫顿镇大，当地因有一所威斯康星大学哈德森分校而出名。当天，这个镇子的小街上中小学生们组织的游行庆祝正在训练，准备7月4日美国独立节时的庆祝活动。按惯例，7月4日美国国庆节时白天游行，晚上放焰火，每年如此。

晚上去明尼苏达音乐厅听音乐。票价很贵。仅2小时的音乐会（晚上8：00—10：00），票价达37美元。票价分三等，头等54美元（楼下），二等37美元（楼上中间），三等21美元（楼上侧面）。虽然票价很贵，但几乎座无虚席。演出主要是现代音乐与歌曲，由明尼苏达交响乐团演出，5名歌唱演员。主要节目有"The Town Suite"（小镇服装）、"On the Town"（小镇上）、"Wonderful Town"（快乐的小镇）、"West Side Story"（西部故事）等歌曲或歌舞。

迪安娜、帕特丽斯及安3位女士陪我一同观看。

之后，帕特丽斯带我参加了两个小宴会，于夜12时返回詹妮弗家。迪安娜约好，明天中午12时接我去杜卢瑟补牙齿。

今日读报时看到考察队经费预算，兹抄录如下：

考察队至少需要1100万美元，其中720万美元为现金，330万美元以实物或劳务支付。第二次可能会高达600万美元。

一、主要开支：

船（Ship）　　400万美元

驯狗（Dog training）　　150万美元

行政（Administration）　　170万美元

格陵兰训练（Greenland training）　　15万美元

装备（Equipment）　　5万美元

其他

合计　　782.2万美元

二、资金来源：

造"UAP"号赞助费　　200万美元

赞助及销售　　380万美元

个别少量赞助　　3万美元

私人贷款　　120万美元

其他来源　　25万美元

合计　　724.6935万美元

三、实物赞助：

狗的饲料　　28万美元

队员用野外食品　　5万美元

苏联人后勤支援费用　　250万美元

装备与保障用品　　13万美元

行政工作　　　5万美元

服装　10万美元

通信　5万美元

其他　12.1万美元

合计　326.1万美元

其他开支：

燃料：每加仑200美元

救援飞机：每个月的费用105 800美元，若使用，每小时再加1000美元

专用食品：每名队员5786美元

通信：每月平均3500美元（含传真与电传）

各国的过境费用和机场费用：50 000美元

（以上各项目中的单项总和与合计数额不符，不知原因何在？）

1989年7月2日　　　　　　　　星期日

上午休息，帕特丽斯来电话通知说迪安娜中午12时准时来接我去镶牙。另外，我3日前往波士顿的机票等亦在迪安娜的手中。随后，给冯兆东挂电话，无人接。

昨天晚上在音乐厅后台的电话上，接到小冯的长话，只和小尚及孩子讲了几句话，因服务台上电话频繁，不能再用，约好今天上午将电话打到詹妮弗·金布尔·加斯佩里尼家中，时间为10：00—10：30，但未来电话，亦打不通。估计全家已驱车前往威斯康星州开会和度假了。小冯讲他将于6日返回学校城。

中午12：15，迪安娜来接，随即前往杜卢瑟。行车约3个小时（约150公里）后抵达，住到斯基庞·霍夫斯特兰德医生家中，霍夫斯特兰德医生的妻子叫特鲁迪。家住离市区不远的一公寓的7楼，住房很宽

敞，陈设也很好。我住到斯基庞儿子房间的"小床"上，他们的儿子（10岁）外出野营未回来。晚饭亦在特鲁迪家中吃。

霍夫斯特兰德医生是我考察队的主任大夫，而且还是杜卢瑟市医生协会的副主席，是维尔·斯蒂格的密友。我托他明天办理甘肃省人民医院询问的彩色多普勒超声心动仪和超精密度心电图仪。霍夫斯特兰德说，杜卢瑟医院目前尚无彩色多普勒，仅有黑白的。对中国边远省份想购买彩色多普勒仪表示惊奇，愿帮助联系厂家等。但由于彩色多普勒超声心动仪是一项新技术，在美国也正在发展阶段，目前尚无更新一代的产品取而代之，故谈不上买别人使用过的彩色多普勒超声心动仪之说。

1989年7月3日　　　　　　星期一

上午7：35，提前10分钟到达大湖牙科医院，布鲁斯·休斯德特医生正在等待。不到10分钟，即将牙模托好，随即告辞。

和2月底3月初两次见到布鲁斯相比，今天他相当冷淡，他的助手、护士沃侬奥拉也不热情。他告诉迪安娜，约1周后还要再来一次试戴做好的假牙。

返回斯基庞家中吃早饭。10：30，斯基庞返回家中，带来了有关医学仪器的资料。（1）超精密度心电图仪的资料已齐，在香港有专门出售的地方，价格约3万美元。（2）彩色多普勒超声心动仪，厂商今天休息，电话未打通，详细资料他将收集好后寄给钦珂。但他说，一部新的仪器约值20万美元。但若已有黑白超声心动仪的话，只购彩色显示部分，则需要6万美元。表示愿意为省院提供咨询，可以直接打电话或写信联系。

斯基庞托迪安娜将杜卢瑟医院赠送的4个医药包带回队部。

上午10：50离开杜卢瑟，下午约2时返回明尼阿波利斯。今天的气温特别高，约35℃。

在迪安娜家中填了申请三国（阿根廷、巴西、澳大利亚）签证的表格。还填写了一张有关个人和家庭联系的表格（考察队用），内容如下：

1. 我同意在考察期间，家庭中有重大坏消息要传递过来。

2. 我在自己的国家做了何种人身保险？（未填写，准备打电传给北京，在国内亦办理人身安全保险）。

3. 希望把我的消息随时报告妻子周钦珂、父亲秦和生（地址略）。

下午3：30离开迪安娜家，先到一商店里拍了6张办护照用的快相，又到机场357房间"失物招领"处查询我29日抵达时在机场打电话丢失的名片本，竟然找到了。

乘4：50的中途航空公司340航班去波士顿。

波士顿是美国的"古老"城市之一，1789年7月4日，美国的独立宣言就是在这里签字的。因此，7月4日（明天）的独立日在波士顿有特别大的庆祝活动，而我不清楚此节日，恰好订为3—5号访问新罕布什尔大学冰川室，真是让人啼笑皆非。还不知道卡梅隆能否安排我们在新罕布什尔的活动。听说马约夫斯基教授可能恰好不在，他去格陵兰工作，过些日子才能回来。

（以上记于明尼苏达→芝加哥→波士顿的飞机上）。

（以下补记）

飞机于当地时间（东部标准时）晚上10：10到达波士顿，但是卡梅隆并未按时到达机场来接。只好等待，也无法打电话（我只有他办公室的电话号码），只好干等。到11时左右，他才匆匆赶到。因为自学校到机场开车需1小时多一些，到他住处也要1小时，因途经放焰火处，交通受阻而迟到。我们即驱车去取他的货（塑料瓶，格陵兰计划用），还未到。随即在一家夜总会小酒吧休息，到12时半再去才拿到东西。返回卡梅隆住处已是午夜2时。

注意，波士顿属马萨诸塞州，卡梅隆住缅因州，而大学在新罕布什尔州。美国东海岸的新英格兰区的各州都不太大，有的非常小。

卡梅隆告知，马约夫斯基教授目前正在格陵兰领导冰钻计划的实施，不能面晤，致歉。他们约在下周返回。莱昂教授明天去格陵兰野外。莱昂教授是该室的第二把手，曾在澳大利亚工作过一段时间，当时主要由澳大利亚冰川室的戴维（负责冰芯内气体测量和CO测量）接待。

1989年7月4日　　　　　　　　　　星期二

今天是美国独立日。

新罕布什尔的冰川室有2名教授与4名研究人员（均为博士），4名技术人员，1名博士生（卡梅隆），3名硕士生。还有一些大学生（4—5名）在此工作。共有18—20名工作人员。和卡梅隆讨论野外实施计划如下：

一、决定挖3个2米深的雪坑

1. 塞尔山脉附近（85°S，90°W）（102个样）

2. 85°S东方站一侧（102个样）

3. 75°S和平站一侧（102×2个样）

注意：每点102个样瓶，但有10个样瓶须保持空的，以使样品回到实验室后检查污染情况。

1—92号取雪样（1.84米深的雪坑）；

93—102号保持空瓶不动（运回美国）；

103—194号取雪样；

195—204号保持空瓶不动；

205—296号取雪样；

297—306号空瓶不动；

307—398号取雪样；

399—408号空瓶不动。

二、100个空瓶采表层雪样（每瓶容积40毫升）。

三、如何将雪样运回美国做实验？

1. 雪坑1的样用飞机运回智利彭塔。需与考察队商量。

2. 雪坑2和雪坑3的样送往东方站到和平站。

四、采样的工具（2米雪坑用的采样器）与刮板，在明天清洁后将单独携带。2米采样器将要重复使用，务必保持清洁。

（工具已分3种装好，采样器随身带；有机玻璃刮板则分装在各个样品盒内的塑料袋内，以便使用时方便）。

五、采样时最好有两名帮手。要向他们解释清楚工作方法，务必要保持洁净，工作时要求戴口罩、手套或塑料袋，并注意风向，以免人为污染。

将200个样瓶全部洗干净，用超纯水系统处理过滤后的水浸泡若干天后再冲洗三遍，甩干，可保证10（ppb）量级之精度，装箱。

下午6时下班返回，晚餐吃活龙虾。和卡梅隆同住的约翰、汤姆等都是渔民，是他们出海捕来的并不稀罕。但对我却非常稀罕。

1989年7月5日　　　　　　星期三

和玛丽·斯彭塞教授谈下列问题：

1. 关于超高精度净化室

◆ 要求有净化装置和净化室，以及超纯水装置。

◆ 对10—10（ppt）精度的测量，要求每立英尺不超过100个微粒的净化条件，但仅需要必要的工作空间即可。

◆ 对Na、Ca等元素，Na元素在东南极洲须有10—10（ppt）的精度，（Ca元素在）西南极洲须有10—10（ppt）的精度。

中国清华大学的仪器测试时，最好有冰川的人参加测试工作，以免测试中出问题。

◆ 目前仅美、英、法三国有测量级10的实验室，这一工作的确比较困难。

2. 我存放在南极长城站的样品将于今年8月份开始做，拟测Cl，NO，SO，Na，NH，Mg，K，Ca，H，O。其中H、O可以估计年层。

3. 火山灰样品拟观测颗粒大小、成分、电镜照相，分析痕量元素并确定其来源。

4. 纳尔逊冰帽样品可能存在的问题。如果强烈渗浸，有些化学成分亦下渗到下部雪层，故2米的雪坑内化学分析可能不准确。但微粒测量问题不太大。

5. 写信给谢自楚所长，可否今年再在纳尔逊冰帽采样。

米歇尔·莫里斯先生（"格陵兰冰盖深钻计划Ⅱ"的行政负责人）介绍格陵兰冰盖打钻计划：

有12个实验室、15—20名科学家参加，耗资1000万美元，计划5年完成，称之为GISP2。第1—2年打钻。今年已打到200米深，总厚度为3000英尺，每年5—8月进行，到第四年完成。地点为GISS（格陵兰冰盖顶部）。

米歇尔决定，过几天给我把写好的有关介绍GISP2的材料寄往明尼苏达队部。

和朱莉·帕勒斯博士谈一些问题：

计划做纳尔逊冰帽三个火山灰样品的化学成分、颗粒大小（粒径）和电镜照相（三维相片）。

如果做出成分的话，经对比后，可得知是何处来的，是哪座火山的喷发物，等等。

朱莉认为冰样中的三层物质是火山灰。完成后的结果寄给我收。给了我几份南乔治亚群岛欺骗岛火山灰和火山活动研究的文章。

下午1：20乘大巴前往波士顿机场，卡梅隆送行到巴士车站前往机场。约3：50被告知我乘坐的1277航班已取消，随即给我改为4：50起飞的到费城的US航班。下飞机后转乘NW航班，7：15起飞前往明尼苏达。晚9：45（实际上为中部时间8：45）安全抵达明尼阿波利斯机场。

迪安娜仍在机场等候，因为她查询后知道我已转乘飞机。得确切消息时只剩10分钟时间，刚好赶上接我。迪安娜接我直接到维尔·斯蒂格家中，圭三与其女友和维尔·斯蒂格今天乘水上飞机返回明尼阿波利斯。半夜时分，杰夫开卡车载运部分货物回到明尼阿波利斯。

安排住定后，迪安娜又拿出资料和办签证用的全部材料（秘鲁、阿根廷和澳大利亚签证），让我明天去芝加哥上述各国总领事馆办理签证。

1989年7月6日　　　　　星期四

晨6：10，乘已安排好的出租车前往机场，乘NW240B班机去芝加哥市。

乘出租车自芝加哥机场去帕瑞公司的办公室，找到联系人莫尼克·刘易斯女士。迪安娜昨天告诉我说，莫尼克女士将带我去秘、阿和澳领事馆办理签证。在手续办毕后，给辛西娅打电话，询问在支票上签发多少服务费给莫尼克。我还被告知，要尽量不把护照留在芝加哥各领事馆。如果需要，请留复印件。如果需要原件，则务必保证在7月13日前能拿回来，以便出发时使用。

在帕瑞公司处填写到澳大利亚领事馆办签证要的两张表格，一张用中文，一张用西文，但内容不甚相同。同时，还填了一式三份到秘鲁领事馆办签证的申请表格。

约9：35，一位名叫詹妮弗的小姐陪我到了阿根廷领馆先办签证，答复要过几小时才能拿到。随即到秘鲁领事馆，须等到下午1：30才能拿到。遂将护照等留到秘鲁领事馆。

下午1：30在秘鲁领事馆与詹妮弗会面后随即上楼，但办签证的女士说，早上她不知道中国是社会主义国家，抱歉。秘鲁领事馆对于社会主义国家的人出入境有严格限制，他们必须请示国内有关机构后才能决定能否给签证。随即她又带我和詹妮弗会见领事。领事问了我们考察队的组成以及我是否由政府派出等，最后答复说等一周后再来看签证情况。

　　在澳大利亚领事馆办时，又填一张表。也需一周时间请示其政府才能决定给不给签证。我只好委托帕瑞公司在芝加哥办理，办好后用快件把护照寄往我们的队部。

　　给钦珂、爸妈写信。

1989年7月10日 　　　　　　　星期一

上午收到郭琨主任对我7号传真的回电。

今天开始分装备，每人要把装备分为四份，一份随人走，其余三份由补给飞机送到三个拟议中的补给点。兹记录如下：

品名	四个补给点处的件数			
	海豹岩	韦尔毫泽冰川	埃尔斯沃思山营地	南极点
线衣（长袖）	3	3	3	4
线裤（长）	3	3	3	4
灰色线单手套	3	4	4	6
灰色单尼龙袜	3	2	2	3
折叠软椅子	1	/	/	1
风镜	1	/	/	1
泡沫塑料睡垫	1	/	/	1
头顶电灯（直镜）	2	/	/	/
过裂隙用安全腰带	1	/	/	/
红色头套	1	1	1	1
眼镜腿固定带	2	2	2	3

续表

品名	四个补给点处的件数			
	海豹岩	韦尔毫泽冰川	埃尔斯沃思山营地	南极点
面罩（黑色）	1	1	1	2
黑色高－特克斯袜子（长）	1	/	/	/
黑色石头河牌高－特克斯袜子（短）	2	2	2	4
指南针（南半球专用）	1			
高－特克斯五指手套（厚）	1	1	1	1
四指合一大单手套（有内套）	1	/	/	1
大皮手套	1	/	/	1
红、白、豆沙色单手套（五指分开）	2	1	1	2
马克勒套鞋（附塑料鞋垫）	1	/	/	1
毛线手套	1	1	1	1
毛线袜子（石头河牌）	3	1	1	0
滑雪橇板上的塑料鞋	2	/	/	2
马克勒鞋垫（黑色橡胶布）	1	/	/	1
牙刷	1	2	1	2
钢卷尺	1	/	/	/
牙线（线卷、盒装）	1	1	/	2
牙线（塑料袋装）	2			
衬裤	3	/	/	3
白线手套（中国产线手套）	3	/	/	3
黑色圆珠笔	1	/	1	2
白色细尼龙线	120 英尺	/	/	/
黄色细尼龙线	1（小把）	/	/	7
塑料瓶（1000 毫升）	1	1	1	1
防紫外线护脸膏（管装）	3	1	1	3

续表

品名	四个补给点处的件数			
	海豹岩	韦尔毫泽冰川	埃尔斯沃思山营地	南极点
毡袜子（1号，蓝色，长）	2	1	1	2
毡袜子（1号，蓝色，短）	2	1	1	2
小食品	1 份	/	/	1 份
毡袜子（2号，绿色，长）	1	1	/	1
毡袜子（2号，绿色，短）	2	1.5（3只）	1	2

1989年7月11日　　　　　星期二

继续在哈姆林大学的大厅内登记装包。

7月10日下午4：30到德腾斯公司去接受新闻记者的采访，形同拉斯维加斯的记者招待会。会后，北面公司的李先生请吃晚饭。9日上午还去配普通近视眼镜。

今天上午1：30到德腾斯公司参加公司的招待会，会后签名达2小时。下午3时返回，继续装包。

北面公司已将162箱衣物，包括9箱"喜马拉雅宾馆"帐篷送到哈姆林大学我们装包的大厅内，但尚未发给个人。130箱衣服包括记者摄影师及船上人员用的，但主要是我们6人的。

今天下午收到米歇尔发来的电传及格陵兰冰芯研究大纲。

今天上午9时（美国中部时间）与钦珂通了电话，她可以在别人的帮助下走20—30米来接电话，病情已有好转，但仍让人心疼。

1989年7月12日　　　　星期三

上午5：00起床，5：15车接往WCCO8230电台，6：05进行实况播音。大家唱（用自己的母语）："早上好，早上好，我们在这里真正愉快，早上好，早上好，祝君早上好。"然后由目标公司和WCCO组织了由我们6个人参加的为南极教育募捐活动，从7：00到15：00，在目标总公司（位于明尼阿波利斯市中心），以及目标公司在明尼阿波利斯市南商场停车场和圣保罗市中心及另一商场广场组织活动的现场。募捐的最小金额为25美元，相当于考察队行进一英里路，考察队穿越4000英里，募捐的总金额为10万美元，这笔钱全部用于南极教育的活动开支。购买的人可打电话登记，邮寄支票，或当场办理购买手续。

下午4：00到圣保罗市中区的明尼苏达州科学博物馆，参加由"南极研究所"和博物馆组织的考察队的报告会，6名队员与新参加的沙特阿拉伯两名海洋环境和海洋化学家（在"UAP"号船上）都作了自我介绍。维尔·斯蒂格详细介绍了考察队情况及装备，放了北极与格陵兰训练幻灯片；让·路易讲了"UAP"号船的情况。

晚上回到哈姆林大学的学生活动中心的二楼房间。我们的衣服已分配到个人，非常多，不知该怎么办，怎么带，怎么分发。

明早6：45，克里斯琴的父亲接我去杜卢瑟市安装假牙，下午4时返回。晚上去美中友协参加宴会。

托詹妮弗和帕特丽斯帮助购买的"轻型光谱辐射仪"一事告吹，因为：

1. 连配件等共计6000美元，太贵。

2. 温度适用范围仅−20℃—40℃，不适合南极低温。

3. 此仪器只适用于定位站观测，不适用于流动野外观测。

4. 明州大学的一名教授讲，此仪器要专门训练才能使用，几天之内很难学会使用。

1989年7月13日　　　　　　　　星期四

继续装包。

品名	海豹岩	韦尔毫泽冰川	埃尔斯沃思山营地	南极点	备用
防寒外套（厚）	1	/	/	1	1
防寒裤（厚）	1	/	/	/	/
Balaclaua	1	/	/	1	1
头巾	1	/	/	1	1
贝雷帽	1	/	/	/	/
帐篷内用便帽	1	/	/	1	/
前拉锁上衣	1	/	/	1	/
外套	2	2	2	2	2
1号裤	2	2	2	2	2
2号裤	1	/	/	1	1
头套	1	/	1	1	/
风衣	/	/	1	1	1
1号风衣	1	1	/	/	/
2号风衣	1	/	/	/	/
1号风裤	1	/	1	/	/
2号风裤	1	1	/	1	/
边衣裤	/	/	1	1	1
高－特克斯帽	1	/	1	1	/
睡袋	1	1	1	1	/
马克勒套鞋	2	/	/	1	/

　　上午6：45，克里斯琴的父亲菲尔带我去杜卢瑟医院试假牙。约9：30到达，10时布鲁斯大夫试安。牙齿已做好，牙托未做好，因为恐怕不合适。布鲁斯用蜡做的牙托试了试之后，决定明天上午11时再到医院来安牙。

　　转交维克多的儿子给凯瑟琳女儿的小礼物和信件。凯瑟琳询问她女儿寄给维克多儿子的T恤是否收到。

　　又向布鲁斯要维克多需用的止痛药。布鲁斯说此药因含可卡因，控制很严，只给了六七小包。上述事宜已转告（交）维克多。

　　给布鲁斯和凯瑟琳每人一条长城站织锦，给沃依奥拉一顶南极帽，一本画片。给另一女护士一本画片。

　　下午4：00返回哈姆林大学，随即回到大厅并开始打包。杰夫的妹妹一家4口来到这里和大家话别并帮忙。衣服甚多，不知如何是好！

　　下午6：15，当地一批美籍华人在报上看到有关南极探险队的新闻报道后，请我到一家中餐馆见面，给大家讲一讲南极和中国南极研究的情况。办公室安排在下午6：15进行，来接我的是陈焕中先生，系半导体技术中心的高级工程师。

　　庐伟民先生受圣保罗市市长委托（庐说市长本来也要来聚餐见面，因临时有事未来），将一张授予我为圣保罗市名誉市民的证书送给我。又由参加聚餐的人共同签名，赠送了一本介绍圣保罗的书。我则送每人一本南极画片并有签名，以及一顶南极帽子、一条长城站织锦。陈、庐先生决定星期天到机场去欢送。

　　苏联的伊尔-76飞机定于今夜12：20到达明尼阿波利斯国际机场，机上有31名苏联人。

　　仍未收到新罕布什尔寄来的样品瓶。

1989年7月14日　　　　　　星期五

上午8时，菲尔再次拉我到杜卢瑟的牙科医院取新做的假牙。11时到医院，由布鲁斯安装假牙，11：30安毕，一切顺利。

布鲁斯、沃侬奥拉和凯瑟琳都希望能得到我在南极寄给他们的信。凯瑟琳的小女儿给我一信，尚未有来得及拆开看。

下午4时返回，即到哈姆林大学打包。有4个包分别写有送往海豹岩、韦尔毫泽冰川、埃尔斯沃思营地和南极点。

晚8：00，和维克多一块儿到詹妮弗·金布尔·加斯佩里尼家中参加为各国记者和办公室人员及志愿者们举办的宴会。300—400人参加，露天，蚊子极多极多！

定于明天上午7：00开始往机场装送全部物资。

维克多说，昨天苏联飞机在飞往明尼苏达途中在芝加哥上空时有一个发动机停止工作，到今天晚上，已基本修复。为了这批苏联机组人员，考察队专门请了一名俄语女翻译，是苏联移民。

1989年7月15日　　　　　　星期六

上午7时早餐毕即到大厅，在志愿者帮助下将全部东西装车送往机场。

早餐时听维克多讲，伊尔-76飞机自7月12日离开莫斯科后，经纽芬兰、蒙得维的亚、加拿大，7月13日直飞明尼苏达国际机场。但飞机在飞过芝加哥上空时，4个发动机中的一个突然熄火，飞机降低高度和速度，但3个发动机亦可顺利地飞到明尼苏达。目前飞机正在修理，但缺乏专用的工具，最近与最佳的修理地点是古巴。飞机明天能否按时飞行，尚不得而知。飞机上共有31人，齐林格洛夫是负责人。

上午10时到科学博物馆，11：15结束。行前还要办的事情如下：

1. 到办公室打电话（北京、兰州、钦珂、科学院、长城站）。

2. 发电传给北京，内容为：飞机将按原计划飞行，请与驻智使馆联系给长城站运送补给品事宜；圣保罗市市长授予秦大河荣誉市民称号并发证书；科考准备工作就绪；苏联《真理报》、日本《朝日新闻》、美国ABC公司和本地《先锋报》均派记者随机前往乔治王岛，可否由新华社布宜诺斯艾利斯分社派记者参加；英国查尔斯王子来贺电。

3. 修理眼镜。

4. 修理牙齿（下午2：00或更早）。

上午10：30—11：15在明州科学博物馆与儿童们会面并签名，之后到办公室给长城站打电话。

1989年7月16日　　　　星期日

上午8：30，给下列人员寄出出发前的明信片（有3名队员签名）：

钦珂、张知非（转达对沈文雄、郭廷彬以及地学部全体同志之谢意）、唐敖庆、王仁、王自盘（及曹蕴慧）、孙鸿烈、张焘、陈永申、爸爸、唐兴信、施雅风、李吉均、吕纯操、朱克佳、贾鹏群、郭琨、谢自楚、张青松。

9：30，召开全体队员会议，包括机组人员、摄影组成员等。齐林格洛夫说，飞机的发动机已修好，计划今晚10时起飞，飞往古巴。飞机在机场还要练习一下起降，检查发动机好不好。我们希望能得到美方批准起飞。下午5：00装货，8：30装狗。8：00全体人员须到达机场，准备起飞。

11：30，全体队员乘巴士前往明尼阿波利斯市中心的歌剧院。在那里，明尼苏达州州长主持了有2500人参加的欢送会。六国国家的外交使节，几乎均为驻芝加哥市的领事们，先后在会上代表自己的政府发表了祝贺性的讲话。其中法国领事为女士，第一个发言。中国驻芝加哥总领馆领事赵祥龄专程前来参加，也发表了讲话，讲话除了祝贺外，还另加了一段关于秦大河家中妻子车祸受伤，表示慰问的话。

赵祥龄同志的到来事先我并不知道。约12：30，在后台赵领事和明州国际贸易局的冯立经终于找到了我。我见到他们后顿感亲切。因为多天以来每名队员都有自己国家的人陪伴或帮忙，唯我除外。领事和冯立经很热情，给我留下了他们的电话、电传、传真号码及名片，表示有任何事情都可以找他们，他们当努力办理。领事还讲到，已接到南委会的通知，领事馆已经给秘鲁、阿根廷和澳大利亚领馆通知了我办签证的事。帮助我们考察队办签证的那家公司也很负责。冯立经说，我要是与他联系的话，会立即找到吃、住等地方。我则给赵领事留了南极办郭琨、孙副院长及钦珂的电话、地址，希望能在我走后打电话给他们，因为我可能打不成电话。又请赵领事通知新华社驻圣地亚哥和布宜诺斯艾利斯分社，请他们在飞机到达当地后采访。

在歌剧院里首先放映了斯蒂格探险队北极和格陵兰之行的幻灯片；然后州长讲话；六国使节、六国队员及2名沙特队员先后被介绍上台；各国使节讲话；六国队员代表斯蒂格讲话；4个小女孩将她们画的油画展开送给了8名队员；3个男孩子讲话并送小礼品；最后，美国著名爵士音乐家、萨克斯管演奏家格雷夫·华盛顿演奏了爵士音乐。下午3：30欢送会结束。

星期四晚上请我吃饭的那批美籍华人，今天多数来到剧场欢送。陈焕中夫妇和孩子、庐伟民夫妇及孩子、欧阳女士还有李诚夫妇等，都在听众席上。会后都到后台见面，甚为友好和热情。欧阳女士还赠送一盘"外国名歌集锦"的录音带，说到南极可以用。

下午4：00，帕特丽斯驱车送我到办公室与钦珂通了电话。钦珂很不放心，嘱咐要带地巴唑，并告知该药的英文药名。说她好一些，但不能长时间地站立或走动，也不能弯腰。冰川所、二线人事处、所长、孙书记、韩建康等同志都很关心，冰雪物理室排了班，每周有人到医院探视，孙书记也来了几次，医院本科室也很好。但甘肃气象局仍然在推脱和推卸责任。东东期末考试不理想，物理90多分，其他课80余分，但数学仅64分，很不理想，原因是我走、妈妈病，他情绪不稳定，听到后心中十分不安，感到内疚。我因工作影响到孩子，关系到他前途，更加使我不安。临行前要给他写信，希望他努力。但这对一个孩子太困难了！

4：30又给郭琨主任打了电话，告诉他7月16日晚9时即北京时间7月17日上午1时出发。有约20人住长城站。希望新华社有记者采访。中国驻芝加哥领事到明尼苏达参加了欢送仪式。甘肃省气象局仍不负责任等。郭主任讲，此事他前几天还专门和孙副院长商谈过。

5：50，帕特丽斯驱车送我到达机场的一个航站楼伊尔-76飞机停留处，大批热心的美国人、办公室工作人员、志愿者、记者、朋友云集飞机旁边，帮助装货物和狗。拍了许多照片，包括登飞机前的正式照片。

8：50，全体登上飞机。9：30整，伊尔-76起飞，前往古巴哈瓦那。从明尼苏达到哈瓦那，飞机需飞行6个小时，将于17日晨到达。届时将检查引擎，可能要在哈瓦那待一天。

伊尔-76飞机很高大，尤其是尾翼，比一般波音飞机高得多，可能有2倍之高。载重达88 000磅。两只机翼特别长，每个下边有2台发动机。前舱安装了一简易客舱，有20个座位。此次飞行共有50余名人员，考察队员、女士和苏联领队等均在客舱，其余人员均在货舱，或在驾驶舱工作。

1989年7月17日　　　　　　　星期一

伊尔-76于凌晨2：30到达美国迈阿密国际机场加油，仅停留1个小时。继续飞行50分钟后，于4：20到达古巴的哈瓦那机场，当地时间为凌晨5：20。

　　古巴为加勒比海国家之一，仍在北半球，属热带地区，热带海洋气候。据说这几天气温常高达40℃，雷暴也很频繁。

　　飞机停稳后，一辆大巴士接走了飞机上的其他成员，去过海关，只有我们考察队员和摄影组留了下来，队员们则将42条狗拉到飞机外的机场货运舱旁边的铁丝网上拴好，给狗饮水。天气太热，昨天下午上飞机后，到货舱看狗时，狗出汗很多，身上都是湿的，直到飞机起飞后，空调机发动一段时间，气温才下降到0℃左右。约2小时，狗饮完水后，又一只一只送回笼内。之后，机场乘警才叫来一辆陈旧的小巴士，将我们10余人送到机场海关。

　　哈瓦那机场很小，规模相当于兰州机场，不过多了一个海关和行李转盘而已。我们到海关后，看到2小时前已离开飞机的苏联人仍在等待确定旅馆。又等了一个小时，才有一辆小巴士将我们送到哈瓦那市中心附近的"自由哈瓦那"旅馆。这座旅馆20余层高，1000多间客房，还有游泳池，算是很大的旅馆。该旅馆内一切费用只收美元，不收古巴货币。

　　哈瓦那是一座海滨城市，空气清新，环境优美，市民也很礼貌，生活得似乎无忧无虑，一派和平景象。但也有不少问题，至少从表面上看如此。例如，从机场到市中心，没有高速公路，道路陈旧，很窄，和中国的一般城市的公路差不多，甚至更差，只是多了水泥砌的中心线墙，但很破旧。公共汽车很旧，冒着黑烟。小轿车也不少，包括出租车在内，绝大多数是苏制的拉达汽车，但偶尔可见到一辆马自达等日本轿车。市内不少建筑历史悠久，很漂亮，不亚于西方城市建筑，但这些房子几乎无一不颜色脱落，或破损而未修理。街上商店极少，偶遇商店也会发现无货可售，几乎所有的食品店或冰激凌店都要排队，先买牌子，后端饭，这和中国"文化大革命"时的饭馆相似，但中国饭馆现在不用排队，空位子很多，而古巴则仍需排队。还进了一家书店，里面书不多，但从封面上可看到马克思、恩格斯、列宁、卡斯特罗等的书或传记为多。食品价钱不贵，官价1比索等于1美元。一杯冰激凌半个比索，1/6个蛋糕（约200克）为1.6比索。一个油炸的小麻花（约半两）为0.1比索，晚饭吃这些东西，根本吃不饱。

下午7时许，我们的一只狗因为飞机空调失灵，温度太高而死亡。这条狗是圭三队中的成员，体力好，个子高，但从未经历过高温。在这种情况下，杰夫和维克多到机场将全部狗转送到国家动物园。圭三和约翰·斯坦德森到动物园换杰夫，其他人均忙于狗的安置问题。我因不大在行，无差可使，可以自由活动。

飞机在此地停几天谁也不清楚，每个人都希望早日离开，到天气较冷的地方去，否则狗受不了，即使不死，也要大大消耗狗的体力。

1989年7月18日　　　　　　星期二

请驻古巴使馆办公室主任（颜大为）给南极办发回如下消息：

1. 7月16日下午2时，美明尼苏达州举行欢送仪式，各国政府代表参加。中国驻芝加哥总领事馆赵祥龄领事参加，并发表讲话，祝贺这一国际合作成功。

2. 考察队新增两名新队员，他们为来自沙特阿拉伯王国的海洋化学家穆斯塔发和环境化学家伊卜拉赫姆。

3. 考察队已于7月16日21时30分（北京夏令时7月17日上午11：30）乘伊尔-76离开明尼苏达。因机械故障，这架飞机在当地时间7月17日6：30抵达哈瓦那，在该机场已停留到7月18日。42条狗因不适高温，已有一条死亡，余皆转移到哈瓦那市动物园，目前剩余的41条狗情况稳定。

4. 考察队原定7月20日抵达中国南极长城站的计划，因飞机机械事故而告吹。中国长城站作为考察队的后勤基地，将接待28名考察队员和各国记者，以及剩余的41条极地狗。

上午11时给钦珂发出信一封，花了半个比索。

上午11时40分给使馆打电话，请求帮助发回消息。使馆办公室主任颜大为接电话后欣然同意，并说即刻到我住的旅馆来取。

中午12：30，使馆一秘（新闻）章洪发来旅馆将上述消息取走。他希望1：30以后，能得到我队何时出发的确切消息。

1：30，詹妮弗·金布尔·加斯佩里尼电话通知说，下午5时整，全体人员在他们住的旅馆开会，请传达给各位队员。

约2时，维克多来电话，约我同去国家动物园接圭三和杰夫回来开会，如果方便的话可以给他们二人带两份午餐。但出门时碰到了一位苏联人萨沙，是苏联《真理报》驻此地的记者。

萨沙介绍说，我们住的"自由哈瓦那"旅馆，基本上都住西方旅客。哈瓦那当地人与旅馆内的生活相差很大，基本食品都是凭卡供应，如面包、食糖等。生活用水在这个旅馆里敞开供应，并有游泳池，但是城市许多地方都是限时供水，萨沙居住的地区每天只供水1个半小时。至于货币，这里基本上可分为三个等级，即当地货币古巴比索；用美元在官方银行兑换的特殊比索，很值钱，双方比价约1美元为1比索；第三种为以美元为代表的外币。后两种可以在旅馆内使用，也很值钱。例如，在黑市上1美元可兑换5个比索，与政府价格相差5倍。市内很难找到大商店或购货中心，维克多和我都询问怎样才能把我们手中的古巴货币花掉，回答说很困难。看到这种情况，不由联想到十几年前中国人民的生活，但古巴此时的吃饭问题，给我的感觉比当时中国更为严重。另外，衣服也很贵。例如，在旅馆旁边有一家小服装店，一件女式T恤标价32比索，而一双袜子要60比索。不知道古巴人的工资收入多少，估计每个月的工资买不到几件衣服，这大概是为什么街上妇女的衣服并不鲜艳的原因吧！

下午4：30，萨沙的车终于将我们送到动物园，圭三和约翰已经离开，只接杰夫返回，41条狗都见到了，它们趴在树荫下，有风，虽然温度高但空气流动，故看上去狗的情况还可以。

当我们回到旅馆时已是下午5：30。全体人员包括记者摄影人员在内，听齐林格洛夫讲关于飞机的问题以及时间安排等废话。飞机定于7月20日晨5时起飞，直飞布宜诺斯艾利斯，中途停驻利马（秘鲁首都）的计划取消。明天上午11时将再次开会，下午5时再次集中，然后苏联大使馆要宴请全体人员。

返回"自由哈瓦那"旅馆后，晚8时在大厅集合，我们14人到"热带餐厅"用晚餐。每人平摊12美元。

1989年7月19日　　　　　　　　　**星期三**

8时起床，9时与圭三离开旅馆，步行前往另一旅馆。我们计划沿途若遇到小吃店，便可以用比索吃早餐，但很遗憾，未能如愿。从我们的旅馆步行35—40分钟，竟然无一个小吃店，我们的早餐只好在办公室工作人员住的旅馆吃，只好花美元了。

途中见有一超级市场，进入一游。里边几乎是空空如也，少数人在排队购什么东西，货架约一半是空的，里边只有2—3种蔬菜罐头、2—3种古巴产的酒等。门口的货架上有牙膏，品种亦极有限。

11时齐林格洛夫举行记者招待会，除随队记者外，新华社一位姓周的女记者也接到通知前来采访，古巴记者也有2—3人。齐林格洛夫宣布，飞机仍计划明天早上5时起飞，晚上12时开始行动，2：30将狗从动物园运往机场。住在"自由哈瓦那"旅馆的人在下午2时前办理离馆手续，下午5时再次召开会议，6时前往苏使馆，等等。

有关人士简单介绍了古巴的情况。按照古巴社会主义做法，配给制使基本生活品得到保障，街上商店很少，一般每个街区都有一个专门的商店，凭卡供应。供应的物品有面包、糖、油、菜、牛奶、服装、布、鞋袜等等，平均每个月每人约20比索，很便宜，保证使每个人能生活，有饭吃，有衣穿。古巴人一般的月工资为100多比索。服装也定量，每个女性居民为每年4米布，男性略少一些。除了平价物资外，如果想吃的和穿的好一些，可到高价商店购买。这些商店里的东西则非常昂贵，例如，每件衬衣价格为50比索。最近古巴一位著名诗人逝世，昨天才安葬。7月26日是古巴的狂欢节，庆祝活动将持续7天，自7月20日开始到7月26日止。沿海滨的大街上，正在安装狂欢节期间零售啤酒、饮料、小吃的棚子和铺子。在市中区沿海边马路上，可以看到华侨搭得非常显眼的棚子，上边写有"天津曲酒，中华人民共和国""中国农历龙年"等汉字。据说，狂欢节期间全国放假7天，人们上街跳舞、玩乐和休息。

约11：45，与周记者一同步行返回，她到使馆用午餐，在使馆门口与她分开后，回到了旅馆，此时约12：30。房内留有使馆办公室主任颜大为的条子，讲下午2：30使馆来车接我去使馆。

下午2时办好退房手续后，在旅馆大厅等候使馆文化处随员刘宏来接。我的大黄包由约翰·斯坦德森带走，我仅带小包前往使馆。使馆代办王格武和文化参赞在客厅等候。代办和参赞很客气，讲到不知道到来，是上午才得知我明天要走的消息，故请到使馆见面。后请小刘同志驾车在哈瓦那小游。我首先对使馆的关心致谢，尤其是昨天代发电传和打电话给布宜诺斯艾利斯等，并简介了国际考察队的情况。在使馆还见到武官处副武官李正春（原在智利使馆武官处工作），并与使馆主要领导合影。

刘宏驱车带我到一些地方参观。古巴在16世纪被西班牙殖民者占领，原来的印第安人已被斩尽杀绝。目前的居民主要为西班牙和非洲黑人的后代。在几百年的反殖民斗争中，发生过两次独立战争，中国移民参加了这两次起义。在离我住的旅馆不远的海边，古巴为中国人此举专门立了一块大理石石碑，石碑的一面有古巴一著名诗人的两句话："没有一个中国人是逃兵，没有一个中国人成为叛徒。"高度评价了华人为古巴独立而作出的贡献。在古巴文化保护区，看到许多西班牙式的古老建筑。我们看了大歌剧院，原来的议会大厦（现为古巴科学院）等，但外边搭有脚手架，这些古建筑物因热带气候的侵蚀，加之古巴又不生产油漆涂料，已破旧不堪。目前，由联合国教科文组织出资，正在修复和保护这些建筑物。来到城市边缘的一个制高点，眺望市区，科学院的建筑清晰可见，我们的旅馆亦看得很清楚。这几处地方都拍了幻灯片。最后，又到城市的另一端参观了哈瓦那水族馆，途中路过卡尔·马克思剧院。水族馆内有各种热带鱼、海龟、海狼（海豹）、海豚等，免费参观。古巴所有的博物馆都是免费的。

今天中午时分又死了一条狗，是圭三队中的一条狗。圭三说它已受训3年，是一条很壮实的狗。下午1时许，它开始精神萎靡，然后阵发抽搐，兽医打了强心针，但无济于事，几次抽搐后心脏停止了跳动。这是在古巴，因不适应热带气候而死的第二条狗。

有记者问维尔是否有必要再补充几条狗时，维尔自信地说不必要。因为每只雪橇12只狗已足够，还有4只备用狗，狗的数量仍然很富裕。

下午5时，齐林格洛夫再次召开会议，宣布飞机明早5时起飞，前往布宜诺斯艾利斯市，中途在利马停留1小时加油。记者们提了许多问题，苏联人似不高兴。齐林格洛夫说，在机场安装新引擎的人全部为苏联技术人员，只是在将引擎往机翼上安装时，有古巴人帮助，之后便全由苏联人自己干的。决定午夜后2时乘巴士前往机场；狗3：30开始往机场运，分两批。一旦狗上了飞机，即起飞。

夜，圭三、杰夫、约翰等住在国家动物园。

1989年7月20日　　　　　　星期四

晨2时起床后，我和维克多乘小车直奔机场，确信飞机已修好可以飞行后，又返回到动物园拉狗。

刚下完雨，狗身上又脏又湿，见到汽车来拉它们，一片乱叫，不知是高兴还是害怕。我们将20只狗装上车后，圭三、维克多和我三人及动物园内的几个人一同随狗到机场。维克多随车返回，我等则给狗饮水。尽管此时此刻是哈瓦那最低温度时刻，但我脱光上衣，仍出汗不止，可以想象身穿皮袄的狗是何等难熬难过！第二车狗到达后，立即装上飞机，打开空调。我们的飞机在当地时间上午7：10起飞。起飞约半小时后，后舱温度降低，狗安然入睡，好极了！

考察队非常感谢古巴国家动物园的领导、兽医、工人和动物学专家对我们的帮助，决定留下100美元，还有T恤等。他们坚决不收钱，哪怕解释为是买绳子的钱也不接收。T恤则因为我们的飞机上很乱，一时找不到，只好把新近出版的穿越队画册赠送给他们。杰夫、圭三都留下了他们的地址和姓名。

飞机在古巴时间10：50通过赤道上空。

飞机飞行5小时45分钟后抵达利马国际机场加油，停留约2小时。

利马地面温度（当时）为18℃。所有的狗情况良好，未下飞机，给水后继续飞行。

自利马到布宜诺斯艾利斯飞机飞行4小时15分钟，于当地时间晚上9：15到达布市国际机场，地面温度12℃，已有寒意。感觉似11月初彭塔的温度，将所有的狗存放机场铁网处，圭三和维克多留下来看狗。我本应留下，但因为要与中国使馆及长城站联系，所以随队进城。布市机场离城市50公里，抵达居住的城市旅馆，入房间时已是午夜

12：35。我和杰夫共居一室。

1989年7月21日　　　　星期五

上午10—12时与驻阿、驻智使馆取得联系。驻阿使馆未收到古巴使馆三天前发出的电报（或电传），故对我们的考察队不清楚。

与驻智利使馆办公室主任黄进平通了电话，谈了下列事情：

1. 我们的飞机于明天中午飞往智利彭塔，然后等待机会飞往乔治王岛。请通知长城站我们考察队及随机人员数和抵达的日期等消息（用电报）。

2. 请准备28个人+13名站员的新鲜食品补给。我考察队住长城站的人员估计26—28人，三名女性。

3. 我已和阿根廷使馆取得了联系。

黄进平谈了下列事宜：

1. 因智利政府发展本国运输业，智利空军不能再为我长城站免费运输给养。民营的飞机运送给养时，每千克收费12美元。

2. 长城站已有一个多月未补给新鲜蔬菜了。决定立即找代理商从彭塔上600公斤新鲜蔬菜，托我们的飞机送去。

3. 彭塔基地司令为嘎拉洛斯·萨拉萨勒，可与他联系。黄进平亦与他联系。

4. 希望每天能通一次消息，如果允许，最好晚上打到办公室，那儿有人值班。

中午12：00，齐林格洛夫又召开会议，内容如下：

1. 决定飞机明天上午9时飞往智利彭塔，7时整大客车到旅馆门口接人。

2. 飞机在彭塔等好天气即飞往乔治王岛。飞机在马尔什停3个小时卸货、人、狗，之后飞返彭塔等候两天，第4天再返回乔治王岛接人。

今天乔治王岛的气象条件是，风速20—30公里/小时，温度−8℃，能见度5—10公里，有些地方仅1公里，云很低。

3. 下午4：30在旅馆门口接队员及记者，前往苏驻阿根廷使馆参加招待会。

下午3：45在与长城站打电话失败之后，打电传给长城站，告知我们明天抵达智利彭塔，等好天气飞往南极乔治王岛。询问除600公斤蔬菜等外，还需要什么东西，立即电告使馆或我，并告知我旅馆的电话号码和房间号。下午3：59，电传发出。

下午4：40，全体队员前往苏使馆参加鸡尾酒会，副大使与大家见面，他曾于去年11月份访问过乔治王岛和长城站（姓名记不清了，去年此人还是武官，如今已升为副大使）。

给黄进平打电话，内容如下（夜11时）：

1. 长城站李果接到电传，人、狗的吃、住等已安排好。

2. 希望给长城站补充11月份的物资。总重量在2500公斤内，包括700公斤水果等。如果不行的话，优先送菜。

3. 请沿途注意安全，一路平安，并请收集纪念品。向长城站同志们问好。武官夫妇及黄进平夫妇向长城站的同志们问好。

6：00开完苏使馆的招待会之后，立即乘车返回到旅馆，阿使馆武官处姜副武官夫妇在旅馆会客室内等候。姜副武官夫妇带我到布宜诺斯艾利斯市内几个地方观光，可惜天已黑了，无法拍照，只能到各地看一看。布市有世界上最宽的大街——"七·九大街"，宽120米，两边为快车道，中间为停车地，街道两边全为店铺，"七·九大街"中段还有一纪念碑。在议会大厦广场参观了古老的议会大厦建筑，以及各国贵宾通常献花的地方——圣马丁骑马铜像。圣马丁是150多年前领导阿根廷独立斗争的民族英雄，也是阿根廷共和国第一任总统。

阿根廷主要为欧洲人的后代，人口的50%为意大利人后代，40%为德国人、西班牙人的后代，几乎无黑人或混血黑白种人。整个城市的建筑为欧洲风格。城市显得古朴，有不少典型的欧洲建筑物，如议会大厦等。城市较整洁，少极高的摩天大楼，比智利首都圣地亚哥要大、整齐，也更具欧洲城市的风格。

一年来阿根廷经济每况愈下，货币贬值。一年前1美元折合12阿根廷比索，现在使用新币，1美元为670个新币（单位名称不清楚，反正都叫比索），物价上涨达50—60倍，使人民生活陷于困境。在街上，每天早、午、晚有供应义粥的地方，供买不起饭吃的饥民领用。

后来又参观了总统府及门前广场，也有圣马丁骑马铜像。还参观了外交部大楼。

参观了步行街，观看了几家小商店。目前因经济困难，高档消费品出售成了问题。

晚上9—10时，姜副武官夫妇请我在一家中国餐馆吃晚饭——山东水饺、凉拌猪肚、山东泡菜等。

晚10：40姜副武官夫妇送我回到旅馆。

杰夫告知，有黄姓朋友10：30来电话，我当即打电话到圣地亚哥使馆，再次与黄进平主任联系。

1989年7月22日　　　　星期六

当地时间上午11时，伊尔-76离开布宜诺斯艾利斯国际机场飞往智利彭塔。我们上午7时乘轿车离开旅馆。

7月17日死的狗为阿帕克，加拿大爱斯基摩狗，2岁，公狗。这是一只新购到的北极狗。7月19日中午1时死亡的另一条狗为戈泽拉，3岁，体重达108磅，是杰夫橇队中最大、最重、最有力气的狗，也是全队中最有力气的狗之一。戈泽拉已有3年的训练历史，出生不久就接受训练，不幸的是在远征开始前，因天气热而死于古巴，实乃遗憾之极。

考察队狗的基本情况如下：　　　　　　　　　　单位：岁

名字	编号	种类	年龄	性别	毛色
卡伟雅克	1182	阿拉斯加爱斯基摩狗	3	公	红
弗洛佩	1183	阿拉斯加爱斯基摩狗	4	公	灰黑
乔基	1184	阿拉斯加爱斯基摩狗	4	公	灰白
吉米	1185	阿拉斯加爱斯基摩狗	4	公	灰白
加勒特	1186	阿拉斯加爱斯基摩狗	4	公	浅黄
朱巴克	1187	阿拉斯加爱斯基摩狗	4	公	灰白
舒	1188	加拿大爱斯基摩狗	4	公	白
富兹	1189	加拿大爱斯基摩狗	1	公	白
皮特	1190	加拿大爱斯基摩狗	3	公	黑白
阿帕克	1191	加拿大爱斯基摩狗	2	公	灰白
拉迈克	1193	加拿大爱斯基摩狗	2	公	红
弗雷德	1192	加拿大爱斯基摩狗	1	公	灰
皮卢	1194	加拿大爱斯基摩狗	1	公	灰白
诺克斯	1195	加拿大爱斯基摩狗	2	公	红
坦尼斯	1197	加拿大爱斯基摩狗	2	公	红
布莱	1163	阿拉斯加爱斯基摩狗	3	公	灰白
塞姆	1164	阿拉斯加爱斯基摩狗	7	公	灰白
比约恩	1165	格陵兰狗	7	公	灰黑
卡斯珀	1166	格陵兰狗	4	公	灰白
奥丁	1167	格陵兰狗	4	公	黑白
莫蒂	1168	格陵兰狗	4	公	灰黑
赫比	1169	格陵兰狗	4	公	灰黑
罗丹	1196	阿拉斯加爱斯基摩狗	3	公	黑白

名字	编号	种类	年龄	性别	毛色
库卡	1170	阿拉斯加爱斯基摩狗	3	公	灰
库泰安	1171	阿拉斯加爱斯基摩狗	3	公	灰
阿罗	1172	阿拉斯加爱斯基摩狗	4	公	黑白
阿克卢克	1173	阿拉斯加爱斯基摩狗	3	公	灰白
切诺克	1174	西伯利亚狗	2	公	灰白
图利	1175	阿拉斯加爱斯基摩狗	3	母	灰黑
索达·帕卜	1176	阿拉斯加爱斯基摩狗	5	公	灰黑
斯平纳	1177	阿拉斯加爱斯基摩狗	5	公	灰白
索维亚	1178	阿拉斯加爱斯基摩狗	4	公	灰黑
哈克	1179	阿拉斯加爱斯基摩狗	4	公	黑白
戈泽拉	1180	阿拉斯加爱斯基摩狗	3	公	黑白
丘巴基	1181	阿拉斯加爱斯基摩狗	3	公	灰白
雷	1152	阿拉斯加爱斯基摩狗	2	公	灰白
巴菲	1153	阿拉斯加爱斯基摩狗	4	公	灰白
蒂姆	1154	阿拉斯加爱斯基摩狗	5	公	黑
熊猫	1156	阿拉斯加爱斯基摩狗	4	公	黑白
高迪	1157	阿拉斯加爱斯基摩狗	4	公	灰白
朱利亚	1158	阿拉斯加爱斯基摩狗	4	公	灰黑
汉克	1159	爱斯基摩狗	7	公	灰白
耶格尔	1160	爱斯基摩狗	7	公	红
蒙迈	1161	阿拉斯加爱斯基摩狗	4	公	灰
丘基	1162	爱斯基摩狗	7	公	灰白

　　3小时10分钟后，飞机安全抵达彭塔机场。在机场收拾东西，将我们在埃尔斯沃思营地和南极点两地补给的个人衣物及备用衣物留在彭

塔，然后住到一家小旅馆。

国际南极探险网航空公司为我们安排食宿，并提供下列资料：

1. 请勿拍摄军用设施，尤其在机场。

2. 美元对智利比索的比率为1美元兑270—290智利比索。

3. 探险网驻彭塔办公室的电话为22××70；地址：737 Jorge Montt。

4. 我们分住两个旅馆，一个为合恩角酒店，电话22××34；另一个为广场旅馆，电话：21××0。

5. 晚8时在工会俱乐部吃晚饭，彭塔市有关方面会见各位。

6. 机场到市中心出租车费约为2000比索。

7. 国际南极探险网航空公司在智利彭塔的工作人员如下：

马丁·威廉斯，戴维·希尔德，休·麦克·利，阿莱霍·康特拉斯和赫里·珀克等5人。赫里·珀克是"双水獭"式飞机驾驶员。

8. 抵达机场后，苏联公民须将护照留在机场海关，在离境出关时再拿回。

1989年7月23日　　　　　　　　　　　**星期日**

昨天晚上8时，智利彭塔市市长、彭塔机场的副司令和本市重要人物等，在工会俱乐部举行宴会，欢迎苏联飞机及国际考察队的到来。齐林格洛夫在宴会中反复发言，苏机组人员也纷纷发言，市长等也讲了话。据称，此次伊尔-76飞机是自1973年智利军政府政变以来到彭塔访问的第一架苏联飞机，但今天的宴会不是欢迎苏联人回来，而是欢迎一支国际南极探险队的到来，而且智利只承认这架飞机属考察队。

由于宴会拖的时间太长，主餐（牛排）后我立即回旅馆休息。早上起床方知，中午12时开会决定能否飞往乔治王岛。

　　乔治王岛的马尔什机场跑道两侧的雪厚达2—3米，伊尔-76飞机的机翼高4米，加之跑道上有3英寸（1英寸=2.54厘米）厚的冰，因此我们的飞机降落时有一定的危险性，稍有不慎，机翼下的4只发动机（2—3米高）将会触到积雪，后果不堪设想。目前，伊尔-76机长说要看条件，看机场清理情况，下午7时听决定。

　　晚7时，齐林格洛夫开会通知说，尽管很困难，决定伊尔-76明天飞往南极洲乔治王岛。决定虽然很短，但是决定下来很困难。明天上午9时大巴士在旅馆门口接大家。

　　维尔·斯蒂格讲话说，这次飞机不同于商业飞机在纽约机场降落，这一次飞机起降必须保证万无一失。否则，不能降落，以保安全。齐林格洛夫说机场跑道上有30厘米厚的冰。智利机场正在清扫，苏、中站正在忙于准备欢迎伊尔-76飞机到达。明天我们力争12时起飞。9时离开旅馆前往机场。机长说明天早上需要1小时做准备工作。

　　下午5时许，到国际南极探险网航空公司办公室给长城站李果、南极办郭琨和冰川所谢自楚发了3封电传，留有底稿。给黄进平写信。给钦珂及王自盘写了信。除钦珂的信此地发外，余皆带往长城站寄出。

1989年7月24日　　　　　星期一

　　上午9时离开广场旅馆，集体乘大巴士前往机场。行前到彭塔邮局将给钦珂的信发出，邮费为135比索。

　　到机场后将狗装入飞机就费了一段时间，但一直不见给长城站上补给的代理商来机场。直到11时，代理商才到机场，但伊尔-76飞机机长却变卦，坚决不肯带货给长城站。昨天上午他还答应带1吨，今日清晨同意带半吨，到临上飞机时又不肯带1公斤。

　　理由是飞机越轻越好，否则安全降落成问题。马丁和休都给代理商解释，代理商十分不高兴，认为他已尽到了责任。我则答应将此事

中国南极长城站欢迎考察队下榻

向大使馆汇报，请他放心。

国际南极探险网航空公司用此飞机带了300公斤肉，供考察队在长城站逗留时食用。

中午12：30（智利时间），飞机离开彭塔机场飞往乔治王岛的马尔什基地。

下午2：15左右，飞机开始下降，机长宣布要试着在跑道上模拟着陆3—4次后，才真正着陆，下午2：24，飞机猛然着陆！！！我们到了南极洲。

1989年7月26日　　　　星期三

考察队于7月24日下午智利时间2：24安全抵达马尔什机场。这是伊尔-76飞机，也是此类大型运输机首次降落在这个机场。智利马尔什基地司令巴伦多斯中校、苏联别林斯高晋站站长尤里、乌拉圭阿蒂卡站站长和中国长城站站长李果均在机场欢迎。一些智利老朋友，如智利三站站长毛拉及其夫人、孩子们都来机场欢迎，大家见面，皆大欢喜。齐林格洛夫在机场旅馆餐厅再次举行记者招待会，大吹大擂一番。此人爱发言！

下午7：30，在苏站举行鸡尾酒会。齐林格洛夫送给每名队员一只苏式酒壶。给詹妮弗·金布尔·加斯佩里尼赠送一块苏制坤表。齐林格洛夫再次宣讲苏联的南极政策等。

齐林格洛夫今年50岁，是苏联水文气象和自然环境监督委员会副主席，苏联人称他为著名的科学家，但没有人知道他有何科学成就。

晚8：30，又在中国长城站参加鸡尾酒会。苏联著名作家（姓名未记住）说：“和平和合作是南极各国站的宗旨，也是苏联对外政策的宗旨。近年来，中苏关系有新发展，虽然过去两国之间有许多分歧。”此作家系苏现代著名作家，他的作品主要反映第二次世界大战最后时期的苏联社会情况。最近新著一本书，据他讲最近已在中国出版发行。自称今年5月份曾随戈尔巴乔夫访问了中国。

在长城站一直和5次越冬队同志们谈到深夜。李果及曹冲等，还有一般队员，都对越冬队情况表示满意，看来工作做得不错，队员心较齐。队员仍对未能带来新鲜菜感到失望，因为越冬开始，只补给了一次新鲜菜和水果。

25日原计划开拔前往海豹岩，因天气不好，作罢。上午去机场，约8：45，伊尔-76飞离马尔什机场回彭塔，再经布宜诺斯艾利斯回苏联。下午整理东西。晚上请李华林同志帮助理发，剪得较短，以便坚持到南极点再理发。

今天早晨7时起床，8时前往机场，9：29我和杰夫及1名法国摄影记者戴明以及11只狗乘第一架飞机飞往海豹岩。乔治王岛天气不好，但是南极半岛天气却很好。维尔、约翰·斯坦德森、让·路易乘第二航次于14：30才抵达。约晚上8：40，圭三和维克多的第三航次在夜幕中降落在雪原上。明早10时30分，ABC的记者们和另10只狗才能到达，然后正式开始穿越南极的科学探险活动。

今天此地共支起7顶帐篷。营地处的气象条件如下：

最低气温-17℃，气压764毫米汞柱，风速3米/秒。

这里为附加冰带，冰面除了一薄层吹雪（5—20厘米厚度不等）外，下伏"蓝冰"均为水成冰。与凯西站冰盖最边缘处相同。试用PICO钻打钻，十分费力，冰很硬，关键是冰温低。

飞机飞过利文斯顿岛和欺骗岛时看得很清楚，并拍了幻灯片（第3卷）。之后，又对南极半岛最北头的"平顶冰帽"及附近的冰山、海冰等拍了照（第3卷和第4卷）。

人员已到齐，包括6名队员、法国摄影组和前来采访的各国记者，詹妮弗也乘飞机来到此地。

圭三、维克多于晚上8：40到来之前，杰夫匆匆点燃了12个在飞机跑道两边排列的火炬，十分漂亮，可惜天黑不能拍照。

今日拍了不少日落的照片（第4、5卷内）。明天上午如天气好，考察队将正式出发。

Nunataks是爱斯基摩语，意思为冰原岛山。此地除了突出的山峰外，皆为冰。我们的营地不可能设在石山上，实际我们就住在海冰上。杰夫特别强调这一点。

我和杰夫住的是他从英国带来的圆顶帐篷，外表像是蒙古人的帐篷。很结实，顶部站一个人压不塌。此种帐篷强度很高，适用于暴风雪天气。维尔等则住在"喜马拉雅宾馆"（北面公司生产的）型"豪华"帐篷内。和圆顶帐篷相比，维尔的帐篷要大，住两个人还绰绰有余。而圆顶帐篷内仅能容纳两个人和火炉以及必备的箱子（食品、炊具）。但杰夫很欣赏他的帐篷。据合同，维尔必须在整个途中都使用"喜马拉雅宾馆"帐篷。

每人做饭一天，做什么由自己决定。我和杰夫今天吃了从长城站带来的冻饺子，还有沙丁鱼罐头、饼干、花生酱等。化冰块取水。杰夫刨了一小袋冰块，计划今晚和明早用。我估计不够用，果不出所料，只好从帐篷门伸出头去挖了一些干雪。每天晚上宿营时一个人立即做饭，另一个人照料狗、橇等。然后共同在帐篷内吃晚餐。小便用塑料瓶，除非特殊情况，一般进入帐篷后不再出外，直到第二天早饭后收拾毕才出帐篷，装橇出发。

帐篷内有两个小型火炉，称之为MSR（美国产，登山用安全火炉），用白汽油做燃料。点火后帐篷内的温度在10分钟内上升到20余度，十分暖和（外面的气温为−20℃）。此火炉是炊事和取暖双用。

长城站来信（摄影组带来）：

秦大河同志：你好！知你顺利到达半岛，并已建好了营地，取得了第一步胜利，向你表示祝贺。你需要的东西，我从老陈箱子里拿出，先借来给你用，再写信向他解释。我们每两天联系一次（二、四、六……）。时间：长城站时间8：00；频率：11191，中山长城同频。频率有改变提前通知。

记住，你有14个朋友在站上，他们将尽力帮助你。向其他5位先生问好，祝你们一路好运气。

长城站

李果

1989.7.26

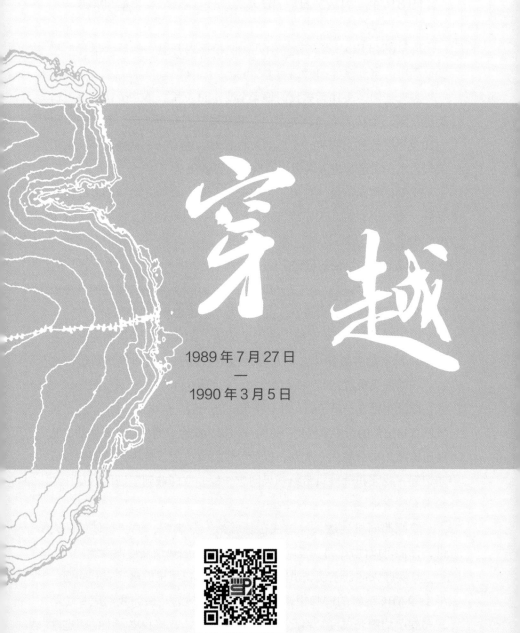

穿越

1989 年 7 月 27 日
—
1990 年 3 月 5 日

扫一扫，进入听读模式

1989年7月27日 (第1天) * 星期四

清早6时起床。杰夫首先生火，使帐篷内升温，然后做早餐。早餐很简单。室外温度−18℃。

杰夫告知，头10天里我们每天至少走11英里，第二个10天每天14英里，第三个10天亦为14英里。逐渐增加，到南极点后，则每天平均为20英里。这样对狗有一个适应过程，对人也有一个适应过程。关于天气，杰夫讲道，进入南极高原后暴风雪就很少了。

夜里，狗偶尔也"打架"，杰夫则拍掌，或叫几声，则立即恢复平静。杰夫说，过几天连续行进后狗累了，只顾休息，打架之类的闲事就少了。

（以上是清早记的日记）

下午约4时休息。下午2—4时，只行走了3英里，从此地的一小山包之东头运动到了西头高处，主要是为了拍电影和拍照片。

中午1时许，"双水獭"式飞机抵达，ABC的记者，如美国记者杰基、日本记者近藤幸夫以及办公室的詹妮弗、约翰等均到达海豹岩。约翰说飞机过7天后来接摄影记者。约翰已将雪秤一只、附砝码一盒，以及小铝盒一只带到，并有李果同志一信。信中说："请记住，长城站有14位你的亲密弟兄！"这给我以极大安慰，雪秤在长城站四次队科研栋冰川办公室内未找到，以后一忙就又忘了。昨天到达海豹岩后才记起，找飞机驾驶员带给李果同志一信，立即收到了回信以及托约翰带来的雪秤。

詹妮弗同机到达。她对住在长城站十分满意，说"长城站的人讲，你们可以住7个月，没问题"。对长城站的热情欢迎很满意。

其实昨天即已发现，借队上的Nikon FM2相机的曝光表有问题。早上和ABC记者的FM2相机一比较，相差甚远。估计我的照片（第2—5卷）均曝光过度。将此事与詹妮弗讲后，她将我皮箱上的钥匙拿

---

* 括注"第×天"为编者根据秦大河提供宿营地地理坐标"累积天数"添加，余同。

走，请曹冲同志打开后，把我自己的FM2相机托下周飞机来时带来。但到晚上，圭三送来他的新电池，维克多又将他的FM2相机借给我，他说他不喜欢FM2，喜欢全自动的。将新电池换上后相机又可以工作，看来主要是需换电池。

晚上8：30，全体队员在宿营地开了一个晚会，庆祝穿越正式开始。让·路易特别祝贺我参加这个队伍，因为这个队伍在去年穿越格陵兰冰盖时我还未参加，我是此队伍中的新成员。维尔·斯蒂格拿起酒，大家为新的长征已开始，为我加入这支国际队伍而干杯。晚会的谈话我录了音，但效果怎样不得而知，因为天气太冷，录音机可能不好好工作。

全天好天气，晚上气温只有-5℃。这样的大晴天，在南极洲不常见。大家都认为，昨天和今天可能是我们征途中最好的天气。

通知明早8时整出帐篷。杰夫讲我俩6时起床，才能保证8时整出帐篷。

1989年7月28日（第2天）　　　星期五

今天正式出发。早上6时起床，8时早餐毕（早餐为干压缩食品，咖啡一杯）。之后我和杰夫到小包上取回去年底存放在那里的食品及物资，计有狗食4箱（每箱70磅、35块）、考察队员食品3箱及24桶奶粉，以及煤油等。这些东西都存放在一只大木箱内，木箱留在原地未动。煤油共4加仑，由于盖子未拧紧，挥发了3/4。此外，还有一大桶汽油（30公斤一桶），以备应急用，留在原地未动。我们将这种存有物资的补给地点称为"CACHE"。这是我们的第一个物资存放点，按计划下一个将在10天之后抵达。

海豹岩实际是拉森冰架最北端的一群冰原岛山的总称。飞机昨天落在海冰边缘附近。我们昨天实际上从一小岛的正西运动到正东并未

启程

前进几步。今天前进7英里，下午3：30停止前进，安营扎寨，因为天黑了。我们目前的位置约为65°05′S，59°35′W。在我们的西边是长长的南极半岛，从拉森冰架往西看，好像在平原上看山脉一样，这些地区名之为诺登舍尔德海岸。

由于和法国电影摄制组的记者们同行，只能保持同一速度前进，当然这一速度对人狗都有好处，慢慢地适应之后，方可增加运动量。

在第一周里，我们的团队由6名队员、法国电影摄制组3人、ABC摄影记者1人，共计10人组成。

目前的分组是维尔和维克多一组；让·路易和圭三一组；杰夫和我一组。每组共用一顶帐篷，共同做饭和生活。而摄影组4人共用一组狗橇和两顶帐篷。

帐篷也不一样。考察队的资助者——北面公司给我们的是喜马拉雅帐篷，有前后门，住两人很宽敞，但安置此帐篷较麻烦。另外，也不知大暴风雪时耐受能力怎样，尤其外边的一层，在暴风雪天气中能否经受住考验还不知道。第二种帐篷是杰夫在英国由其朋友制造的圆顶帐篷，六边形，较低、较小，但很结实，在上边坐个人也不断，抗风能力很强。但此帐篷较小，住两人很拥挤。第三种帐篷被称为"斯科特帐篷"，也是杰夫准备的。此帐篷的抗风能力极强，因斯科特探险队20世纪初南极之行时采用此种帐篷，故以其名称之。前天此帐篷曾支起使用，昨天收起作为备用帐篷。

分组为轮换式，我和杰夫住2个月，在经过埃尔斯沃思山脉后，我和维尔同住，最后我和圭三同住。

我和杰夫同吃、住，采用的方法是每个人一天"内业"，一天"外出"。当一天的行程结束停下来时，两人首先共同收拾狗，随后支帐篷。帐篷支好后，一个人进入安排内部，生火、点灯、烧饭等，另一个人则喂狗，准备第二天用的狗的饲料，为防止暴风雪的突然来临，还要将雪橇上的东西整理好，拴好，将帐篷四周用雪埋好，等等。当外边的事干得差不多时，帐篷里烧的水也开了，则可以进入吃饭、喝咖啡等。杰夫根据以往的野外生活方式提出这一公平方法，昨天和今天试了一试，还可以。

昨天晚上我做大米饭、牛肉末粥，饼干夹花生酱。

今天晚上杰夫做饭，土豆片煮奶酪，很难吃，道口烧鸡（河南新乡产）。吃后，我又煮了10个元宵，每人5个。道口烧鸡和元宵都是从长城站带来的，数量不多，因为太重，需赶快吃完。

维克多建议采样由我负责，把他的雪样也一并采集；他则在打10米钻时帮我打钻，并按时观测臭氧和气象资料，资料共享。我表示同意。

1989年7月29日（第3天）　　　　星期六

今日前进10英里。昨天7英里，7月27日只是转移了营地而已，实际上未在前进路线上行进，故不算距离。

考察队计划第一周每天平均行进11英里，第二周每天14英里，以后逐渐递增到20英里。但在头几天内未能按计划行进，原因是跟电影摄制组一块儿走，很费时间。

今天早上气温-9℃，静风，阴间多云，天空中云覆盖度达70%—90%，傍晚（约下午5时）起风，但风速不大。

考察队准备的食品品种繁多，但都是美国式的。早餐有压缩的谷粒、水果干等混合食物，还有向日葵籽（去皮）、玉米粒、花生米、花生酱等。午餐有巧克力糖果面包干、奶酪、果脯等。晚餐有黄油、大米、麦片、牛肉馅、面条（意大利面条）、土豆干、汤料等。还有咖啡、奶粉、糖。

长城站的弟兄们对我特别关照，给我专门带了三鲜馅的冻饺子和汤圆，我和杰夫有空就煮来吃，已有两次。昨天给圭三约30个，他和让·路易吃了，今天赞不绝口。另外，我还从长城站要了些酱油、醋、豆瓣酱和咸菜。杰夫拒不吃醋和咸菜，对中国咸菜的印象很深，他不爱吃咸的东西。我们还带了北京第四制药厂生产的蜂王浆，按每人每天两支服用。

除了长城站带的东西外，我还从美国带了约200美元的中国小食品。质量很好，但太贵。如汤料，便宜的也要0.7美元一小袋，贵的要2美元一袋。还买了一些生蚝油、高级花茶等。分装成三份，从下个月开始由补给飞机送来。

考察队的饮食习惯不仅与国内殊不相同，与美国等西方国家的日常生活也不一样。生活十分简单，考虑的不是味道鲜美的问题，而是热量与营养。刚开始吃的几天，饥饿感挺强，2—3天之后已减轻。今天已经感觉不到饥饿。人是最能适应环境的了！另外，这次带的牛肉馅子质量似不高，煮牛肉汤吃时，有酸味，肉则像"橡皮"一样，根本咬不动。杰夫说，显然公司并未把好肉给我们。

另外，带来的两种奶酪，一种为白色，另一种为橘黄色，质量一般，尤其是白色奶酪，吃一次后再也不想吃第二次。看来我们的食品并不是最佳的。所谓最佳也只适用于野外。

从昨天起，我正式单独驾驭一部狗拉雪橇。昨天还感到吃力，今天已略有好转。我用的10只狗中的8只情况如下：

索达帕卜	5岁	黑灰色爱斯基摩狗，此次作为头狗，以前曾排行第二
坦尼斯	2岁	加拿大爱斯基摩狗，排行第一
卡斯珀	4岁	格陵兰狗
罗丹	3岁	阿拉斯加爱斯基摩狗
富兹	1岁	加拿大爱斯基摩狗
巴菲	4岁	阿拉斯加爱斯基摩狗
朱巴克	4岁	阿拉斯加爱斯基摩狗
朱利亚	4岁	阿拉斯加爱斯基摩狗

作为头狗，索达帕卜似很缺乏训练。它根本不知道"停止""向左指""向右指"等口令。主要原因是它从未接受过作为头狗所必需的训

两人一组

极地犬

练。其次，我又是新近才"统帅"这批狗的，狗还未反应过来，它们甚至还要问：谁是我的主人？

这些狗绝对老实，不出任何问题，有时也气人。昨天，它们未听口令，一拥而跑，无法驾驭。一口气奔出好几里路，被维尔拦住才告一段落，我教训了索达帕卜和坦尼斯。结果，直到今天，索达帕卜一见我还发抖。杰夫告诉我，这种情况下尽管十分生气仍不宜体罚。如果罚了它们，下次一旦跑起来就不停，你一接近它就跑。唯一的办法就是安抚；或者你必须要让它们明白，为什么挨打。今天下午，狗已基本能听指挥，为了安抚众狗，我将昨天维尔给我的细铝管扔了，争取与狗建立良好的关系。

1989年7月30日（第4天）　　星期日

宿营地点：（60°45′W，65°27′S），系估算值。

今日行进13英里。

清晨，维克多通报，气温−5.5℃，风速5米/秒（=18公里/小时），西风。今天上午维克多正式开始了他的臭氧层观测，结果很好。

今天开始练习滑雪。午餐以后，法国摄影组下午途中不拍摄，要和我驾驶一辆雪橇，同时让·路易也特地与我在一起，教我如何滑雪。电影摄制组的几位坐在雪橇上，拍摄我紧张学习滑雪和栽跟头的镜头。起码栽了八九个跟头，非常吃力地滑行了约1个小时。

冰面非常硬，加之吹雪，起伏不平。杰夫后来告诉我，能在这种冰雪面上滑雪，则可以在任何条件下滑雪。维克多安慰我说，他在格陵兰刚开始时，几乎一步一个跟头，但坚信可以学会。最后1公里我是跑步前进的。让·路易建议我量力而行，逐渐增大活动量，多练习，慢慢会好起来。

今天全天刮风。由于冰面有薄冰（辐射壳），冰面无积雪，故不影响能见度，我们的视线仍可达数英里之远。可以看到南极半岛冰盖表面上方沿东西方向流动的吹雪，因为那里冰面有积雪，刮风则移动，如同沙漠一样。估计白天行进时的风速为15—25公里/小时。

下午宿营前半小时，从望远镜可以看到南极半岛失望角和弗莱姆斯角之间的冰川，其中也可以看到上述两地之间的宽谷，那儿是我们后天要通过的地方。宽谷内的冰面显然要比其他谷地的冰面为低，故可较易地通过。穿过宽谷后，我们将直奔教堂山半岛的腰部，那里离我们的出发地海豹岩的罗伯逊岛约160英里。

拉森冰架取名自挪威人拉森，他约于1900年抵达此地，并用滑雪的方法拖着小雪橇到此地探险。故将此冰架命名为拉森冰架。拉森本人是专门捕鲸鱼的。以上系杰夫介绍的，需要进一步查找资料。

关于此地的地图，杰夫介绍说，南极地图的测绘始于1937年，赖米尔是英国的测绘学家，在他的领导下英国开始测绘南极半岛的地图。赖米尔的考察队系私人考察队，他亲自率队并在半岛的法拉第站（在阿根廷岛）住了两年。1937—1938年住在法拉第站，然后南行到米勒莱德岛（或德贝纳姆岛），并在那里住了1年，直到1939年结束。在此期间，他穿越了拉森冰架，同时他的另一部分人马抵达乔治王岛。赖米尔是一位英国极地探险家，直到50年代，他开创的这一工作仍在继续。英国人1953年开始在拉森冰架北部测图，测图负责人为布莱克洛克。当时的测图者每年都有好几个月驾驭狗橇测图，工作十分辛苦。

1989年7月31日（第5天）　星期一

天气晴，小风。清早6:40，气温-14℃，西北风，风速为18公里/小时。今日行进约9英里（8.5英里）。

上午6时起床，7:30出帐篷做准备工作。在我和杰夫开始拆帐篷时，才被通知说今天11时动身，法国摄影组要拍电影等。直到12时才出发。下午2时又停止，为摄影组拍摄做了许多次"编队行进"。因此今日前进仅9英里路。

冰面仍然很坚硬，有一层薄冰，很滑。冰面的雪垅比几天前的少。冰面坚硬看似使积雪很难保存，稍有风便被刮走。

下午1时发现我们已偏离航向，由于地图编制的精度不高，杰夫也被其迷惑。但我们认为，近3天走的方向已偏向西方，因此应立即校正，折向南向。我已将今天的位置标到了地图上。

晚上7时李果、曹冲来电，询问今天走了几公里，天气怎样，身体怎样。回答9英里，天气晴朗，傍晚起风，我身体好。请带一箱啤酒和少量中国食品来。向全体同志问好。

被通知已决定后天（8月2日）若天气好的话，来飞机把拍摄组接走。届时可以把信带出去。故今天不多记。

今日写好的明信片有给钦珂、徐广存、黄茂桓、王自盘（计划托摄影组带走的）。

1989年8月1日（第6天）　　星期二

暴风雪自昨天半夜一直刮到今天中午12时。下午3：40宿营后，大风又起。今日行进9英里。

早上6时起床后，估计因刮大风不会走，直到9时才出帐篷。当时天空看来较晴朗，但近地面风速为18米/秒，最大23—25米/秒。这是维克多早7时观测的，但后来感到风速渐渐加大，估计为30米/秒。我和杰夫的帐篷安然无恙。

约9时外出时，不慎闪了腰，很痛，活动受限。摄影组的人叫我坐了一天雪橇，感到很冷，下午停止后，摄影组听说我要用中国传统药祖师麻膏药治腰痛，执意要拍电影。于是演了一场自带中药到让·路易的帐篷看病，病人教大夫用中药的"电影"。

杰夫听到我闪了腰，很关心，尽力照顾我，要我少活动，争取早日恢复。

定于明天上午9时来飞机接摄影组。他们计划8月21—30日再来拍摄。

杰夫认为我们的正式出发日期应从7月28日计算。据此，到今天共5天，平均每天行进约10英里路。

1989年8月2日（第7天）　　　　星期三

晨7时，气温-11℃，静风，无云，晴天。昨天夜里风刮一阵，停一阵，然后再刮风，再静止，如此反复，直到今晨止。昨晚用"祖师麻"后，今早感到受伤的腰轻松了许多。

约7时，ABC的瑞克·里奇韦来告知，飞机昨天未抵达乔治王岛，故今天摄影组还不能离开，将继续与我们在一块儿行进。瑞克计划今天教给我小型录像机的使用方法等。因不知几点钟出发，我与杰夫早餐后便在帐篷里写日记。

目前我们6人分3个帐篷住，狗拉雪橇也按此分组，每两人一乘。杰夫是一个非常仔细的人，做任何事情都很认真，踏实。比如我们日常用的灯、炉子、火柴、食品、个人用品等应当放在哪个位置最好、最方便等，他都有既成的习惯。比如火柴，他要求每划完火柴后，要把两只火柴头朝匣内，火柴棒露在火柴盒外，并放到固定位置。这样做有两个好处，首先黑暗中一摸便知是火柴匣，其次拔出火柴一擦即可点火，而汽油炉子需要快快地擦火柴点火。另外，杰夫睡觉也很轻，狗一叫即醒。有时一夜爬起三四次，把头伸出帐篷看望，有时把我吵醒，有时我却大睡不醒。听说维尔也是大睡不醒的人物，不知道以后和维尔·斯蒂格同住一帐篷时我俩睡到何时才起床。这几天几乎天天早上都是杰夫起来点火做饭或烧水，只有前天除外。

昨天我们沿半岛东侧的拉森冰架折向南行，西边是五六个宽大的山谷，大型溢出冰川从这些山谷内流出，进入拉森冰架。前天我借瑞克的广角镜头拍摄了这些山谷和冰川。昨天的路线是翻过一个一个的"冰舌"，即每一个山谷流出的冰川进入冰架后仍高于两侧的冰面10—30米。故昨天我们的9英里路是穿过一个又一个冰舌，最后停在一个冰舌上宿营。

（以上系清早记的）。

下午4时许停止前进，今日共行进14.5英里，比较快。气温较低，下午2时许为-21℃，到4时许为-24℃。伴有微风，感到较冷。晚上的宿营地已到了失望角（地图上有）。由于西侧为半岛的山脉和溢出冰川，行进通过的14.5英里路程横跨了一个又一个类似山前洪积扇似的冰川扇。这些扇形高地比较高，相对高差比拉森冰架冰面要高出50—100米。因此，今天的路程为上坡—下坡—上坡—下坡，如此往复。途中看到几个大型冰裂隙，未及接近，远远地便慢行。我昨天闪了腰，贴了"祖师麻"，今天有好转，中午活动后，下午不仅能慢跑，还滑了约一小时的雪，但感到吃力。每天坚持一个小时，逐渐增加，看一个月之后怎样。不会滑雪将非常吃力，难以完成穿越任务。

下午5时多，维尔通知说飞机已到马尔什机场。如天气好，明早10：30飞机将到此地。

让·路易收集每个人24小时的尿液，今天我已完成此任务。采集尿液的同时还填了一个表，回答若干个莫名其妙的问题。并以1—9来判断每个人对问题的看法。对不懂或不知可否的问题，我一律取中等数值5来回答。

1989年8月3日 （第8天）　　星期四

到今天累计行进了82.1英里，今天日进16.7英里。上午11时出发，下午3：50停止，中午12时发报时停止了约45分钟。实际行进仅4小时。

　　清早起床后，8：30到维尔帐篷开会。会上谈到关于半个月之后（8月20日左右）法国摄影人员再次回来的时间和地点问题。预计8月20日之后我们将进入冰裂隙区，那里有陡坡、冰裂隙、冰崖等，摄影组此时将飞返"归队"，再跟随我们一个星期。问题在于彭塔、马尔什和我们所在位置若同时都为好天气，则很快可以从彭塔→马尔什→预定会合地点。几个地点天气好坏不一，则很难保证飞机能按时到达会合地。比如昨、今两日，我们这里是好天气，飞机起降没问题。但乔治王岛则大雾，能见度很差，飞机无法降落，故今天飞机仍然不能来此地接摄影组。8月20日的会合地点必须要好天气，才能保证飞机安全，不致误入裂隙区。

　　摄影组计划拍3部电影：考察队在野外的工作与生活；"UAP"号船；乔治王岛、苏联站科考工作和智利站的学校。拍摄此电影的法国摄影组计划在莫比尔、埃尔斯沃思营地、南极点、东方站和和平站这5个地点与考察队会面，其中在莫比尔和埃尔斯沃思营地与我们再次同行各约一周。这次摄影组离开后，将尽快返回巴黎，将全部胶片冲出并初步剪辑，向新闻界、电视台发出消息。之后返回彭塔，等好天气返回考察队。

　　昨天的宿营地为"失望角"，今天前进16.7英里。晴天，下午转多云，微风，气温在-10℃以下，较冷。我们朝SSW的方向前进，西面10—15公里外便是南极半岛的溢出冰川。和昨天一样，每一条山谷内溢出的冰川，均在溢出山口后展宽，成为一个扇形冰舌，其顶部比拉森冰架冰面高出50—150米，最高的估计可达200米。顶面发育有大量冰裂隙，以小型为主，大裂隙很少，裂隙一般宽度为20—30米不等，延伸方向与半岛方向平行。

　　从昨天失望角起，每天挖雪坑时已挖不到下伏的冰川冰（或附加冰）了。在失望角打了1个1.1米深的钻孔，未见冰体。18厘米以下均为粗大晶粒硬度极高的渗浸冻结状粗粒雪。今日挖到30厘米深时，情况与昨天相似。拟在明早启程前再打1个孔，至少打1米深，观测雪层剖面并采雪样。

几乎全天全程为跑步并滑雪。今天是我开始学习滑雪的第3天，约滑行1.5个小时、5英里左右，比前两天有进步。第1天滑雪时摔倒10次，第2天为4次，而今天摔倒3次。今天滑的时间最长。目前我们使用的是越野雪橇，和高山速滑板不同，滑雪时像走路一样，重心反复落到左右两足上。也可一手扶橇，重心放在两足中央，另一手拿雪杖滑行。我是先学习后一种。虽然能滑一段，但是感到两腿肌肉酸胀，主要是过于紧张，不能放松，结果适得其反，越紧张越摔跟斗。当狗咬起架来，我的注意力被转移时，似乎滑得更好一些。

我腰伤已有好转，今天虽然下蹲仍有困难，但跑步和滑雪时已不太痛了。

1989年8月4日（第9天）　　　星期五

上午8时与马尔什通话，飞机因天气问题仍不能起飞，等到10时再通话。10时通话后知乔治王岛能见度极差，风速15米/秒。飞机决定今日仍不能来这里，遂于10：30出发。

清晨气温-4℃，8：30时为-7℃，晴天。下午1：30起风，西北风转东南风，风越刮越大，达30—40米/秒。下午3时停止前进，安营。今日行进14英里。

虽然刮大风，但天空仍然可见到星辰。暴风挟带着雪粒，狂呼乱叫，使人大有站不住的感觉。由于吹雪刮到眼镜片或风镜片里面的玻璃面上，大大影响视力，也给我增添了困难和危险的感觉。下午3时许，当停止前进建营时，我和杰夫先收拾好了狗，紧跟着帮助电影摄制组的4人安置他们的喜马拉雅帐篷。这种帐篷又大，还是两层，在这种天气下，2个人想支起帐篷十分困难。我们5个人费了牛劲才支起了他们的2顶帐篷。瑞克未参加支帐篷的工作，作为ABC派出的一名专职摄影师，他正在抓紧时间拍摄维尔等支帐篷的照片。之后，我、杰夫和摄影组的大个子3人才支起了我们小小的英国圆顶帐篷。和大帐篷比，小帐篷较易支起，但在暴风雪天气里也费了很大的劲。

　　帐篷在支起来以后，必须要把外边周边用一层雪块压紧，以便刮大风时雪吹不到2层之间的夹层中来。但做起来很困难，需要压几次才能使雪块压紧。如果大雪进入帐篷的夹层，帐篷内的温度急速下降，帐篷里边会变得很冷。原因是大量的热量通过内层传送给了夹层雪，使其融化，吸收了大量的热量。这两次暴风雪时，每次都是杰夫收拾夹层，压得很紧，这项工作很累，外边又极冷，且需经验。

　　今天又恰逢我在帐篷内工作，烧菜、做饭。而外边的工作在暴风条件下进行十分困难，我想帮助杰夫赶快完成外边的工作，但他催我快进去做饭，他一个人在外边收拾完雪橇帐篷等后，又试图给狗穿衣服，因为风镜内吹进大量的雪，看不清楚而未能完成。当他进入帐篷后，满头、脸全是一层半融化状的冰雪。无论经验还是吃苦耐劳的精神，杰夫都是第一流的！杰夫也是一个计划性很强的人。如每天搬入帐篷的2只木箱，1个是当天用的食品，另1个装的是炉具灯具等。每只箱子应哪一头先进入帐篷，他都有计划。再比如说我的采样工作，我很早以前就说过每40公里打个1米浅钻取样。昨天为82公里，他在忙了一阵后即让我去采样，以便节约时间。他记得很清楚，我的科考工作之一是每40公里左右采一次样。

　　上午滑雪约55英里，比较顺利。下午起风后连站也几乎站不住，不停地摔跟头，无法滑行，只好作罢。暴风雪中滑雪相当困难。可能由于昨天运动量过大，滑雪时间过长，今天腿部肌肉十分紧张，疼痛，滑雪不大顺利。上午摔倒3次，下午甚多，不能计数，加上刮大风几乎站立不住，怎么能不摔跟头呢！

　　暴风雪天气时雪橇之间的距离不宜远，应尽可能保持接近，以防万一。尤其是在昨、今两天，行进路线所在的冰舌表面有大量的冰裂隙，这时更应当靠近，以便相互照应。今天所见的冰裂隙比昨天的大，小的仅2—10厘米，大的有50—80厘米，走向与我们的前进方向平行，即与冰川流动方向正交。而且表层均有厚薄不一的积雪覆盖，这更增加了危险性。不过，由于表层雪很硬，似较安全。

1989年8月5日 （第10天）　　星期六

暴风雪持续了一夜，凌晨时有所减弱。6：30许，维克多报告说，气温-20℃，风速12—15米/秒，阴天。8：30左右，伸出头看外边，近地面高度内吹雪很严重，打开帐篷门时，大量的吹雪涌进帐篷。看看其他帐篷，除了维尔·斯蒂格的帐篷内灯是亮的外，其余3顶帐篷都未点灯，这意味着他们都未起床，仍在睡觉。看来今天不可能继续前进了。杰夫说，去年在格陵兰训练时，这种天气时也继续前进。这里与格陵兰不同，格陵兰冰盖行进路线上无冰裂隙，而这里既有冰裂隙，还存在导航与方向问题。因此，暴风雪天并且能见度差时，一般都原地不动，以保证安全。

考察队的服装系美国加利福尼亚伯克利北面服装公司下属的一家专营野外服装的分公司为我们资助和生产的。据该分公司经理马克说，全部服装价值10万美元。当然其中也包括了电影摄制组和"UAP"号船上人员的服装。考察队员外套的颜色分为3种。美国人、法国人为橘红色外套，英国人、日本人为浅蓝色外套，苏联人和中国人为雪青色外套。这是每个国家的主色。除主色外，外套的肘部膝部还配有另一种颜色（亦为上述三色中的一色）。这样，从外观上一眼便可以分辨出哪一个人来。例如，我外套主色为雪青色配色为橘红色，故膝肘部都有橘红色。除了颜色外，外套上衣胸前有一面小中国国旗，背后中央有一面大中国国旗。于是，各国队员的标志就极为清楚。内衣的颜色取决于外套的附色。外套附色为什么颜色，则内衣就是什么颜色。我的全部内衣均为橘红色。内衣裤左上方亦有一面小国旗，此外，内衣拉链上的布条和口袋上的边子，其颜色又是外套的主色，总而言之，每个人内、外衣颜色组合只有一种。故"据色找人"很容易区别每个队员。

衣服材料主要分为两大类。外衣一律采用高－特克斯布料。这是一种防风、防雨和透气的新型材料，在刮风下雨的天气里尤为适用。据厂家称，一件普通毛衣，如果加一层高－特克斯材料，防寒温度适合于-20℃左右。当然价格也大大提高，从60—70美元一件的毛衣，提高到约400美元一件的高－特克斯毛衣。我们的全部外衣，包括单的和"棉"的，均由此材料制成。但是，高－特克斯的透气性能毕竟比一般棉布的差，加上南极寒冷低温，滑雪时身上出的汗一部分来不及排出就冻结在外套的高－特克斯层上。不过也有办法，宿营时脱下外套用力抖动，全部冰块便被抖去，衣服则为干的。外衣大多数为单层的，挡风和保暖性能均不错，一般可适应-30℃时的天气。"棉衣""棉裤"是最厚的外衣，其外层为高－特克斯衣料，内部装填的既不是鸭绒也不是棉花，而是一种人造膨体棉，它比棉衣更适合于野外作业和工作，因为棉花和鸭绒一旦湿了就缩为一团，不能保暖，而人造膨体棉即便湿了仍不收缩，仍可保暖，且湿气可通过高－特克斯逐渐排出去。在正常情况下，每个人的身体皮肤每天都要呼吸并排出1000—2000毫升水分。在南极地区，这些水分排出身体后，因低温迅速冻结，聚集在衣服、被子里。几天之后，衣被便全为湿的，或冻结成板块而无法使用。使用这种人造棉和高－特克斯材料，则可使水分排到衣服外边，冻成冰片后，仍可逐渐排出。这些衣料帮了我们的大忙。

另一类衣服为内衣。我们贴身一律穿化纤的长线衣、线裤，外面穿一套紧身的类似绒衣的内衣裤，这是一种化工产品，商品名叫特弗隆，它能很快将水分吸走，再由外套的高－特克斯排出。当身体剧烈运动出汗后，身体感觉不到湿，故一旦停止运动，不感到很冷。这些内衣加一套单外套，在-30℃—-20℃时滑雪穿刚好。如果遇到天气不好，低温大风天气或在帐篷内不运动时，还备有几套非弹性的化纤厚绒衣裤供使用，它们质地柔软、轻便暖和。这一类内衣一律不挡风，故外出时必须穿戴高－特克斯外套。

除衣服外，还有手套、面罩、围巾、风镜等等，每一种又有许多不同的类别，不一一叙述。这里仅说一说鞋。鞋袜对极地考察队员十分重要。在寒冷天气里稍有不慎，便会发生冻伤，而首当其冲是脚部冻伤。为此，我们一律穿北极人外出时穿的马克勒套鞋。马克勒这个词可能来源于北极爱斯基摩语言，这是一种单靴子，用柔软的皮革手工缝制，里边还可以穿四五双薄厚不一的袜子。但要小心，不可太挤、太小，必须保持一定的空间才能保暖，否则不保暖，脚照冻不误。为适用于不同气温条件，我们每人备有三双马克勒套鞋，2小1大，大的将在内陆高原极冷时用。袜子有单尼龙袜子、毛线袜子和低、中、高筒毡袜子，以及高－特克斯袜子，等等，用于不同温度条件和不同尺码的鞋子。最主要的一种是高－特克斯袜子。它不仅保暖性能好，而且反穿时可抑制脚汗外溢，使外边的袜子、鞋保持干燥，以免冻伤脚趾。如果没有高－特克斯袜子，我们一般都在尼龙袜子外边再包一层塑料布，以求达到同样的目的。每天宿营后，都要把鞋、袜子烤干，以备第二天穿用，这一点非常重要！没有适用的鞋，4000英里南极大陆不可能被我们徒步穿越。

考察队发的衣服清单可参看1989年7月13日日记中的物资分配表。

今天全天气温在-20℃左右，暴风雪，阴天，降雪，原地未动。

下午3：30外出喂狗，装燃料，解大便。风仍很大。风速为15—25米/秒，吹雪极强，能见度极差。随后在维尔·斯蒂格帐篷内开会，讨论物资补给问题，提出以后补给应增加新鲜肉、大米、防水的睡袋外套袋以及其他物资等。大家提出后杰夫汇总，过几天摄影组离开时带出去。会议于4：30结束，返回各自帐篷。

夜8时许就宿。杰夫估计明天暴风雪仍将继续。

1989年8月6日（第11天）　　　　**星期日**

暴风雪自昨天半夜起更加猛烈，我和杰夫都估计时速必在100公里以上，直到现在（上午10时）帐篷外边狂风依旧怒号不止。杰夫到帐篷外边去查看狗的情况，出帐篷时见外边的吹雪比昨天更大，能见度极差。看来我们正在经历一场大暴风雪的考验！

可怜我们的爱斯基摩狗！它们在明尼苏达刚刚经历了夏天，又在古巴经历了酷热，并损失了2名伙伴，现在又在这里经受低温严寒和暴风雪的考验。问题不仅如此。还有一部分狗，它们刚刚换了毛，即脱掉了"冬装"，换上"夏装"，但不到半个月的时光，它们又回到冬季，而且是比明尼苏达州的伊力更加严酷的冬季，的确很难适应。对刚换毛的狗，我们给它们穿上特制的高－特克斯衣服，可能解决一点儿问题。这几天晚上有几只狗一直间间断断地哭泣，大概在抱怨吧！可怜的伙伴，坚持就是胜利！现在杰夫在外边照料它们，很快便知道哪一只狗在哭泣了。

暴风雪情况下，我们一般都待在各自的帐篷里边，点燃火炉和煤油灯取暖，并干一些事情，如写日记、记工作笔记、讨论问题，或聊天。我和杰夫的帐篷较小，点燃一个火炉和一盏煤油灯，帐篷内的温度即升高不少，起码不大冷了。火炉用的是汽油，我们的配给量为每天1升。前几天每天我们仅用0.5升，昨天一天用了1.5升，汽油是够用的，哪怕在此地再多住几日也无妨。而煤油较紧张，主要原因是在海豹岩的罗伯逊岛物资存放地（第一个物资存放处），由于加仑桶盖子松动，3加仑桶煤油挥发了不少，只剩了1加仑桶。故在接摄影组人员的飞机抵达之前，我们还需注意节约煤油，以便坚持到第二个物资存放地点。

10时45分许，杰夫从帐篷外边进来，满身满脸都是雪。他从狗橇上取了咖啡和可可粉，又挖了一些雪块放到帐篷夹层内。仍搞不清楚哪只狗在哭，杰夫说是维尔队中的狗在哭，杰夫的狗都安然无恙。他问候并看望了每只狗，它们都还好，有的站起来了一会儿，有的仅抬头看了一眼就又卧下来，狗都被雪半掩着了。杰夫最后还风趣地说："如果我是狗的话，这种天气里我在外边也会哭的。"杰夫还"走访"了各个帐篷，说声"你好"和"再见"。他还用尼康全自动相机拍了狗在暴风雪中的照片。

室外的气温为-18℃。

为了安全和在冰裂隙中自救，我们每个人都配发有过裂隙区时专用的腰带，那是专门在明尼苏达的登山野外装备商店购买的，每人1个，每天系在腰间。此外还有带子和绳子，这些便是保证安全和自救的必备工具。怎样使用这些绳子？杰夫上午教我两种绳子打结的方法，一种称之为"鱼扣"或"双鱼扣"；另一种称之为"8"字扣。前一种在哈姆林大学学生中心大厅打包时已学会，很快掌握。后一种也较容易学，但是忘记得也快。杰夫说，以后有空再慢慢教我其他一些绳结打法。

作为科学家助手，杰夫曾两次到过南极，并都在英国的阿德莱德岛上的罗瑟拉站越冬，且都做冰川学工作。第一次是1978—1980年，他在罗瑟拉站连续越了两个冬季。考察队从英国乘船前往南极，路上就走了两个半月，回程亦乘船。因此越两个冬季的人，几乎离开英国本土达3年之久。第二次是1986—1987年，他再次来到罗瑟拉站越冬。罗瑟拉站冬季一般为十三四名人员，夏季可达40—80人，但夏季时大多数人员都在野外工作不住在站内。度夏人员一般工作两三个月后再乘船返回。

罗瑟拉站一般每年都有2名冰川学家驻站进行科考工作。戴维·皮尔系英国南极测量局的冰川学家，1978—1980年期间，杰夫作为他的助手，2人驾驶2台雪上摩托深入内陆进行冰川学野外工作达3个月之久，其中有2个月住在帐篷内。戴维·皮尔博士等通过卫星照片发现，从罗尼冰架到埃尔斯沃思山脉的鲁斯富特冰流上，可清楚地看到一组平行冰褶皱，两条褶皱脊之间的距离为1公里，脊高出冰面达10米。他们还对一些山谷冰川（溢出冰川）的冰舌形态进行了测量。因为30年前，英国人曾经测量过这些冰舌，现在的测量可以知道冰川横断面的凹凸变化程度，并以此来推断冰川变化的细节。在罗尼冰架上，他们还测量了冰川物质积累量和流动速度，还有表面应变等，而这些花杆是4根一组，为一等边三角形再加中心点共4点组成。考察中，他们还用手摇钻打10米深的孔，提取冰芯，并测量10米深处的温度。外业结束时，仅冰芯就装了满满的6大木箱，戴维·皮尔将它们全部带回英国进行研究。

杰夫介绍说，英国人在南极洲野外工作时一般都是2人一组，或驾狗橇，或驾驶雪上摩托车，住帐篷，野炊，工作效率大大提高。英国人在南极半岛地区野外有几个大的食品物资存放地，还可用飞机预先将食品、油料等各种物资空运到预定的路线上，称之为"物资存放点"，供外业人员使用。野外有时也会碰到有趣之事。例如，有一次杰夫等在冰面上看到不远处的一条冰川上刮下阵风，冰面上犹如有一座"雪墙"，持续了两三天。而几公里外他们所在地却晴空万里，阳光普照，可以坐到帐篷外边一边喝茶，一边欣赏"雪墙"。还有一次，他与另一名队员做野外工作抵达一小岛后，暴风雪袭击达两三天之久。当风停下来之后，发现四周的海冰都消失了，被风一扫而光，尽管离罗瑟拉站只有几十里路，但无法回去。过了十几天，当海上刚刚结了薄冰他俩就急忙赶回去。站上的同事们都以为他们在外边度假去了，很不高兴。直到后来他们把照片洗出来，大家看到了小岛四周的海洋时，才明白为什么两个人在外边住了十几天才回来，并纷纷向他们表示歉意。

杰夫详细询问了我在凯西站参加澳大利亚国家南极考察队1984年第2次、第3次南极内陆冰川野外大考察时的情况，我们野外车的结构、原理、路线等，他很感兴趣并作了记录。末了，他问我许多问题。例如，"这种冰川考察一定很费钱""为什么你们不采用2人一组使用雪上摩托和住帐篷的办法来进行野外工作"。我只好说这是人家澳大利亚人喜欢用的方法，我当时只是参加，无权组队。以后我能组队时，一定会考虑采用类似办法，以节约时间，提高野外工作效率。

下午给澳大利亚冰川室的理查德·思韦茨和尼尔·杨每人写了一封信。

暴风雪使我们基本上处于休养状态，每天只是吃、睡和写日记，或与帐篷同宿者聊天。但是，暴风雪中也有令人烦恼的事情。比如，当食物、食用的雪块、燃料用尽后，必须到外边的雪橇上取东西。这时则必须"全副武装"，全力以赴地外出办事。平时几分钟可办完的事，暴风雪中则要花四五倍的时间和精力才可能办到。当办完事情返回帐篷后，则全身都是雪，又忙乱一阵才告结束。暴风雪中能见度本来就低，戴上眼镜和风镜，过一会儿便会沾上雪，视觉变得越来越差，最后干脆看不见东西。这种情况下也最容易迷失方向和走失，发生意外。因此，暴风雪中要特别注意安全，安全第一。

更糟的是每天解大便。暴风雪中到帐篷外边解大便是一件十分困难和十分痛苦的差事。脱下裤子数秒之后屁股上便被吹雪沾满，雪呈半融化状态，过一会儿，屁股便失去感觉，而更多的吹雪便"乘虚而入"，钻进裤子。因此，外出解大便时一是一定要快，二是要找吹雪小的地方。但两个条件都很难满足。为此，每大便一次，都搞得自己苦不堪言。回到帐篷后很久裤子里都是湿的，非常不舒服。后来杰夫告诉我一个方法，即在两层帐篷之间，先将自己的床铺卷起再把内层帐篷解开卷起，然后掘一小坑解大便，之后用雪埋住即可。今天下午我外出时，他就用此法解的大便。看来我下次也得如法炮制。

1989年8月7日 （第12天）　　　星期一

昨天晚上8时许暴风雪逐渐停止。昨天下午3时外出时，已可看到西北方向的太阳和天空。夜晚，星辰当空，是晴天。

今天上午7：30，维克多报告：气温-19.5℃，雪温-20.5℃，风速2—3米/秒，南风。让·路易来说，今天乔治王岛是晴天，飞机于上午11时抵达此地并接走摄影组人员。我们仍按11时出发做准备工作。让·路易又说，昨天乔治王岛是好天气，但我们这里因天气差不能降落飞机。按计划，法国摄影组应在5天前撤走，但飞机因为或彭塔或乔治王岛或我们所在地天气原因不能降落，直拖到今天。听说5天前飞机之所以不能飞离彭塔是因为彭塔刮大风，而且是彭塔近十年来最大的风。摄影组人员计划8月20日再次回来跟我们继续前进一周左右的时间。届

穿越冰裂隙危险地段

时我们将穿越此次穿越路线中的冰裂隙危险地段。

（以上清早记；以下晚7：00记）

直到中午12时左右，飞机才到达。美国ABC摄影组人员亦同机到达，拍了每个人的镜头，但主要是拍维尔·斯蒂格。法国摄影组亦加拍了许多镜头，但主要是拍让·路易。

带来了少量补给，如煤油等，还有少量牛肉、酸奶、面包等。长城站为我带来4瓶法国葡萄酒、3瓶"冰川玉液"、1瓶高度白酒（莲花白酒），以及1袋饺子。饺子都已融化，结成一团，无法吃，只好再带回去。带来的酒已均分给3顶帐篷。下午2：20飞机飞走，我们随即出发，下午4：00宿营，只行进6英里。里程计读数为101.9英里。

今天飞机还带来曹冲同志一封信。信中讲托飞行员带来2纸箱食物，但实际只收到一箱。

可能因为睡袋太湿腰更疼痛。今日上坡，但许多地段为裸露的冰面，很难滑雪，滑了约1小时的雪之后，只好脱去雪板步行，反而顺利些。

托ABC公司的瑞克带到纽约发的信有：尼尔·理查德·斯韦茨、钦珂；明信片有：钦珂、徐广存、黄茂桓、王自盘。另外还有给李果的信和给郭琨主任的电报。

1989年8月8日（第13天）　　星期二

晨6：20许，维克多报告，气温-20℃，风速2—3米/秒，西北风，阴天。

全体于8时出帐篷，9时出发。9—10时行走甚快，走了约5英里。但10时许，天气转坏能见度降低许多，小雪，西边的小山丘逐渐看不清，只能靠罗盘指示方向行进。地形基本是不停的上坡和下坡，坡较陡，又往往在下坡段为蓝冰带（系西侧半岛溢出冰川的裸露冰面），故狗跑得很快，我几乎不停气地高速奔跑，就这也不能跟上，十分吃力。前5英里中，急速跑动2.9英里。后来跟不上，只好被"请"到雪橇上坐了2.1英里，直到我们的雪橇翻倒。到里程计数为109.3英里时，我们已走出了7.4英里。上午11时，维尔的雪橇翻倒，雪橇底部左侧雪橇的支承部全部折断，不能继续前进。这时，让·路易和圭三仍不见踪影，我步行倒回约半英里找到他们，方知他们雪橇左侧同样的部位处也折断！维尔和圭三的两部雪橇几乎在同一时间翻倒，相距半英里，两部美式雪橇发生了同样的问题，值得注意和思考。我想是设计上有缺陷。维尔和杰夫将雪橇支承部折断的那根雪板弃之，将另一只好的截为两半，组成一只新的小雪橇，然后再装上木箱等，剩余的装到杰夫和我的雪橇上，返回到让·路易和圭三的雪橇坏了的地方宿营。

除雪橇外，维克多还打破了让·路易采集尿液的大塑料桶！

杰夫下午解大便时，弄了一手的大便，苦不堪言，搞得人大笑不止。今天是颇不顺利的一天！

如果飞机专门运一次新雪橇来，要花费2万多美元。考察队在彭塔还储存两部备用橇，一部英式的，一部美式的。维尔和让·路易商议后，决定力争修复或尽可能使用这些"破橇"前进，下次补给时再换新雪橇。另外，我们也必须尽快前进到下一个补给点去，因为狗的食品已非常有限，虽然人的食物还能吃几天。

中午12时许雪止，天气阴转多云，能见度渐好。入夜又是个晴朗的天空，但愿明天仍然如此，使我们顺利到达第二个补给点。第二个补给点在南极圈内，现在我们还未进入南极圈。

今天中午帮维尔和维克多抬起他们倒在冰上的雪橇后，维克多让我回去看看圭三的雪橇是怎么回事，这么长的时间还未跟上来。当我步行了一半距离时，杰夫从后边追了上来，告诉我能见度这么差，一个人行动很危险！我赶快解释说，我已用罗盘打了方向，又严格按雪橇的印子

坚硬的午餐, 15 分钟

暴风雪后

走，他才放心回去。但当倒回到圭三雪橇地方时，让·路易也批评说在能见度不好时，唯一的做法是不要离开自己的雪橇，也不能一个人行走，否则将会遇上大危险，云云。他说："哪怕我们不能穿越南极洲，我们也要保护自己的生命；对我们每个人来说，生命是最重要的。"杰夫和让·路易是对的，哪怕只相距1英里路，也不能随便走动。过了半小时天气转好，能见度转好，我才离开圭三的雪橇回到杰夫和维尔这边来。这件事给我很大的教训和启示，"安全第一"始终是我们考察队的宗旨，万万不可掉以轻心。

1989年8月9日（第14天）　　星期三

上午7时，维克多报告，气温-18.3℃，风速2—3米/秒，阴天，但天气比昨日略好。

上午约8时，杰夫收拾毕后即到维尔的帐篷去帮助修理雪橇，打算做2个小雪橇来代替大雪橇凑合行进到莫比尔。约9时，我收拾好帐篷内部后，亦前往维尔的帐篷处帮忙。圭三和让·路易正在修理他们的雪橇。圭三和让·路易的雪橇下部未全部断裂，故他们用小刀上的锥子在橇桥上打了许多小孔，再用木条夹板和尼龙绳子拴起来，加固了橇桥，还较易修理。维尔的雪橇因一侧全部断裂，故只能"化整为零"做成两个小雪橇。我帮助维尔改制2只小雪橇，然后维尔和维克多每人一乘，每乘5只狗来拉。杰夫看来是修理雪橇的主力军，他干"大活"，维克多钻孔，我则拴绳子，或固定一些木条、木板等，干一些"杂活"。今天温度约-15℃，阴天，微风。杰夫、维克多和我的部分工作在维尔的帐篷内进行，点燃煤油炉，手脚不太冷。

下午约2时雪橇都修理好了，准备继续前进。维尔雪橇上的部分物品（狗食）放到我们的雪橇上，帐篷则放到了圭三的雪橇上。2：45时，我们已准备好，只差套狗出发，虽然圭三还未收拾帐篷。此时，天气转坏能见度差，下雪，南风逐渐加大。维尔见此情况，决定今日原地不动宿营，我和杰夫只好再次卸车，支帐篷。

今天使用新帐篷——斯科特帐篷，这种帐篷比圆顶帐篷大、高、亮，但要冷得多，我们两人都未脱鞋和外套。但是面积大多了，由于很高，人也可以站起来。但是，我想主要问题应当是保暖，面积小一些，温度高一些，可能更加舒适。

1989年8月10日（第15天）　　星期四

清晨7：10，维克多报告：气温−20℃，阴天，云覆盖率为100%，小雪，风速减弱，能见度差。今日能否成行，到8：30时再看。风向南风。昨天傍晚起风吹雪，到凌晨6时有所减弱。但由于降了新雪，故仍有吹雪。

昨天晚上约7时全体在让·路易的帐篷里参加"宴会"，将上次飞机带来的葡萄酒及"冰川玉液"集合起来，边饮边聊天。维尔和维克多还录了音，同时还放了圭三带来的日本音乐磁带——南极音乐。

让·路易谈了他2年来为组织这支考察队而做的工作，包括曾7次去苏联、十五六次去美国、1次去中国、1次去日本和1次去沙特阿拉伯王国等。他第一次去苏联是1987年5月，先到了莫斯科，又到了列宁格勒。在莫斯科会见苏联政府官员，在列宁格勒则会见著名极地科学家等，进行了会谈。苏联人还说，这支考察队会得到联合国的资助。到列宁格勒去时，让·路易和维克多等乘了一夜火车。他还记得在列宁格勒的会谈是周末晚上，第二天维克多和娜塔莎陪他看歌剧，太累，竟然睡着了。歌剧将近4个小时，维克多只好叫醒让·路易返回旅馆休息。当时，维克多和娜塔莎两个人一句英语都不会讲，无法进行交流。从列宁格勒回到莫斯科后，让·路易想到旅馆洗个澡、刮刮脸，但是旅馆要按全天收费，价100卢布。"那里有100个问题"——维克多回忆说，因此让·路易只好打消洗澡、刮脸的念头。

今年5月，让·路易又访问了沙特阿拉伯。与沙特阿拉伯联系的事情始于去年12月份。至于为什么要与沙特阿拉伯联系，杰夫早上说："沙特阿拉伯非常富有。2名科学家参加，沙特阿拉伯可能为我考察队付了50万美元。沙特阿拉伯持有百万美元的人多得很。"看样子，是希望沙特阿拉伯政府能大力资助。而沙特阿拉伯方面，一方面因为全体穆斯林国家今年初曾在巴基斯坦开会，计划共同组织一支南极考察队；另一方面，沙特阿拉伯想参加我们考察队，使沙特阿拉伯成为第一个登上南极大陆的穆斯林国家。我想这无疑可使沙特阿拉伯在穆斯林世界中对南极洲问题有举足轻重的地位，并处于领先的地位。今年5月，让·路易在沙特阿拉伯受到了沙特阿拉伯王子苏丹王（第四王子，今年65岁）的接见，沙特阿拉伯决定派2名科学家加入我们的考察队。进一步落实后决定派穆斯塔发和伊卜拉赫姆2人。让·路易也会见了他们2人，但只同意他们2人参加自埃尔斯沃思营地到南极点段前5天的徒步行进活动。然后，此2人返回埃尔斯沃思营地，等待乘飞机随摄影组一块儿到南极点。穆斯塔发等再三要求能跟随我们步行到南极点，至少共同行进15天，考察队未同意。

让·路易能惟妙惟肖地模仿他第一次见到穆斯塔发时穆斯塔发讲的一段话：

"我不是旅游者，我是科学家。如果我得不到科学考察的结果，很难交代。""我愿亲手将沙特阿拉伯的国旗在南极点升起，虽然那儿已有一些国家的国旗在飘扬。"沙特阿拉伯及其国民和科学家都希望能登上南极大陆，参加南极俱乐部，并使自己国家的国旗在南极上空飘扬。这一点是可以理解的，也是每个国民对自己国家忠诚的表现，我们不也有同感吗？

（以上为上午10时前记；以下为晚上记录）

上午11时许，天气转为阴天，小雪，但云减薄，能见度增加，气温为-18℃。决定立即收拾出发。12：30，全体出发。今日共行进12.5英里。距第二个补给点还有10英里左右。

雪橇由3部变成了4部，因为维尔·斯蒂格的雪橇"化整为零"，1个变成了2个，维尔和维克多每人各管1个。维尔的雪橇拉了全部木箱等，橇也略长一些，故有7只狗拉；维克多的雪橇主要拉背包和睡袋，比较轻，只有5只狗。雪橇后边也无扶手，故只能步行，看上去比较吃力。

今天我首先步行2英里，然后滑雪3英里，又步行3英里，再滑雪3英里，最后25分钟时，两腿无力，只好再次步行。由于启程时已12：30，到下午4时仅3个半小时，加上路上停顿等，实际上的行进速度比较快。说是走路，实际上是跑步。今天滑雪技术比前几天好一点，尤其比前天好。一是刚下过雪，新雪不太滑；二是今天在走出3—4英里后，进入拉森主冰架区，冰面平坦多了，比前几天在"扇形地"的蓝冰带要强多了。今天地形平坦，冰面雪垅不明显，对滑雪，尤其是学习滑雪是个好机会。到下午4时休息时，十分疲乏，全身湿透且结了冰。宿营时气温－21℃。6时左右，天晴。6时许，维尔来告知长城站要求与我通话。当我穿戴好到让·路易的帐篷时，他刚刚关机2分钟。让·路易告诉我，可以事先组织好新闻，每周与长城站通话1次。明天下午6时整通话，请按时到他帐篷去。

1989年8月11日（第16天）　星期五

清晨6：15，维克多报告，－30℃，晴天，静风。

今日行进14.6英里。上午约9：30出发，8英里后，抵达教堂山，即第二个存放物资的地点。由于天空晴朗，能见度极好，距存放地3—4英里以外便可看到存放地点。这个存放地点位于66°20′S，63°10′W，在教堂山的一组冰碛物上。冰碛物呈条带状，类似于两条冰舌汇合后夹在中间的中碛。岩石为褐色火山岩。这里还是"英国南极测量局"的食

分配食物

品燃料物资存放地。据杰夫介绍，英国人每年都来检查1次，以备使用安全。

我们在物资点待了3个小时左右。维尔为大家拍了许多照片，又为赞助商拍了一些照片。之后，我们将储存的食品大致分配，各人及各帐篷根据自己的需要，拿足够10天的食品（实际上可吃1个月）。我和杰夫则多拿了一些爱吃的食品，如咖啡、糖以及大米，等等。剩余的食品则重新放入盒子，存放到木箱内，供后来者享用。当我们打开食物箱后，里面竟然有1瓶白兰地，我们每人喝了一些，之后维尔叫我保存，我想可能怕他自己或维克多保存时，这些酒命不长吧！

下午2：40从补给点出发，4：47停止前进，宿营。

晚6时半，让·路易又说今天不能与长城站通话，看明天怎样。

我从大包内拿出线衣、线裤、高-特克斯裤子等，该换一换衣服了。

晚6时30分，气温-29℃。7时，维克多报告为-31℃。

今天晚上的宿营地在66°30′S左右，明天我们将通过南极圈。

1989年8月12日（第17天）　　星期六

清晨6：40，维克多报告气温-34℃，雪温-33℃，晴天，微风，但气压升高。他再次用雪洗澡。约8：00，气温-35.5℃。白天全天为-32℃——-30℃，晚5时为-35℃。

今日行进15.9英里，全天滑雪。这是本人首次全天滑雪，非常艰苦，尤其下午的3个小时，硬是咬牙坚持到底！

昨天傍晚将线衣裤、羊毛袜子和尼龙袜子拿出来，全部更换了。今天，已将换下来的毛袜子和尼龙袜子烧掉，以节约行李的重量和体积。同时，亦将装狗食的1只纸盒收拾后烧掉了。特弗隆的衣裤暂未烧，看能否再作其他用处。从质量上看，特弗隆衣裤作为"一次性"，衣服还

维克多在雪浴

不错，但要洗后再穿保暖性能将大大低于新时的性能。再用于南极或寒区似不可能，只能平时穿穿而已。因此还是留了下来待飞机来时带走。

　　昨天，在教堂山的物资存放处，向南拍的照片（第11卷）均为福伊沿岸的山脉。其中最高点为科尔半岛的山峰，高程为1140米。在教堂山和科尔半岛之间，自西向东有五六条大型山谷冰川流入拉森冰架，我们今日从其前方经过，拍摄了不少幻灯片（第12卷）。以后可以根据拍摄的顺序及广角镜内的照片判断它们的位置。

　　根据杰夫的估算，今日中午（12：05）我们通过了南极圈，进入南极圈以南地区。中午12：30休息时我们共同庆祝，喝完了昨天在物资存放处得到的那瓶白兰地。据图示，苏联和平站刚好在南极圈上。从理论上讲，从今日起到南极点，和南极点到和平站，两段的距离相同。我1985年在凯西站以南进行冰川考察时数次进入过南极圈。这是1985年以来，我再次进入南极圈。

　　雪面变化较大。昨天上午蓝冰带一直到补给点。自补给点出发后不久，即转为非常松软的雪面，步行较为困难，且速度很慢。今晨雪面仍松软，新雪，在第一个小时内，几乎未走到2英里路，直到12时30分，即3个小时才行走7.5英里。下午3个小时（1：05—4：05），又行进7.4英里。但到3时左右，雪面转为较硬。这主要是因为风将新雪吹走的缘故。

　　今晨5时起床后，我外出将全部东西搬出帐篷，杰夫用2只炉子烘烤帐篷，使帐篷外层内壁上结的冰块融化，从而减轻了帐篷重量。下午，我在开帐篷门时，因拉链结冰，使一拉链的拉手断裂，杰夫颇不高兴。奈何！

1989年8月13日（第18天）　　星期日

晨6：30，维克多报告，−32.5℃。晴天，但气温高于昨天。

今日行进17.8英里。10时后转阴。下午约2时起风，4时30分转为强风，5时许能见度降低，不超过50米，吹雪。全天气温在−27℃上下。

行进路线保持与科尔半岛约5公里的距离，因为在靠近科尔半岛处曾有过大裂隙，十分危险。现在看来已经过去。杰夫晚上告诉我，昨天上午的路线上有许多小裂隙，今日上午还依稀可见，下午则无，说明此裂隙区已通过。

顺便补充一点。自教堂山到科尔半岛之间已命名的冰川（自北向南）有：阿福特李冰川、贝文冰川、弗雷德里奇冰川。以后几天将要看到的冰川为（自北向南从科尔半岛到弗朗西斯科岛）：古尔德冰川、弗里克冰川、弗林特冰川。这仅是其中较大的几条，更多的在地图上无名称，再小一些的冰川则未标出来。

今天是我第二个全天滑雪日。上午还可以，到下午，尤其最后一个小时，两条腿几乎不听指挥，肌肉酸痛，右臂由于扶雪橇，亦十分酸痛。尤为可恶的是，几乎每一个小时，跌一个大跟斗，而且雪橇非得停下来才能站起来。杰夫开玩笑说，我每过一个小时，想休息一会儿，因此才栽一个跟斗。作为最前方的雪橇，要不停顿地走3个小时，除非必要，否则不能停顿，以免影响行进速度。

杰夫作为第一雪橇的驭手，又负责导航，显得格外忙碌。不停地看固定在雪橇后部扶手中央的罗盘，还要不停顿地给领头狗口令，以便保持正确的方向。杰夫讲，看来这要持续到终点和平站。作为导航者，他参阅了大量资料，如科尔半岛的正东，距半岛不远处有大裂隙，他早已知道，故我们的队伍远远避开那里。又如，当我们通过的路线上出现有裂隙后，他又原原本本地标到地图上，为后人积累资料。每天晚上，他要计算路程、位置等。有几次与让·路易的卫星定位给出的位置几乎完全吻合。杰夫导航使用的是航海罗盘，固定在狗橇后部的扶手上，据厂家称，罗盘内部已充满了在一定温度时才凝固的油剂，在一般低温条件下没有问题，照常工作。

但今日清晨，杰夫发现罗盘指针旋转不十分灵便，怀疑是否内部的油剂凝固了。后来罗盘又恢复正常。目前我们的前方位一直是180°—190°（磁方向）。

1989年8月14日（第19天）　　星期一

清晨6：30，维克多报告：气温-18℃，雪温-22.5℃。微风，阴天。

下午2时起开始下雪。

昨天临睡前刮了脸。上次刮脸是7月25日晚上在长城站洗澡时刮的，距今已20天。"胡子长了仅有利于照相"——杰夫说。看来的确如此。昨天气温较冷，下午又刮东南风，几天来因胡子渐渐长长，呼吸出来的气体便冻结在胡子上，结了冰块，已拍了些照片。到昨天下午，冰块越结越大，以致使鼻子、脸部冻伤，尤其是鼻子尖上感到冷，继而麻木，然后冻伤。宿营后感到疼痛，皮肤变黑。杰夫特别让大家相互观察对方的脸，看有无变白色的部位。一旦发现，要立即告诉对方。到了晚上，帐篷内生火后，感到鼻子尖及下巴火辣辣的，冻伤开始发作。因此，临睡前决定刮掉胡子。

刮脸很简单。只用半茶杯（约150毫升）热水；将毛巾的一角沾湿后，轻轻地擦拭要刮的部位，再打些许肥皂，刮掉即可。刮下的胡子，用卫生纸擦掉。平时刮脸要大动干戈，现在真是再节俭不过了。不仅是我，每个人都如此。由于昨天刮了脸，今天的行进中未出现脸上结冰的情况。当然，今天的温度比昨天高，但下午仍很冷。

这几天全天滑雪有些感受。滑雪时要低头、弯腰。但这样的姿势下西南风刚好吹入眼镜片上部，将小雪粒吹入右眼。几天来都有感觉，到昨天下午尤甚。入夜，当帐篷内温度较高时，感到右眼内有杂物或刮伤感，视力模糊，流泪不止。休息一夜后，到今晨略有好转。杰夫看了后说，右眼内充血，发红，要看一看大夫。清晨去看大夫，让·路易认

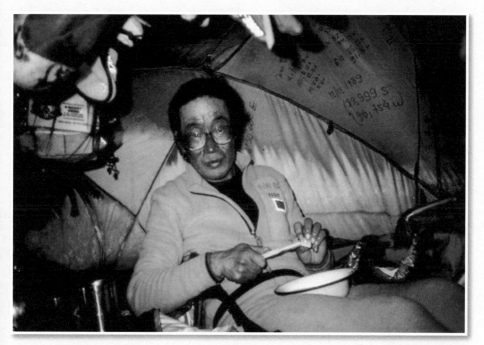

满脸冻伤的秦大河

为是风刮的微细雪粒击伤了眼球，要求我戴风镜，或将外套的防风帽拉起，并安上皮毛的帽边，以便挡风雪，保护眼睛和脸部。今天全天戴风镜，眼球的感觉似有好转。入夜帐篷内温度升高时，眼内又有异物感，但比昨天晚上轻些。

今日行进17.6英里，里程计读数为188.4英里。

现在我们通过了科尔半岛，距弗朗西斯科岛还有35英里，距第三个补给点三片山还有70英里。如果我们仍按昨、今两日的速度前进，还有9天方可抵达三片山。今天我们在绕行科尔半岛时下着小雪，杰夫突然叫雪橇停下。原来正前方约30米处有一圆形大坑，3—5米的直径。我们赶快绕道经过。这一带有裂隙，应非常小心才能确保安全。

今天也是我第3天全天滑雪，技术有进步。上午雪面较硬，走得也较快，3个小时滑了9.5英里（到中午12：30休息时）。下午1—4时，虽然也是3个小时，但是雪面变得松软，加上狗也累了，速度不如上午，只行进8.1英里。在这种雪面上，我也能自如地滑雪或双脚站立拖滑行进。不过，已感到自己滑雪比较舒适和省力，当然仍然有一只手离不开雪橇。还须继续努力。

维克多今日走得很慢，远远地落到后边约20分钟。估计是他的腰又闪了一次，不好使劲的缘故。

1989年8月15日 （第20天）　　　星期二

晨6：30，维克多报告：−28.5℃，3米/秒，西南风，晴天。

今日行进14.6英里，里程计读数为203英里。上午8英里，下午6.5英里。全天均为松软雪面，很不好走，能保持这一速度已不错。今日上午走了3.5小时（9：00—12：30），下午3个小时，到4时停止。所有的狗都累得趴在地上不动，昏昏欲睡的状态。由于雪厚，有利于不会或正在学习滑雪的人，我则趁机练习滑雪，慢慢掌握要领，同时也因路程短，不感到十分疲劳。

我们已进入拉森冰架腹地。西边为南极半岛的山脉，拍了些幻灯片（第13卷），山峰之间所夹的均为溢出冰川。上午10时许，看到了弗朗西斯科岛的顶部。12时，可看到全景。弗朗西斯科岛以西南极半岛上的山脉可观察到一些变化，该岛以南半岛上的山脉全部为冰雪覆盖，北边则为裸露的山脉，北面的山脉比南边的陡一些。

几天来白天我仅穿特弗隆衣裤及薄的高－特克斯外套，在帐篷外边如果不活动，则感到很冷。但每天滑雪后，出的汗来不及从高－特克斯外套逸出，在特弗隆上衣和外套之间结了大量的冰块，每晚必须清理后方可进入帐篷。今天并未感到热，但仍然有不少冰块冻在两件衣服的夹层内。

昨天和杰夫谈起了这支考察队。我讲到自己已年过40，这是第一次也是最后一次参加这种性质的考察队，因为"太老了"。杰夫则认为不然，认为"老"是相对的。如英国著名的测量学家蒂尔曼，他早年参加希普顿的考察队，到过世界许多高山地区，爬山越岭做测图工作，其中包括参加了希普顿考察队著名的喀喇昆仑山之行。他50多岁时，考虑到自己年龄大了，不适合搞山区工作了，便买了一条木船，开始了他的格陵兰考察。因为格陵兰海拔低，地势平坦，他仍坚持每年出野外，直到80岁时，还到了南极洲。终于有一天，他再也未回来。杰夫用这一例子说明，人永远无所谓的"老了"之说。要干成一件事情必须付出毕生的精力！

杰夫讲，80年代初（1979年或1980年），英国考察队的队员曾在拉森冰架度夏，发现这一地区为高积累区，一个夏季的积雪厚度可达2米以上。看来这一结论是对的。自昨天中午起，这里雪面变得松软，估计这种情况起码要延续到三片山。今天的雪坑雪层剖面上可看到，在85厘米以下，雪的密度、硬度突变。估计自夏末（今年2月）以来，这里的积雪已达85厘米厚。

1989年8月16日（第21天）　　星期三

晨6：30，维克多报告：气温-24.5℃，雪温-24℃。东南风1—3米/秒，多云，南边云层多。

今日进行12英里。里程计为215英里。

雪更松软，狗拉橇已很吃力，上午行进6.8英里，下午仅5.2英里。估计这一状况还要继续好几天。杰夫考虑应当减掉不必要的一切个人物品，并询问我的大黄包内装的是什么东西。提出凡不是必需的一律要淘汰，否则狗拉不动，也吃不消。

1989年8月17日（第22天）　　星期四

晨6：30，维克多报告：-35℃，晴天。午餐时温度为-40℃，宿营时为-39℃。全天晴天，无云。但能见度有限，因为阳光下雪面升华现象严重，使能见度降低到小于10公里。

今日行进12.4英里，上午6.1英里，下午6.3英里，里程计读数为227.4英里。我们目前位于弗朗西斯科岛的东侧约5英里处。距下一个物资存放地三片山约27英里。雪面仍松软，狗拉雪橇行进很困难，狗也累得不得了。估计还需要3天才能到达三片山。

气温降到-40℃，感觉奇冷。必须不停地行走滑雪，否则冷得站不住、坐不稳。每个人的脸颊、胡子、头发、眉毛乃至眼睫毛上都结了冰和霜。身上出的汗来不及被高-特克斯外衣排出，已冻结成冰。因此脱了外衣之后，内衣上结满了珍珠状的冰块，粘在衣服上很结实，用硬刷子也很难刷下来。唯一的办法是拍打、敲击，然后挂在帐篷内烘烤，第二天再穿上。至于狗则更加"美丽"，每只狗几乎全身上下都让"雪花"沾满，全身的毛皮上沾了一层白白的极细的雪粒。当雪橇停下来时，每只狗都抖动自己的身体，将雪抖掉，便恢复了其本来面目。

　　-40℃、不刮风，且为松软雪面时，对这些狗构不成威胁。狗橇一旦停下来，狗便就地而卧。由于雪松软，自然形成一个小雪坑。狗卧在里面刚刚合适，显得非常舒适。对于这些极地狗来说，如果气温低、刮风，且冰面极硬，它们无藏身之处，这时有可能被冻坏，这种条件下要特别小心。

　　据前人资料，弗朗西斯科岛附近有裂隙，故我们的道路在该岛以东约5英里外绕道通过，直奔三片山。

　　由于雪很松软，杰夫的领头狗图利走得很慢，且忽左忽右地乱来，使行进速度极慢。照此下去，一天最多走10英里，何时才能到达三片山？因此从上午起先由杰夫带头，带领狗前进。之后又换成我。午餐后我继续打头带领狗队前进。圭三的狗橇下午转为领头的橇，圭三也打了一阵头。下午1时到4时5分，共3小时5分钟，我滑雪行进，由于一只手一直扶着雪橇的一个把手，一天下来两臂酸痛。下午走了6.3英里，比上午多一些。看来在松软雪面条件下，有人领头滑雪带领狗队前进还是必要的。

　　下午宿营后感到冷得厉害，便将存留的"莲花白酒"拿出来喝了几口。此时，维克多到帐篷门口，询问可否得到100克白兰地。我便将一小塑料瓶"莲花白酒"给了他（约250毫升），但嘱他不能一次喝完。我还剩下200毫升左右（多半塑料瓶），留下来慢慢享用。

1989年8月18日（第23天）　　**星期五**

　　晨6：30许，维克多报告：-27℃，阴天有云。但可看到微弱月光下的弗朗西斯科岛异常清晰，格外美丽。

　　晚6：00气温为-37.5℃。

　　今日行进13.3英里，里程计为240.7英里。距三片山还有约2英里。

　　7：30出帐篷，只见到西边弗朗西斯科岛上方一轮明月，照亮了拉森冰架，景色分外美丽动人。但南边却阴云密布。几天来弗朗西斯科岛时隐时现，很难看清楚它的全貌。今日看得十分真切。岛上被冰川覆盖，冰体流入冰架。在弗朗西斯科岛的东侧，流入冰架的冰体与拉森冰架的衔接处可以看到大裂隙（已拍了照片），我们的橇队应在裂隙以南越过弗朗西斯科岛。

在弗朗西斯科岛的南边为汤金岛。下午天气转晴，汤金岛看得很真切。我们的宿营地在汤金岛的东侧。汤金岛实际上为一双峰岛，岛的南北两侧，各耸立一块大岩石，中间很低，远处望去，很像一个造型优美的笔架（拍了幻灯片）。

今天在行进中，尽情观赏了壮丽的南极半岛，福耶沿岸和鲍曼沿岸段内的山脉、冰川，以及拉森冰架。从冰架向西望，南极半岛的高原面很平坦，海拔约为2000米，且自北向南节节升高。现在我们的正南边为帕尔默地，海拔为2000—3000米。

下一个物资存放地三片山是一座小山，因为其形状像被砍成了三片面包片一样，故称之为三片山（见幻灯片）。

杰夫和我的狗队今日压后阵，圭三和让·路易的狗队打先锋。

1989年8月19日 （第24天）　　星期六

晨6：30，维克多报告：-27.5℃，西南风，阴天。气压升高很快，一夜之间升高了12毫米汞柱。

今日行进8英里，里程计读数为248.7英里。上午行进5.7英里，下午2.3英里，下午约2：30西南风渐大，决定停止前进，就地安营。我们第三次遇到了暴风雪。

看来，维克多每日观察的气压记录很准确。迄今为止，我们遇到了三次暴风雪，每次暴风雪的当天早晨，维克多都报告气压比头天晚上升高。以后若遇有天气开始转坏，起风且伴有气压升高之变化时，应考虑暴风雪即将来临，并穿戴好衣服等。

　　下午在暴风雪中安帐篷，我先去帮助圭三和让·路易，很快支起了帐篷。杰夫则去帮助维尔和维克多，我帮完圭三后亦到维尔那边去帮忙。这时，风突然变得更大，维尔和维克多的"喜马拉雅宾馆"帐篷猛然腾空而起，被风吹走。幸好维尔、维克多和杰夫3人都未松手，连人拉翻在地被拖出去3—5米后停了下来。我们赶快将帐篷拖回原地，急速安置，并用雪块把帐篷外边压了个结结实实，方告结束！

　　早上动身时杰夫告诉我，我可以到圭三的雪橇前边滑雪带路，以便替换圭三或让·路易。约10时许我到了圭三的雪橇前。今日他的雪橇打先锋，他的狗队中的领头狗叫"库泰安"。先由圭三开始，然后我代替了他，直到午餐。午餐后又走了约1个小时，突然风力加大，圭三的雪橇距我约300米，恐怕风大后迷失方向，只好等待他们靠近。让·路易午饭后跟随我一段路程，后来又回到了雪橇后边。圭三此时做手势，要与我交换，并让我跟一阵子雪橇。但走出不到半个小时，风更大，全队决定停止前进，就地安营。早上，当我到达圭三的雪橇时，让·路易问我前来有何贵干，我告诉他想在前边开路。让·路易似乎不大欢迎，说："其实并不需要。当然如果你愿意，可以到前边去。"这时圭三正在前边领路。我追赶了半个小时，出汗很多，不便立即到前边去。因此回答说："先跟一阵子雪橇，喘口气再上前。"在跟了10—15分钟雪橇后，雪橇停了下来，让·路易收拾狗，我则赶到前边去领路。

　　在前边领路虽然累些，汗水也流得多一些，但若每天仅行进10—15英里路，还是可以坚持下来的。因为雪较深，狗橇的速度比人在前方滑雪要慢。因此在前边打头时快慢可以自己决定，有很大自由度。比如可以停下来搞掉眼镜上结的冰，可以小休息并整理头上的风镜、帽子、面罩，等等。而跟雪橇走属"被动前进"，一边滑雪一边做这些事情，对我这个初学滑雪的人来讲是一件不容易的事情。

　　目前，我队已接近68°S。估计再过三四天，我们就可以结束在拉森冰架的近一个月的行程，踏上南极半岛，踏上南极大陆了。几天后我们首先踏上的是帕尔默地，它包括69°S—74°S南极半岛的部分地区。而南极半岛的北半部分则名之为格雷厄姆地，我们已饱览了格雷厄姆地东海岸的风光：山脉、山峰、冰原和冰川。下一步，我们则要深入帕尔默地，脚踏实地地观察那里的地理特征。帕尔默地表面高程为1500—2500米，最高峰为杰克逊峰，高程达4190米，是南极半岛上的最高峰。美国《国家地理》杂志出版的南极地图（1989年3月）上这样解释这一地区的命名：

"帕尔默是美国捕海豹者，1820年声称到达南极半岛的西海岸，并在那一地区寻找海豹群。据此，美国宣布是美国人帕尔默首先发现南极半岛。但是，英国人和俄国人亦宣称是他们发现了南极半岛。"

在目前我们所处的纬度，南极半岛的西侧为玛格丽特湾。该海湾西侧岛屿及陆地上有英国、阿根廷和智利的考察站。英国的是罗瑟拉站（正是杰夫曾工作过的站）。从该站向东穿越半岛，可进入拉森冰架，到莫比尔，再经过三片山到教堂山，是英国南极考察队几乎每年都进行的考察路线。考察或用狗橇，或用雪上摩托车。杰夫讲英国人对这一地区十分熟悉。

前天，杰夫右侧下边的一颗大牙断裂，吃东西、吸冷空气作痛。这颗牙曾多次修补过。前天午餐，吃硬东西时崩破的。从掉下来的牙齿断块看，该牙齿只剩牙根在口腔内。维尔等都很关心，询问他，并叫他看大夫。昨天晚餐后，他到让·路易的帐篷去看牙齿，约1个小时才回来。我问他牙齿看得怎样了，他说："让·路易未能找到他带的牙科器具。"看来是白跑一趟。最好的办法是不要生病！如我闪了腰，或手上裂了口子，都是用自带的膏药和胶布，大夫也没什么好办法。我闪了腰后，口服的是自带的国产"三七片"，贴的是"祖师麻"膏药。

近一周来胸上出现冻伤。目前鼻子上的冻伤正在痊愈，已在脱皮，十分疼痛。手上出现许多许多裂口，用胶布粘都来不及。

1989年8月20日（第25天）　　星期日

晨6：00，维克多报告：-13.5℃，10米/秒西南风，晴天，能见度好。但杰夫外出一阵回来说，天上云层很厚。昨夜未刮风，相当平静。昨夜约7时后风停，直到今晨5时许又起风。但风不大，比昨天下午要小得多。今日行进11.2英里，里程计读数为259.9英里。全天刮西南风，但气温不很低，且为晴天，可看到太阳，为近地面风。

下午约3时抵达三片山。但直到下午5时，杰夫和让·路易走出很远，并用望远镜寻找，均未找到物资存放点。决定明天早上再找。这里的食物是去年12月份杰夫负责，从乔治王岛用"双水獭"式飞机送来贮存的。从杰夫的照片可以看出物资（包括食品、狗食及燃料等）放在三片山南侧约1公里处，并竖立有3米高的金属标杆。但今天却找不到标杆。原因何在？当维尔·斯蒂格问我时，我指出两种可能性：一为今年头7个月以来此地降水量超过了3米雪层深度，这似乎不大可能，偏高了一些，但若因地形因素，吹雪厚度达3米是可能的；另一原因为标杆被大风吹倒，因而丢失了目标。后一种可能性大一些。

因为昨夜刮风雪面变硬，且凹凸不平，软硬不一。个别地方还有冰，故滑雪较困难。到午餐时，才发现我右脚雪橇已坏了。塑料鞋原来有3颗螺丝钉，结果只剩了两颗，故右脚不听使唤，加之雪面又硬又滑，着实摔了好几个跟头。

最重要的是，今天我们进入并通过了一块裂隙区。在接近三片山时，冰面地形从原来极平坦的冰面变为大上坡和下坡的地形。这种地形多在裂隙区。我和杰夫在最前边打头阵，在通过了第一道冰坡后，我们都看到了东北侧的大裂隙，并驱使狗橇向西南方向移动，绕道前往物资存放地点。但是，就在这个时候，我在行进中感到脚下一沉，随即又升高滑了出来。原来我们通过并压破了一个裂隙。该裂隙约1米宽，表层仅盖有10—20厘米厚的吹雪。压破的地方出现一个1米见方的洞。好险啊！我们只好停下来等待后边的雪橇，我看住狗，杰夫在裂

我们赶快把悬在裂隙中的两只狗（白狗和黄狗各一只）拉了上来

让·路易下到裂隙内部将掉入裂隙的狗（黑色，斯平纳）拴好后吊出，我们再把让·路易吊出

隙边指挥，全体顺利地通过了裂隙。我们遇到第一个断开的裂隙时间为上午12时5分。又继续前进10分钟后，我们狗队突然停了下来。我感到不妙！图利在拼命地向前拉，后边的狗都畏缩不前，狗队中的狗似乎少了好几只！这是我最初的印象。杰夫同时向前跑去拉住图利，并大喊看到两只狗掉入裂隙。我此时也数出外边只有9只狗，是3只狗掉进了冰裂隙。我们赶快把其余的人叫来。让·路易快速穿戴了绳索，同时，我们赶快把悬在裂隙中的两只狗（白狗和黄狗各一只）拉了上来。让·路易则迅速下到裂隙内部，将掉入裂隙的狗（黑色，斯平纳）拴好后吊出，我们再把让·路易吊出。十分幸运，这是条非常大的裂隙，而狗落入的地方恰好是被一大块冰堵住的最浅的地方，大约只有2米深。而错开这里几米远处，裂隙深不可测。如果那样的话，斯平纳必然牺牲。真是太危险了！

我抢拍了今天场面的几个镜头（第14卷）。

晚上让·路易和维尔·斯蒂格都在例行的通话中向基地大讲特讲我们进裂隙区，狗掉入裂隙，抢救……云云。ABC今天必然有新闻可广播。

1989年8月21日 （第26天）　　　星期一

晨6：30，维克多报告：-15℃，多云，阴天，能见度尚可。但气压降到了近一个月来最低值。

原计划今日上午9时（平时均为8时）出帐篷，继续寻找补给点。后来因起风，全体在让·路易的帐篷开会。这也是自从海豹岩出发以来第一次正式开会。主要说了几个问题：

（1）从10月1日起，现在的帐篷住法将要调换。10月1日起直到抵达南极点段内，维尔和大河，让·路易和维克多，杰夫和圭三，每2人住一顶帐篷。自南极点到东方站段内，将改为让·路易和大河，维克多和圭三，维尔和杰夫住。

（2）决定带2顶备用帐篷，分别由圭三和维尔的雪橇来拉，备用帐篷均为圆顶帐篷型，这是一种最轻的，但也是面积最小的帐篷。杰夫的雪橇拉大河的PICO钻。

（3）未来2周将通过危险地段，那里和昨天一样有许多裂隙。如果出现狗掉入裂隙的情况，应当拍电影、录像和拍照片。但是若人掉入裂隙，则应全力抢救，停止一切拍摄活动。

（4）练习了几种绳子的打结方法。要求每人都要随身携带安全绳，以备万一。每辆雪橇上亦配有绳子，分别为150英尺、50英尺和30英尺，三种都要放到合适的地方，以备急用时立即能拿出来使用。

（5）每队狗的队形应当排列成双狗长队列，避免4—6只狗并列行进，以减少许多狗同时掉入裂隙的可能性。如昨天的情况就较好，因为杰夫的狗队为长队列双狗拉套，因此只掉进3只狗，而前边唯一的1只头狗图利拖住了3只狗的重量（约250磅），终于化险为夷。

（6）如果此地的补给点找不到，只能到下一个地点补充物资。目前我们携带的汽油、煤油可以维持15天左右，食品可维持20天，狗食可维持14天。而下一个物资存放地点距此地约90英里（走近道的话）。

10：30散会，各自回帐篷休息。全天刮风，但天空是晴的，说明是近地面的下降风。

下午在帐篷中，杰夫为ABC电台录了磁带。他简要介绍了1个月以来的进展情况，目前的位置、路程、昨天狗落入裂隙及抢救的情况。还讲到三片山的补给点尚未找到，而我们的燃料、食物、狗食等可维持15—20天，直到下一个补给点。杰夫还指出，我们即将结束拉森冰架的活动而进入帕尔默地。也就是说几天后我们将踏上南极大陆，那里海拔约2000米，这个季节里的气温一般是-40℃—-30℃。气温将比这里低，风更大，因此更艰苦。

现在，在我们面前的是乔可半岛。按照原来我们计划的走法，将经过乔可半岛直奔莫比尔。这段路程全长约60英里。如今改为从乔可半岛中部的斯塔布斯山口穿过去，紧跟着继续向南再穿过威尔逊山口，到达莫比尔。这段路程只有35英里。可以节约25英里路程。这样，从三片山到韦尔毫泽冰川顶部（69°10′S，65°18′W）只有90英里（原为112英里）。

从莫比尔起我们将踏上韦尔毫泽冰川。它是一条长大的山谷冰川，宽2—4英里，长60英里，是我们途经的最大冰川。冰川末端表面有巨大裂隙区，那里正好是冰川流入拉森冰架的地方。只有冰舌北侧有路线可以通过，那儿的裂隙小且少，较为安全。但此"安全通道"很狭窄，要摸索前进，非常危险。英国考察队的雪上摩托车曾在这里掉进过冰裂隙。

自7月25日在长城站洗澡刮脸以来，再也无机会洗澡、洗脸，下次机会则看11月底在南极点时美国人是否慷慨允许我们每人洗一个澡，哪怕3分钟也好。今天是第二次刮胡子，杰夫也刮了脸。这里不能留胡子。因为胡子一长，呼吸时的气体便凝结在胡子上，结了冰并冻伤皮肤。当时可能还不觉得，过1—2天便感到皮肤灼痛，变黑脱皮。我的脸上、鼻梁及鼻尖均被冻伤，这几天正在脱皮，很不好受。如遇刮风天气，不注意戴好面罩风镜等，亦可被冻伤。在温度低于−18℃时，如果刮风，且迎风前进，则必须注意保护脸部。迄今为止，我们每个人的手、脚都未冻伤，是因为十分注意保护手和脚。而维克多、圭三和我3人脸部均有冻伤，主要是保护不够，应当注意保护。以后每天都准备好面罩，一旦需要立即拿出来戴上。只有这样才可以保护脸部不被冻伤。

1989年8月22日（第27天）　　星期二

晨6：19，维克多报告：−24.5℃，5米/秒西北风，能见度极差，三片山隐约可见。

昨天下午4—6时，杰夫和维克多外出继续寻找补给点，未获结果而归。

据杰夫回忆，去年12月份乘"双水獭"式飞机到此地放物资时，

从拉森冰架向南极半岛爬冰坡

因马尔什机场的天气不好，飞行员十分担心能否安全返回。因此，在这里放东西时比较匆忙。降落后，很快把东西放到冰面，树起标杆（铝制的，3米高），杆子是固定在木箱上的，拍了照片，即飞返马尔什机场。回到马尔什时，能见度很差。当飞行高度降到50米，飞机掠过别林斯高晋站时才看到地面，飞机立即在跑道上着陆，很危险。根据以上情况，估计铝杆固定得不很结实，可能已倒了，因此不能发现补给点。在教堂山，虽然补给点未被雪埋住，但是绑在木箱上的杆子已为半倾倒状。在海豹岩，标杆是倒在地上的。

今日行进13.6英里，里程计读数为273.5英里。清早能见度很差，中雪，只能看到近在眼前的三片山，半岛的山脉和斯塔布斯山口附近的山峰都看不见。根据地图，我们距离斯塔布斯山口约7英里。决定先完成这7英里再说，天转好则继续前进，若天气差则停止。三片山处的补给点只好放弃，到下一站再取得食物等补充品。虽然下雪，但气温并不高，午餐时的温度为-27℃。

走出1个小时左右天气逐渐转好，西北方向可见蓝天，能见度亦增加到3—5英里，后又达10英里。我们可看到斯塔布斯山口了。午餐前行进了约9英里，已抵达山口的北侧脚下。昨天休息了一天，狗也格外卖力。午餐后，一口气将我们拉到了山口的顶部，而山口的顶部高程300—400米。整个斯塔布斯山口全长为5英里（地图上量测的是6英里）。穿过斯塔布斯山口意味着我们已通过了乔可半岛。

上山虽然费力，下山也不容易。杰夫将雪橇的2只滑板下边都拴了两三道尼龙绳子，绳子直径为1.0—1.5厘米，当刹车使用。而且杰夫脱了滑雪板，站在雪橇后部，准备使用脚刹车。其他人的雪橇均无刹车，因此个个都在雪橇两滑板上拴绳子，作为制动。十几天前，在蓝冰带行走时，因下坡路滑，导致翻车，2部雪橇都摔坏的教训，至今记忆犹新。用杰夫的话来说，宁可慢一些，也不要出事。在山顶费了约1小时完成这些事情。之后，4部雪橇平安下到山底下，未出任何麻烦，只是下山雪橇较快时，我滑雪甚感困难，只能将身体的重心放在雪橇扶手上，这比自己滑雪更吃力，两腿肌肉高度紧张，更感到疲劳。

明天计划到达威尔逊山口顶部，那里距下一个补给点还有6英里。若如此，后天的路程最危险，那里将有大裂隙，可能会遇到麻烦，也可能绕来绕去，走得很慢。宁可慢一些，要保证安全。

摄影组计划8月26日到达，若顺利的话，那时我们已快接近下个补给点了。

6人生日如下：维尔·斯蒂格：8月27日；圭三：11月11日；让·路易：12月12日；维克多·巴雅斯基：9月16日；杰夫·萨莫斯：2月19日；秦大河：1月4日。

1989年8月23日（第28天）　　星期三

晨6：20，维克多报告：-23.5℃，静风，多云，能见度好。

今日行进15.4英里，里程计读数为288.9英里。上午行驶速度甚快，到午餐时已行进12.9英里。午餐后开始上坡，驶往威尔逊山口顶部，约下午3：30抵达山口顶部，随即安营休息。从明天起，将有15英里本次穿越活动中最危险、裂隙最多、最大的地段，因此决定今天不下山，在山顶休息，希望明天是好天气，能见度高，以便安全通过裂隙区。如果今天下午继续前进，又是下坡，人和狗均已疲乏，在下山途中遇到裂隙，将十分危险。

今天早上天气阴沉，能见度尚可，气温较低。午餐时气温上升到-18℃左右，天气也逐渐转晴。下午约4时出现晚霞，天已放晴。但是，下午4时的气温却急剧上升，为-5℃，是近1个月以来最高的温度。帐篷内生火做饭已感到闷热。温度上升一般预示着暴风雪即将来临。但愿上天给我们几个好天气，使我们能安全地通过本次穿越活动中最危险的地段！

今天下午，当我们站在威尔逊山口的顶部时，感到该山口比斯塔布

爬上西南极冰盖,从拉森冰架上到南极半岛

斯山口高出100米左右或更多。威尔逊山口比斯塔布斯山口也长一些，且宽。由于宽长，故坡度显得较平缓，狗橇走得也较快，比昨天上斯塔布斯山口省力，狗橇停止次数明显减少。我今天又拍了些幻灯片（第14卷），主要为从威尔逊山口北坡看乔可半岛以及斯塔布斯山口南坡。清早还拍了几张斯塔布斯山口南坡和威尔逊山口北坡的幻灯片，但拍照时光线都不大好。

自7月26日从海豹岩出发以来，第一次在"陆地"上宿营，而且在山顶。采样地点即宿营地，也是第一次在陆地上。特此说明。

晚上与乔治王岛通信得知，明天如果天气好的话，飞机将送电影拍摄组来此地。为安全起见，飞机将降落在离此地10英里以外的安全地带等候我们到达。因为从此地到下一站约15英里，尤其前10英里系裂隙和大裂隙发育区，无论对飞机起降，还是对狗橇行驶都很危险。为了与飞机见面，为了将损坏的雪橇让飞机返航时带走，明天我们要尽早从此地动身前往飞机降落处。为此决定明早7时出帐篷。

由于昨天下午下山及今日上午下山疾驰滑雪，双腿感到十分乏困和酸痛。

1989年8月24日（第29天） 星期四

一夜均十分温暖，帐篷内的水竟然未结冰，睡袋内感到很热。4：50起床做准备工作。

晨5：30，维克多报告：–7.5℃，晴天，静风，能见度良好。今日全天晴天，且温度较高。

今日行进8.2英里，里程计读数为297.1英里。宿营后下午6时的气温下降到–20℃。

7时出帐篷，约8：30动身下山。天气格外好，能见度良好，气温甚高，甚至有"热感"。下山的路很平缓，比斯塔布斯山口的下山坡度要缓，且多数地段为雪，下山速度也较慢。下山的路程仅两三英里。下山后即进入裂隙区。刚走出不几步，即遇到一些小裂隙，裂隙宽度20—50厘米，均顺利通过。但到中午时分，杰夫和我的狗队中的头狗之一汉克突然掉入裂隙。这个裂隙较大，但从表面上看仅30—40厘米宽，实际为70—100厘米宽，且较深。汉克落入约15英尺深处，全身发抖，乖乖地趴在那里等候援救。大家很快来到裂隙处，让·路易和杰夫组织，杰夫又下到裂隙内，维克多拍照，圭三拍电影，我在后边站在雪钉上，以确保杰夫的安全。约1个多小时，才将汉克救上来。

就在此时，运送摄影组和补给的飞机也抵达。由于我们位于危险地带，飞机只好降到离我们4—5英里之外的安全地带。等我们到达时，飞机已飞走，只有法国摄影组的3人及刚刚运来的物资在那儿。

自午餐地点到飞机降落处，让·路易和维尔·斯蒂格用绳子连起来滑雪前进。维尔的一只狗也掉入裂隙，不过被悬吊在裂隙中，让·路易、维尔、杰夫3人将其拉了出来（幻灯片第16卷）。

飞机送来了狗食、食品、汽油、2部雪橇及摄影组3人和器材。ABC的瑞克未来。法国摄影组说，他们一路顺利，21—22日从巴黎飞到智利彭塔，23日飞马尔什，24日飞莫比尔。但是等待着我们的是10英里危险的裂隙区。因雪橇增加，故每部雪橇只有9只狗，我明天起又要主管一队狗和一部雪橇，真是困难重重。杰夫告诉我，他已与摄影组和让·路易说过，必须有一个人（或摄影组人员或让·路易）与我同行。我一个人是带领不了这队"杂牌军"的，尤其是通过危险区时。

长城站站长李果、副站长曹冲均有信。带来酱牛肉、猪肉各一包，葡萄酒一瓶，白酒一瓶，"冰川玉液"3瓶。将冰川玉液分配到3顶帐篷。葡萄酒过几天维尔生日时干掉，太重不能长期携带。2位同志都表示慰问，并转告了长城站14位弟兄的慰问以及8月16日郭琨主任的电话慰问。

附长城站来信

大河：你好！辛苦了！

8月6日郭主任来电话向你表示慰问，并让转告你，你爱人恢复得很好，办公室又给她所在医院去了信请帮助。请你放心。

站上14位兄弟都很关心你，老曹每天到约翰处打听你们的消息，并写好新闻传回国内。知你已可全天滑雪，站上同志也都放心多了。

你走后巴西飞机补给了许多食品。你需要什么来电话时讲一下，站上尽全力帮助。

中山站我已给他们打过电话了。他们也向你问好并准备和你们联系。

约翰在站上和大家处得不错。请转告让·路易和其他几位，我站将尽可能地为他们服务。并向几位问好。

祝一路顺风

李果

1989.8.24

大河：

上次啤酒未收到，可能被人家偷走了，因为箱子放在飞机场三四天，弄得饺子也吃不成。这次我专门临开飞机前直接送到机场，这样就不会丢了。带了点酒和卤肉，少量饺子，希望你能喜欢。大家都关心你，几乎每天都提起你，我已写了几篇报道，经常能有消息在国内报道，免得你家里挂念。你有空也应尽量利用无线电与我们通通话，我们这里也经常与约翰说说，能说上几句，也就放心了。你要的信纸和牙膏以及名片夹，我都会给你装到口袋里，由约翰带到南极点去的。

你爱人有两封信，一并带去，估计她身体已渐康复。我在此一切很好，有要我办的尽管说话。8月27日是维尔的生日，请代我和其他人向他祝贺生日。

祝

万事如意！

曹冲

1989.8.23于长城站

与长城站通话时希望长城站办的事情：

1. 往"UAP"号船我的雪样箱内带：感冒药若干，包括：阿司匹林片30片；黄连素20片；速效伤风感冒胶囊2小盒；抗生素（麦迪霉素等）2瓶；中成药2盒。

2. 少量中国食品及香烟2条；

还要询问中山站通信频率、时间；10月7日能否与中山站通话；向中山站高副主任及全体同志问好；

请将我的情况向北京汇报，并请办公室转告我家属。另希望告知我家中的近况。

3. 近日有飞机返回时，我将在返程飞机上带采集到的冰雪样品，请准备接收。雪样务必保持在冻结状态下贮存，务必保证洁净，万万不要打开来，我已包好。

4. 蜂王浆可装入大塑料瓶内托飞机带来，以节约重量。

8月24日的飞机还带来彭塔考察队基地工作人员戴维的来信，内容如下：

秦大河：

你好！你们的考察队怎么样？

相信很快你可成为奥林匹克滑雪队队员的。和45只狗共同生活你有什么感想？彭塔到处都是个头不大的狗，当地人称之为耗子狗，因为它们几乎和老鼠一般大小，尤其和我们的爱斯基摩狗一比，显得更小。我在这里见到了几个苏格兰人，这里还有许多日本商人，你有中国朋友住在彭塔吗？就写到这里，望多保重。

祝你运气好！

戴维于彭塔

1989年8月25日（第30天）　　星期五

晨6：30，维克多报告：–18.5℃，下雪，阴天，能见度中等（可看到西侧的山脉）。

今日行进5.7英里，里程计读数为302.8英里，宿营地65°20′W，68°33′S。

全天下雪，能见度差。早上起床后按时出帐篷，但因下雪，能见度不好，能不能走很难说。碰头会后，决定先做准备工作，维克多说因为我很难驾驭狗队，他自告奋勇代替我带领一队摄影组狗橇。维尔则换用新的狗橇，并将原来2只破橇合并到一块儿拖到后边。看样子是想保存它们将来存放到博物馆吧！

为了摄影组的狗橇，杰夫表现出不耐烦和生气的样子，对让·路易说摄影组的橇什么都没准备，又不是小孩子……让·路易对杰夫说，有问题人多可以帮助解决，摄影组的3个人均为登山能手，有丰富的野外经验，加入到我们的行列中只会有利于我们的活动，甚至能帮助我们，他们3人的山地冰川穿裂隙的经验在我们6人之上，等等。看来杰夫的主要思想是不愿与摄影组同行，怕在裂隙区出问题。因为人越多，出问题的可能性就越大。但是，我基本同意让·路易的观点，他们的参加会增加我们的安全系数。

整个上午，维尔忙于整理新的狗橇——"阿蒙森"号。维克多忙于摄影组的狗橇。圭三挖坑，我则收集所有的垃圾，将其倒入挖好的坑内。一直忙到近12时，才动身前进。

　　行进的进度很慢，走在最前边的摄影组摄影师洛宏和录音师伯纳德用绳子连接起来，相距40—45米，一前一后为我们开路。杰夫和我则为第一狗橇，后边为摄影组的橇，维尔和圭三断后。一路上安全越过数十个大裂隙，其中大的有1米多宽。除维尔的狗队中一只狗掉入裂隙被很快拉了出来外，余皆安全。为安全起见，队伍走得极慢。全程均在"蓝冰"带（冰面有一层厚2—5厘米的冰片），冰面起伏不平，裂隙较多。到4时许，维尔的新狗橇翻倒，一侧的雪橇再次折断！至此，在美国伊力训练营地制造的3只狗橇均已损坏！

　　我们沿山谷北侧边缘前进。预计明天再行进两三英里后，便穿越冰川向山谷的南侧边缘前进。明天最后两三英里路程内的裂隙十分发育。

1989年8月26日（第31天）　　　　　星期六

　　晨6：15，维克多报告：−19℃，下雪，已有3寸厚的积雪（新雪），静风，能见度依旧很差。

　　同时维克多给我们帐篷送来他写的穿越队歌歌词，准备明天在维尔·斯蒂格生日时全体队员合唱。

　　今日行进仅4.8英里，里程计读数为307.6英里。继续下雪，下午2时许停。下午4时许，天开始放晴，出现夕阳西下和晚霞。宿营时能见度已扩大到10英里，可看清楚吉布斯冰川、拉姆斯冰川和韦尔毫泽冰川以及这几条冰川交汇处的地区。我们的宿营地位于吉布斯冰川和拉姆斯冰川交汇处的中心位置附近。上午全体总动员，修理维尔的雪橇，10：20修理毕。各自回到自己的帐篷内喝茶，算作午餐，约12时出发，继续前进。

　　下午5时许，拍摄了几张照片（第16卷），主要是吉布斯冰川、拉姆斯冰川、科尔冰川、韦尔毫泽冰川、环形交叉口以及沃纳峰和耶茨山嘴等。但是因能见度不好，韦尔毫泽冰川看不清楚。

　　宿营地的位置，65°34′W，68°34′S。

晚上宿营后与长城站通了话。告诉李果，过几天飞机返回时将带回我的冰雪样品。注意：（1）不可打开瓶盖，以免污染，但须检查瓶盖是否已拧紧；（2）存放到低温库房中，务必保持不融化状态；（3）到约翰离开长城站时，请约翰带到"UAP"号船的冷藏柜内保存。这批样品将送往法国分析。李果告知，钦珂有4封信在长城站，下次飞机可带来。下次通话时，站上开动大机器录下我的讲话内容，送回国内。下次飞机来再带些食品，需要什么东西，不要客气，等等。法国摄影组录制了我与长城站通话的情况。

1989年8月27日（第32天）　　星期日

晨6：20，维克多报告：−25℃，能见度同昨天下午。

今日行进10.4英里，里程计读数为359英里。

今天是维尔·斯蒂格45岁生日。其父母从明尼苏达打电话祝贺。全队于晚上7：15—9：25在维尔的帐篷内开宴会，全过程均有录音，详情略。

今日穿越了默卡托冰糕和环形交叉口，抵达韦尔毫泽冰川的末端，然后宿营。2天来连续下雪，新雪厚度达11—14厘米，个别洼地处的厚度达15—20厘米。雪橇走起来比较费力，狗也很费劲。上午的1个多小时里，杰夫和维克多在前方引路。下午主要是维克多引路，故行进速度不算慢。

在默卡托冰糕的下游，可以清楚地看到莫比尔入口处的横向大裂隙区，亦可以看到韦尔毫泽冰川末端在地图上已标出的裂隙区。可惜已经错过了时机，拍摄时的光线不大好。

全部路程均在几大冰川汇合区。三大冰川及一系列小冰川在此地汇合，形成一个面积很大的"盆地"，这个汇冰盆地叫作默卡托冰糕，然后再向下游流入莫比尔和拉森冰架。这个盆地的高程已比威尔逊山口的

维尔 45 岁生日宴会

高程高，估计介于威尔逊山口和其山峰高程之间。明、后天我们将继续爬高，向前再走40—50英里后，即到海拔2000米左右的帕尔默地。为此，决定从今日起，每天采集1米雪坑的样。因为δO和δD不仅与纬度有关，亦与高程相关。

今天挖雪坑采样，摄影组赶来拍摄时我已完工。因为近几日将连续采样，答应他们明天采样时，事先打招呼，请他们拍摄全过程。

维尔今日晚上与其父母通了电话，庆祝45岁生日。通话后维尔告诉我，他母亲已收到钦珂的信，很高兴！

1989年8月28日 （第33天）　星期一

晨6：20，维克多报告：–21.5℃，1—3米/秒，东风，多云，能见度好。

早上出帐篷后，天气逐渐转好，云层自东南向西北方向移动。10时许，云覆盖仅为20%左右，天放晴。然而温度也下降，当时气温下降到–33℃—–32℃。加之刮南风，感到很冷。下午，太阳照到了韦尔毫泽冰川上，气温略有回升，5时许，气温上升到–15℃。

今日行进仅6.9英里，里程计读数为325.9英里。一方面摄影组要求停下来拍摄，用去了不少时间。另一方面，因雪面极为松软，又是大上坡，雪橇显得十分沉重，几乎所有的橇都是走走停停，虽然让·路易和维克多在前边开路，速度仍很慢。天气又冷，走走停停，站的时间比走的时间长，因此冷得要命，使人感到更加疲劳。

我们仍在韦尔毫泽冰川的末端东侧行进。今天的路程看起来坡度不大，但昨天和今天两天里我们已上升了数百米。维克多傍晚告诉我，今天清早的气压还在710毫米汞柱左右，现在，虽然相隔仅5英里，气压已下降到680毫米汞柱。在未来的2—3天内，我们将继续按此梯度爬高，到下一个补给点时，海拔将为2000米左右，那里距此地还有26英里路程。

考虑到高程效应，昨天和今天已连续采集1米雪坑样品和表层25厘米雪层样品。拟每天采样，持续到下一个补给点为止。

维尔·斯蒂格早上讲，飞机明天将从乔治王岛飞往罗瑟拉站，离韦尔毫泽冰川补给点约80英里，后天或大后天再来接摄影组返回。维尔告诉我，钦珂又有一信已到智利彭塔。我告诉维尔，我需要ASA200的幻灯片10—20个，还有PICO钻、罗盘等。

1989年8月29日（第34天）　　　星期二

晨8：20，维克多报告：−21.5℃，同昨天清早，阴天，能见度差，西风，2—3米/秒。气压689毫米汞柱，昨天傍晚为687毫米汞柱。

和杰夫说到行进速度太慢时，杰夫说，今天我们的橇将重新打头阵，这样速度可能会快一些。昨天清早刚开始行进时雪软，上坡，图利不好好地带路，因此我们的橇作了后队。结果站的时间比走的时间长。其他狗队带头时，似乎走得更慢，尤其是圭三的狗队，几乎三步一停，五步一歇，搞得人和狗都很累。圭三的狗似乎不能一块儿用劲，连起动都很困难。

今日行进10.4英里，里程计读数为236.3英里。我们距下一个补给点尚有16英里。全天阴天，间断小雪，能见度不好，下午略好转，行进6.8英里。由于天气不好，未停下来拍摄，全天基本上缓慢地移动。一路一直缓慢地上坡，但坡度比昨天为缓。气温仍在零下20余摄氏度。刮西南风，感到甚冷。

宿营地继续采样。今日起加测密度，只能使用天平来测密度。以下为小铝盒的参数：

$$V=153.24（厘米）$$

$$W=21克$$

铝盒号：123

在这种野外条件下使用天平和砝码测密度很费劲。我已请杰夫将购2个弹簧秤的要求用电话通报彭塔基地。一旦得到弹簧秤，天平等这一套东西可以送回长城站。

晚7时，法国摄影组又来帐篷拍摄我在雪样瓶上编号以及和杰夫谈论冰川水化学样品采样要求的谈话。我简单地向杰夫介绍了分别送往中国、美国、法国的样品的计划，以及分析内容和目的，如 δO、δD、化学元素分析、气候变化，等等。摄影组拍摄了全过程。

晚餐仍由我来做。将长城站带来的酱牛肉和干炸鱼块混合，再用中国调料烹饪，加入我在美国购的汤料（袋装），做出来味道很好。又做了摄影组送给我的中国汤料，味道也很好。

八月份即将结束，但我们仅行走了350英里左右，还有约3400英里路程要在不到6个月的时间内完成，即以后每个月都要走650—700英里，才能按计划到达和平站。当然，开始的这350英里也是最困难的，主要问题是冰面和气候条件。如果冰面较硬，则每天6—7个小时行走20英里也不困难。但若像近几天这样，每天走10英里都很困难。很快，我们将到达帕尔默地顶部的低积累区，希望冰面条件能转好，也希望好天气多一些，我们的速度就可达到计划的每天约20英里的速度。

1989年8月30日（第35天）　星期三

晨维克多报告：-26℃，能见度好，晴天，西风1米/秒。气压为660毫米汞柱，比在拉森冰架时约低100毫米汞柱。

当谈论到狗时，知道我们的40只狗中，只有2只狗参加并到过北极、格陵兰训练和此次穿越南极的活动。其他狗只是部分参加过格陵兰的穿越活动。还有些狗，包括新近才购得的爱斯基摩狗，是首次参加长途跋涉。2只"功勋"狗都在维尔·斯蒂格的队中（估计是此次考察队中年龄最大的那2只狗）。年龄最小的狗是杰夫队中的1只小白狗帕卜，是新近购来的爱斯基摩狗，年龄还不到1周岁，个头很小，但干活还很卖力。它处处显示出"小孩子"的气质，好玩，好动，对任何事都有新鲜感，好看，好叫喊。我倒很喜欢这只小白狗。

今日行进7.2英里，里程计读数为343.5英里。全天阴天，最低气温-32℃（10时许）。

午餐前我们终于跨过69°S纬度线。大上坡，大下坡，雪面松软，使行进速度很慢很慢。我全天跟随圭三的雪橇，由于维尔将其拖在后边的雪橇（坏的需用飞机送回去）留给圭三，故我们的雪橇走得很慢，上坡时几乎走不动，三步一停，狗也累得够呛。直到下午4：40左右才到达宿营地。杰夫今天一个人在后边压阵。今天他出师不利，清早刚开动，雪橇就翻倒在我昨天挖的采了样的雪坑里。午餐后，又发现将我的大包丢了，该包从雪橇内滑出来，掉到地上，到发现时已走出好远，只好掉转头去捡回来。

韦尔毫泽冰川冰面不平整，可以说为波状起伏，横跨冰川时，冰面上下起伏；自下游向上游冰面亦上下起伏，当然高程是逐渐上升的。从地图上看，这种起伏可能还要持续数十英里地，还要好几天才能走完。另外，几天来冰面上的积雪较厚，今日宿营地点处的老雪（即前几天下的新雪演变来的）厚度达20厘米，是近几天雪层剖面中新、老雪最厚的一个剖面点。

1989年8月31日 （第36天）　　　星期四

晨8：20，维克多报告：-28℃，晴天，能见度良好。气压620毫米汞柱。维克多称这个数值是格陵兰训练时的气压值，当时此气压条件下的高程为2000米左右。

今天行进8英里，里程计读数为351.5英里。下午约3：30，抵达韦尔毫泽冰川顶部的补给点，但因刮风，能见度不好，只好原地宿营。计划明天休息1天，同时寻找补给品。宿营地高程为2200米。白天最低温度为-32℃。

上午出发时天气似见好转，一度出现阳光，还向下游拍摄了韦尔毫泽冰川。但12时许开始起风能见度减低，风向东南。上午行进3.5英里。下午风速减弱继续前进4.5英里，但能见度仍不好。雪面在午餐前发生变化，一改几天来表层很厚的松软新雪而成为较坚硬的风板，故雪橇行走顺利。风板厚3—5厘米，直到宿营地为止，雪面均如此。看来，我们进入一个常刮风的地区。这里是一个风口，即韦尔毫泽冰川顶部的一个风口。

计划明天休息，又因来飞机，我们都打算写些信让飞机带走发出去。

每天除了食品外，我们均服用维生素药片2片。该药名为谢克力维他命，是一种复合维生素，草绿色糖衣片。每天我和杰夫都按时服用。该维生素内容为（每2片内含）：

维生素A，5000国际单位；维生素D，400国际单位；维生素E，30国际单位；维生素C，90国际单位；叶酸，0.4毫克；维生素B1，2.1毫克；维生素B2，2.4毫克；烟碱酸，20毫克；维生素B6，2毫克；维生素B12，9毫克；维生素H，0.3毫克；本多生酸，10毫克；钙，600毫克；磷，450毫克；碘，150毫克；铁，18毫克；镁，200毫克；铜，2毫克；锌，15毫克。

我们从海豹岩7月28日出发到今天为止共计35天，行程351.5英里，平均每天10英里左右，速度很慢。自三片山到此地共90英里，用了10天，平均每天仅9英里。但是，高程却自海平面上升到2200米。从8月25日到今天，上升2000米，平均每天爬高300米。现在，我们已经站在了南极半岛的高原面上。

1989年9月1日（第37天）　　　　　　**星期五**

将欲在南极点时寄给外国有关人士的明信片26张写好姓名地址，

将来到90°00′S时立即盖章寄出，以节省时间。但届时要写几句话在上面。这些明信片将分别寄往美国、澳大利亚、日本等国。

另外，给钦珂写了一封信，内中附给爸爸、妈妈的一封信及一张明信片，给办公室凯茜·迪莫尔明信片，给中国科学报总编室副主任李存富同志信等，这些信拟托明日飞机的飞行员带给戴维，并带10美金作邮资，请寄出。给长城站的信和南极办的电报则直接带往长城站。

今日全天暴风雪，直到下午5时许才基本停了下来。早上气温-27℃。下午6时风速已减小到4—5米/秒。今全天休息，全天待在帐篷内。

与飞行员通话后知，他们已于昨天抵达英国的罗瑟拉站，距此地约80英里，根据卫星云图判断明天这里是晴天，届时飞机将来送补给，并接摄影组返回。杰夫讲，明天飞机还要飞往下一个补给点莱恩丘陵，检查去年年底安放的物资是否还在，并将燃料用油送去（去年这个地点未放白汽油），还要将部分物资向前方推进50英里左右。明天还要在此地继续寻找补给点，还要整理飞机运回的东西。总之，如果明天晴天的话将异常忙碌。

考察队的食品种类比较多，全部是美国制造。美国人喜爱户外活动，如野营野炊等，野外食品工业也应运而生。在许多商店，包括出售登山用品的商店里，也出售野外食品。这与中国国内除有大量方便面出售外，很难看到野外食品的情况大不相同。例如，我们早餐时常常吃一种由芝麻、葡萄干、核桃仁、花生仁、桃仁、大麦粒、水果干等组成的混合食品，每天早餐吃一小碗（约150克），再喝2杯牛奶、咖啡，直到午餐才吃东西，可见是"高能"食品了。又如，一种食品我称为点心，净重仅3.75盎司（106.4克），但其热量为400卡，而且是快速能量，即吃下后易吸收，并很快释放能量。这是一种甜食，都是小块包装。其成分如下：

蛋白质，16克；碳水化合物，56克；脂肪，12克；盐，80毫克，钾，65毫克。此外，还含有维生素A、C、E以及钙、铁等矿物质。系加利福尼亚伯克利国际贸易股份有限公司生产的。另外，袋装的汤料品种也不少，如蘑菇、鸡、牛奶、土豆汤料等。还有海味的，每袋热量为120—150卡，味道当然全是西式的。午餐时，我一般用自带的小热水瓶冲两袋汤料，再吃一小块点心，即可支持到晚餐。

长城站为我们还准备了北京第四制药厂生产的蜂王浆，看来普遍受到欢迎。去年用飞机运进几箱子送到各个补给点上，刚开始问每个队员时，大家还都说不清是喜欢还是不喜欢。但过了几天后，当抵达教堂山补给点时，每样食品都有节余，唯蜂王浆分发给每个人后都带走了，没有剩余。看来大家都很喜欢。我和杰夫坚持早晚服用，每次1—2支。

1989年9月2日（第38天）　　星期六

晨6：20，维克多报告：−28℃，静风，晴天。气压为601毫米汞柱。

夜7：00外出，完成了此地点的雪层剖面工作。包括1米雪坑雪层剖面观测、密度测量、采雪样等，晚8时许结束。当时外边天空薄云，微风，雾，能见度不好。让·路易在晚7：30与飞机通话后，决定9：00再通话，看飞机明天能否降落此地。我们都在等待晴天，或能见度好，以便尽快找到补给点。

1989年9月3日（第39天）　　星期日

晨6：15维克多报告：−20℃，多云，能见度差，东北风。

拟将部分东西用此次飞机送回乔治王岛，由约翰·斯坦德森保存。其中包括我带的相机。机身是借考察队的，号码7100453（FM-2），镜头系冰川所的，号码JCIL67，系尼康AF，尼康105毫米，1：35—45镜头。相机托法国摄影师洛宏直接交给约翰，并请将此相机带往和平站。

原拟将使用的维克多的相机也带回，但考虑到系借维克多的，又因冰川所的镜头未上低温润滑油，不能使用，故仍用维克多的，将我的带回。

又托摄影师将给长城站和钦珂等的信带往长城站和彭塔寄出。

约下午2时，飞机抵达此地。飞机在中午12时到此地时，天气变坏，能见度很差，只能听到飞机的声音，但看不到飞机。盘旋几周后，飞机不能降落，相互之间也看不到，飞行员讲，大雾只限于非常局部地区，我们正好在大雾之中。无奈，飞机只好飞往莱恩丘陵，检查了存放的物资后，于下午2时飞返，此地天气好转，遂降落。迅速卸下物资及补给品，飞机又载杰夫去寻找补给点，未能找到。还将我们的不用之物，多余之物资，一律送回到乔治王岛。飞机检查的结果是，莱恩丘陵的补给品存放点没问题。为此，我们只好放弃此地的补给点，明天将以"高速度"前往莱恩丘陵。

下午4时，完成了第一个钻孔（9.3米）。我自己先打到5米，然后请圭三和维尔帮助，最后终于完成。完成了下列工作雪层剖面观测（几乎全为细粒雪，未见到任何冰片层，只看到少量的薄冰壳）。

密度测量：每米一个样，见记录。

9.3米处冰温测量：晚9：20观测值为 $-17.3℃$（温度探头于晚6时放入，封孔口）

夜7：00—8：30，在我们帐篷开宴会，庆祝飞机降落成功。见录音带（3）A面。

9月2日下午3时许，能见度略为好转，能看到附近的山脉及我们走过的韦尔毫泽冰川峡谷的顶部。让·路易和维克多滑雪前往西方的小山观察，杰夫和圭三驾狗橇，并带少量野外应急装备、食品、燃料等，到东方小山去观察。均于下午5—6时返回，未获得任何结果。几天来，杰夫心情很不安，可以说是觉也睡不好，今天早上3点就醒了。因为补给点物资是他放的，现在屡出问题，他很不安。今天晚上的宴会中，他还讲了几句抱歉的话。大家都理解他，认为他已做了大量工作，找不到补给点不能怨他，希望他不要过于苛求自己。

飞机送来了新装备，我们都换了新的睡袋，换了衣服。因此，今晚的宴会上，每个人都焕然一新。另外，考察队还收到不少集邮者的来信，要求盖章、签名、邮寄信封等。让·路易让我负责处理。杰夫则建议扔掉，因为我们不可能带一大包废物穿越南极大陆。

1989年9月4日 （第40天）　　　　星期一

晨6：20，维克多报告：−23℃，西北风2米/秒，多云。气压592毫米汞柱。

今日里程计读数为376.7英里，启程时为358.2英里。今日全天行程18.5英里。上午因为雪面松软，仅行进6.8英里，下午为11.7英里。今天到下午5时才宿营，比以前延长了1小时。里程计8月31日读数为351.5英里，9月2日，杰夫外出寻找补给点，行驶了6.7英里，故今天从358.2英里开始。今日基本晴天，中午气温为−25℃。基本上为静风。下午雪面转为风板，前进速度得以提高。

今天是第一天行进在帕尔默地上。冰面地形以冰坡、冰盆为主，有许多山峰出露，为冰原岛山。显然，冰坡的形成及其坡向，与冰原岛山有密切的关系，凡山峰附近，均为冰坡，自山峰向下延伸。从地图及航片上看，直到下一个补给点莱恩丘陵，这种冰原岛山和起伏的冰面地形基本上不变。

自南极半岛的北端到南极点可分下列几个地段（自北向南）：南极半岛北段，帕尔默地，埃尔斯沃思山脉，极点周围地区的南极高原。我们刚走完第一段，并开始了第二段。天气比我们预料的要暖一些。听说11月份70°S以南地区风很大，而且风是迎面吹来。去年11月份东方站站区的风也很大，因此，维克多主张宜早不宜迟，我们宁可冷一些，受一些冻，也要早日抵达东方站，通过这个世界"寒极"。从今日起，我们将把速度提高到20英里/日左右。

按照计划，9月4日应抵达韦尔毫泽冰川顶部的补给点。目前我们仅比计划早了一天。

昨天夜里宴会上，维克多读了一封苏联女子滑雪穿越南极考察队队长的电报。电报说女子队决定推迟到明年进行，希望我们各队员的国家都能参加一人，祝我们考察队成功胜利，云云。另外，让·路易说，约翰·斯坦德森定于9月15日离开长城站到智利彭塔。

1989年9月5日 （第41天）　　　星期二

晨6：10，维克多报告：-24.5℃，4—5米/秒东北风；晴天，气压670毫米汞柱。

全天晴天，微风，上午东北风，下午转西南风。午餐时气温为-29℃，下午6时宿营时为-32℃。

今日行进19.5英里，上午9.8英里，下午9.7英里，里程计读数为396.2英里。前15英里几乎均为松软雪面，以后转硬，但表面起伏不平不易滑雪。到宿营地时，雪面又开始变松软。从雪层剖面看，表层新雪厚度为21厘米，而风板厚度为2厘米。

清晨出发时和午餐时拍摄行进路线两侧的冰原岛山（第19卷）。今天行进路线上地形仍为"上上下下"，翻越了若干个冰坡，这些冰坡果然与冰原岛山的存在相关。凡接近山峰的地区，冰面高程也增高，越远则越低。这种地形也是帕尔默地在70°S—73°S区间的典型地形。在我们今日行进路线的东侧，有3座山脉，自北向南为费思山、霍普山和查理泰山，拍了幻灯片。其中查理泰山脉的高程为2369米。3座山脉自北向南延伸至少达30英里。

晚上通话时，请维克多询问约翰·斯坦德森，我送回长城站的雪样情况，回答说雪样已安全存放到长城站的冷库内。

昨天行进18.5英里，今天全天感到疲乏，但又行进19.5英里，下午感到十分疲乏。尽管如此，挖雪坑、采雪样、观测剖面、做记录、拍摄自然景观和雪层剖面……这一套冰川学观测和采样工作不可停顿。

1989年9月6日（第42天）　星期三

晨6：35，维克多报告：-28℃，10米/秒，东北风，能见度差，降雪。待到8：30出帐篷时，再决定今日能否成行。昨天整夜刮东北风，风速估计为10米/秒，不算大，但帐篷整夜哗哗作响。

约11时许，维克多来访，闲聊。他的妻子娜塔莎每个星期给别林斯高晋站发一个电报，再转给维克多，昨天晚上维克多到让·路易的帐篷去，便是收听别林斯高晋站转给他的娜塔莎发来的电报。

维克多讲，他和妻子、儿子很幸运，住在列宁格勒郊区的一座小房子内，这座房子是娜塔莎的祖父在1947年盖的。婚前，维克多与父母妹妹同住在一座小套公寓里，婚后与娜塔莎同住在自己的房子里。那里离上班的地点很近，只需乘15分钟市郊列车。儿子上学则乘公共汽车，约10分钟的路程，可有时等车要半个小时。列宁格勒多数人都住公寓，其中过半的人在郊区又有自己的小别墅，但都很远，要100公里左右。

约12时，风停了，似有阳光。外出，见蓝天薄云。随即决定收拾东西走路，不料，刚收拾停当，又起了风，只好又将东西搬回帐篷。明天若仍为此种天气，决定将继续前进。

整个下午看字典、刮胡子等。风仍在刮，吹雪很严重。

1989年9月7日（第43天）　星期四

晨6：20，维克多报告：-25℃，12米/秒，东南风，能见度差，吹雪。

全天原地休息。暴风雪持续整整一天，温度并不很低，但是因刮东南风，伴吹雪，能见度很差，我们仅能隐约看到让·路易和圭三的帐篷。下午4时，我外出喂狗、挖雪块，并清理帐篷周围过高的积雪，一切顺利，但看不到维尔和维克多的帐篷。外边吹雪很严重，帐篷周围积起了半米高的吹雪。外出时戴了风镜，但不到10分钟，吹雪便进入风镜夹层，使能见度变得更差，不得不用手指头去清理，却又很冷。暴风雪中戴风镜也不可能持续很长的时间。

上午11时许，圭三来访，在我们帐篷里喝茶，吃了午餐才离开。杰夫今日主炊，午餐是虾米炒饭。是杰夫私人带的袋装汤料和队上的大米，两者结合做成。味道还不错，是广东风味加法国风味，因为是法国生产的。3个人吃得很香。

聊天中谈到，7月24日我们乘坐伊尔-76飞机在马尔什机场降落时非常危险，大家都差一点儿完蛋。智利站录下了我们着陆时的全部过程。飞机猛然着陆，溅起一片飞雪。站上的人员看后都在说，如果美国造的"大力神"飞机着陆时如此这般，早就身首分离、四分五裂了。前几天大伙谈到此事时，维克多补充说，当时飞机一着陆，机舱门便自动打开了，说明情况紧急。让·路易说，当时，法国摄影师在飞机前端驾驶舱下方的玻璃窗拍电影，也很成功。镜头中景物越来越近，突然一声巨响，飞机着陆，镜头便结束，很是惊险！

下午继续休息，杰夫开始绣花。他用的是一块白布，图案是一只凤凰和花丛，是从某一广告上取下来的。他专心一意地干了一下午，我则小休息后，外出喂狗。

暴风雪天气中大便是一个大问题。在帐篷内，每人都有一个1升的塑料瓶做小便器，解完小便后，倒在两层帐篷的夹壁处。但大便需外出，要挖一个坑，解完后再用雪盖上。暴风雪时便成问题。刚脱下裤子，便钻进雪，冷得要死。有一种办法是在帐篷内将自己的铺盖卷起来，拉开底层帐篷布，用铁锹挖一个坑，解完大便后，随即用雪把坑填平，再把帐篷底层布盖好，还原自己的铺盖。

由于天冷，味道不大。今日上午8时许，杰夫外出找维尔，说这种天气和风向不易行动，以及食品、狗食等问题。我则按上述方法解了大便。半个小时后，杰夫返回，一切均已恢复正常。中午圭三来访时谈到让·路易在此种天气里将大便便在塑料袋中，再掩埋掉。问题是有时很难保证塑料袋袋口在解大便时是开口的，如果口合上了，则搞得狼狈不堪。圭三建议最好用一块塑料布解大便。

1989年9月8日（第44天）　　星期五

晨6：10，维克多报告：-37℃，静风晴天，雪面更硬。

暴风雪持续到早上4时许止。狗群整夜不安宁，杰夫则于半夜1时、2时和4时三次起来到外边去照料狗，几乎一夜未睡。他4点一刻起床，开始准备早餐。

今日行进23英里，上午行进10英里，下午13英里，里程计读数为419.2英里。晨8：50出发，12：30午餐，下午1：00—6：00继续行进，然后宿营。全天除开始的1英里外，以后的雪面都较硬，故今天较顺利。全天晴天，也是自出发以来无一丝云的一天。午餐时气温-33℃，6时宿营时为-37.5℃。宿营地点处的位置为64°55′W，70°00′S。

9月5日和今天两天走了约40英里路程，我们通过了费思山、霍普山和查理泰山3座山。9月5日的宿营地在费思山和霍普山的交界处。今天宿营地则刚刚通过查理泰山。清早和中午拍摄幻灯片一卷（第20卷），中午和下午大行进中拍摄黑白照片一卷（BW 04）。今天虽然上下坡达8—10个，但坡度比前两天大为减小。前两天行程中坡度大，相对高程达200—300米；今天的相对高程则在100米左右。下午在通过查理泰山后，有3—4英里平坦的路程。

狗不大听指挥，尤其是图利，竟然在杰夫叫它坐下时，拒不服从命令，杰夫用雪杖打了它，看上去好似很委屈。下午圭三的狗队打了5英里路的先锋，很慢，且很费力。我们的狗队只好又返回"前线"。我感到图利最近不愿意打先锋，总是回头看。下午5时许，杰夫将小白狗帕卜放在后边干重活，偷懒的毛病略有好转。关于狗队的排列，因已安全通过裂隙区，杰夫正在考虑怎样排列才能最好地发挥狗的力量。

1989年9月9日（第45天）　　星期六

晨6：10，维克多报告：−28℃，多云，10米/秒，西南风。

今日行进27.6英里，上午行进14英里，下午行进13.6英里，里程计读数为446.8英里。上午约9时出发，风向转为西北风，直到下午5：25结束。下午风速加大，估计可达25米/秒，能见度在水平方向上不好，可以看到蓝天，说明刮风仅仅在近地面处。午餐时的气温为−25℃。雪面很硬，有利于雪橇行进。雪面较硬的主要原因是此地为低积累区。雪面不仅较硬，而且平坦，无较大的雪垅。杰夫指出，下一个补给地莱恩丘陵地处低积累区。今天宿营地距莱恩丘陵约25英里左右。

低温、刮风时极易冻伤脸部。今天杰夫和我的脸、鼻子部位均被冻伤。

今日杰夫的狗队打先锋，图利似"左倾"，总是偏向左方，杰夫几乎全天都在喊"Jee，Jee"（向右），使狗队保持正确的前进方向。因刮西北风，狗走得较快。这是今天创从开始穿越以来行进速度新纪录的主要原因。

1989年9月10日（第46天）　　星期日

暴风持续了整整一夜，风力比昨天白天大得多，估计速度增加了一倍左右。帐篷内则被风声搞得喧啸不止。帐篷夹层内，不知是哪一根线在振动还是支帐篷的木棍在振动，发出像一只蜜蜂般的"嗡嗡"声，不绝于耳。风向仍为西北风，仍限于近地面，可看到当头的蓝天，但水平方向能见度极差。这种近地面的风与我在东南极洲凯西站野外见到的情况十分相似，是下降风。气温不很低，在-20℃左右。

自9月1日到10日，我们在69°S—71°S之间已遭遇到3次暴风雪袭击。其中9月1日、6日、7日和10日4天，均因刮风不能成行，在原地停留待命，等风停后再前进。如此多的坏天气与1984年我在凯西站越冬时的气候十分相似。但我们考察队的行进计划中却未给暴风雪天气留余地。为此，我们只能在好天气时增加行程，以保证按日程表或基本按日程表前进。这显然是一个失误。例如，自韦毫泽冰川顶部到莱恩丘陵，全程115英里，按计划需7天，平均每天约16英里。因暴风雪，目前已行进4天，每天分别为18.5英里、19.5英里、23英里和27.6英里。如果明天天气好，要走24英里才能到达目的地。就这样也超过计划1天，用了8天时间。记得当年我参加澳大利亚凯西站冰川大考察，计划中就列有暴风雪延误的时间。认为考察队应当将暴风雪延误一项列入计划。

由于刮大风，一直睡到上午8：30才起床，反正今天不行进，又适逢杰夫"值班"做饭。约8：15，杰夫外出15分钟返回，称可见蓝天，水平能见度很差，云云。他似乎对我睡的时间长不理解，问我睡11个半小时是一种享受吗？看来每个人都有一种生活观点。他宁可不睡觉，用绣花来打发时间。我则认为饮食与休息是此次4000英里长途跋涉成功的基本保证。因此未予理会，按自己的哲学办理！

考察队使用汽油炉子做饭和取暖。每天每只帐篷预算的汽油为1升。这是一种标号较高的汽油，美国人称之为白汽油。每次补给时，我们都尽可能地多带一些汽油。例如，我和杰夫雪橇上的一只大塑料桶，至少可装20升汽油。再加上将小铁瓶（5只）及炉子装满，可带25升。如注意节省，可维持20—25天。汽油炉子有两种。一种是轻便型的，直接把小铁瓶与炉子连接，打气后点燃即可使用，称之为MSR火炉（登山轻便安全火炉）。它的优点是轻便、体积小、便于携带，缺点是不结实，稍不慎便坏。又因喷孔极小（小如针尖），故燃料内有一点儿脏东西，小孔便被堵住，炉子便停止工作，且修复困难。8月24日以前，我和杰夫一直使用此种炉子。另一种炉子称之为科尔曼火炉，体积较大，耐碰撞，有2个炉头可同时工作。8月24日以后，我们开始使用这种炉子。此炉子的缺点是较之MSR略为费油，但帐篷内温度相对较高。一般做饭时，我们帐篷内的温度可达10℃—15℃，非常暖和，顶部烘干衣服的区域可达30℃！每天宿营后，我们把手套、袜子、头巾和鞋烘干。早上起床后，睡袋也用小绳吊起来烘干，晚上便有一个干的睡袋休息。可见炉子是我们野外生活中非常重要的器具。我们的帐篷控制每天用一瓶汽油，暴风雪天气时用2瓶汽油。此外，照明取暖用的煤油灯也是科尔曼灯，每天半瓶煤油。点燃时要用酒精。我们的酒精估计还可维持3周。到本月底考察队将进入永昼区，煤油灯可能不再使用。如果天气仍很冷，只好用汽油炉子取暖。

最近维克多增加了臭氧空洞观测的次数。自9月中旬到10月中旬维克多的观测次数将增加。每天午餐时，他用半小时观测臭氧，时间非常紧张。预计10月中旬以后，仍恢复到每天早晚各一次的常规观测。

另外，让·路易"似乎"也做人体生理、心理的观测。他讲，其结果将给英国南极局的医学专家分析，他仅负责采样而已。主要有2项：一是每周每人1次的24小时尿液的采样，每次每人将24小时尿液保存于塑料瓶内，交给让·路易，他用小试管采集24小时的混合尿液标本1个，送回分析；二是在采集尿液的同时，被采样者必须回答下列问题：

南极问题（用数字1—9来回答，1表示完全不同意，9表示完全同意）

你感到累吗？

你将继续进行穿越南极的活动吗？

现在你是否赞同队长的意见？

当你一个人的时候你高兴吗？

有多少队员表现很好？

你对考察队的精神满意不满意？

队长的表现好不好？

你常想念家人吗？

你很想念你的家人吗？

你想念女朋友吗？

你是否从考察队的活动得到了反面经验？

你感到忧虑吗？

你感到担心吗？

你感到自己正面临挑战吗？

你感到沮丧吗？

你感到身体适应不适应？

在过去的24小时里你生过气没有？

你是否感觉良好？

你睡觉好不好？

任何决定你是否参加意见？

队长听不听你的意见？

其他队员是否听你的意见？

在过去的24小时里，你是否与其他队员作过私人谈话？

以上共计23个问题，分5组。每次回答时不写自己的姓名，仅标明自己的号码。我的号码为3。里面有些问题很难回答，每个人的理解也不一样。对此类问题，我一律以4回答。我和圭三曾聊起过此事，他说凡不大懂的他一律以5来回答。杰夫则对有些问题不予回答，如凡涉及考察队其他队员的问题，他一律拒绝回答。言谈中杰夫还担心，自己回答问题后，研究人员是否会将真人真事公布出去。

下午4时许，杰夫和我一同外出，准备喂狗，检查帐篷，然后一块儿去10米外圭三的帐篷小坐。不料外出后，方知风力比清早大得多，能见度极差，几乎看不到4米外的雪橇，更看不到让·路易和圭三的帐篷。我们俩先检查了一遍帐篷，未见任何异常，但感到帐篷受力极大。

还想看看狗，但因风大、吹雪，根本无法细看，便顺着让·路易的天线摸到了他们的帐篷。两人正在蒙头大睡。让·路易说他今早感到有些不适，头痛。圭三讲他下午到外边检查了一遍狗。坐了大约1个半小时，喝了咖啡、茶，闲聊，看了法文杂志，内有我们考察队抵达乔治王岛的照片和6人在长城站的奠基石前的合影。因系法文，详细不太清楚，但可以看出旨在宣传法国人让·路易。让·路易还说9月23日晚上法国电视台将播出我考察队，约1个小时。但9月23日是星期六，是法国电视收看率最低的一天，除非那天的天气极差，人们只能待在家中。从让·路易帐篷返回时风仍很大，我和杰夫如同去时一样，手拉手地返回自己帐篷。此次暴风雪是一个多月来最强的一次，为我们的帐篷能否经受住此次考验而担心。我用录音机录下了帐篷内暴风雪时的噪声，包括像蜜蜂一样的"嗡嗡"声。

1989年9月11日（第47天）　　　星期一

晨6时许，风速减小，随即起床，早餐。杰夫于6时外出，喂狗。因为狗食仅够维持3天（若按每天1块、2磅计），故昨天未喂，今早上只给半块。晚上再喂狗时，所有的狗均安然无恙。真是奇迹，它们经受住了如此强烈的暴风雪的袭击！狗都趴在一个固定位置，全身被雪埋住，形成了一个窝。他们靠此保温并抵抗暴风雪。如果喂狗或使狗站立起来，则已形成的雪窝便被破坏，狗更加受罪。所以昨天晚上杰夫说，再不要喂狗了。

杰夫在帐篷外还发现了那只"嗡嗡"作响两天的"蜜蜂"，原来是绳子头振动发出的声音。杰夫用雪板固定了绳子，"嗡嗡"声终于消失。

昨天下午到今晨的暴风速度非常大，使人担心，既担心狗的安全，也担心我们的帐篷能否抗住如此强烈的大风。幸运的是都安然无恙，真是谢天谢地。今天白天仍刮风，但风速已减小，中午时可以看到蓝天及太阳光，但吹雪仍很严重，水平方向的能见度仍很差。昨天的暴风雪风速未具体测量，但据经验，估计最大风速可达45—55米/秒。昨天到今天的大风天气里，气温并不低。今天下午让·路易测到的温度为−12℃左右。

上午约10时维尔·斯蒂格来访，一直坐到下午2时，起身到让·路易的帐篷去访问。他主要与杰夫聊天。今天早上起来，我感到全身发冷、无力，似感冒一般，吃了2片阿司匹林，昏昏欲睡，未参与他们的聊天。下午维克多和圭三来访，我仍感头痛、发冷，吃了3片阿司匹林后，感觉好多了。将存在塑料瓶中剩下的"莲花白酒"和"冰川玉液"拿出来招待3位来访者，大家都很高兴。

维克多的母亲今年66岁，为我们考察队准备了16公斤干面包块，杰夫非常喜欢吃。这些黑的酸面包小块是烘干了的，用伊尔-76飞机带到乔治王岛后，此次在韦尔毫泽冰川顶部补给时带来的。很硬，我因假牙无法适应，但慢慢吃来味道还不错。今天午餐时，杰夫、维尔以及后来的维克多、圭三等都大吃黑面包块并黄油和花生酱，津津有味。后来又喝了酒，大家都很高兴！维克多父亲1976年病逝，他当时在南极。

杰夫早上外出时，看到了东边的山脉、山峰以及前方的丹尼尔斯峰。丹尼尔斯峰似乎距我们很近很近。我们距莱恩丘陵20—24英里。希望明天风停止，我们便可顺利抵达莱恩丘陵，并找到物资补给地。

这一场西北风的温度较高，说明气流来自海洋，估计来自别林斯高晋海，穿过我们目前所在的戴尔高原的高原面，再经东部的几条大冰川，向威德尔海方向刮去。根据我在凯西站野外的经验，暴风雪一般持续几天后，气温升高，然后停止。此次暴风已持续3天3夜，想来也该结束了。

1989年9月12日（第48天）　　　　**星期二**

晨6：20，维克多报告：−14℃，多云，静风，小雪，能见度不好。

昨夜约2点风停。杰夫在晚上11时、3时两次外出，未休息好。

晨9：45才出发。我7时出帐篷，趁出发前挖1米雪坑，做了雪层剖面和采样，包括1米雪坑的样4个，以及雪冰化学样一个，测了密度。今天里程计读数为459.3英里，行进仅12.5英里。

直到出发前，能见度时好时坏。好时可看到东北方我们9月10日下午隐约可见到的平瑟山脉，差时则看不到。用幻灯片拍了好几张平瑟山脉的照片。快中午时，又拍摄了东部的一系列山脉（第21卷），米克斯丘陵和雷诺兹·贝尼特丘陵等。10：30时可以清楚地看到丹尼尔斯峰在我们的南方。自昨天宿营地到丹尼尔斯峰共8.5英里。上午行进11.9英里后午餐。雪面很硬，雪橇很轻，故行进速度很快。尤其上午刚开始时，几乎不能自己滑雪，全靠狗橇拖着飞速前进。我在雪橇前方右手扶着雪橇，速度太快，不能直立，只能倾向雪橇，结果右脚的滑雪板被雪橇压住后从脚上脱落。很幸运，未压到脚上，否则骨头会断的。

午餐时开始起风，风越刮越大。下午刚走没多远，风速急剧加大，能见度极差，看不到我们后边的让·路易和维尔的雪橇。而在几分钟前，我还看到他们在后边不远处。我和杰夫即刻停止前进。由于风大，很难站立，遂决定安营。首先把狗按宿营的方法各就各位，然后支起了帐篷。我在帐篷内收拾东西，杰夫则在外边收拾。3时半许，用两根绳连起来，再将自己的身体与雪橇连起来寻找维尔和让·路易。终于发现了维尔和让·路易的帐篷，他们刚支起小帐篷避暴风雪。约4：30，风停，维尔想继续前进。但由于我们已安营，再次动身至少要1个小时，而6时天黑，故只好宿营。6时许外出，天晴，可看到南方约10英里外的莱恩丘陵，亦可看到北方的丹尼尔斯峰以及东边的诸山峰，映着晚霞，绚丽多彩。看来只好明天到达补给点。

晚7时到让·路易帐篷欲与长城站通话，不料约翰·斯坦德森不在长城站，未开机，未通成话，只能等明天了。

我和杰夫9月10日"访问"圭三的帐篷时让·路易头痛。结果我昨天全天头痛、发烧，吃了8片阿司匹林，又睡了一觉，今晨略好，不发烧了。但是，今天下午宿营后，杰夫又开始头痛，症状同我。我到让·路易处打电话时，顺便谈及此事，要了两包阿司匹林，我与杰夫每人一包服用。

我们的狗全天只给了半块料，约1磅。希望明天中午能顺利抵达补给地点，否则狗的饲料成问题。我和杰夫的咖啡只够冲2—3杯的了。我已停止喝咖啡，因为杰夫无咖啡活不成，故只能照顾必需者。我可以喝茶、巧克力冲剂等。

1989年9月13日（第49天）　　　星期三

昨天夜里临近12点时，暴风雪再次来临，风声大作，帐篷响了一夜，印象风速不小于9月9—11日的风速。今晨未见维克多来报告天气，看来他的气象观测箱内又积满吹雪，无法观测。这是自9月1日以来在帕尔默地的戴尔高原遇到的第4次暴风雪。目前，我们距下一个补给点莱恩丘陵仅12—15英里，虽然很近，但须晴天能见度好，才能看到并抵达补给点。我们吃的东西还足以维持一周，问题是狗的食物仅够维持2—3天。我和杰夫帐篷内的咖啡已喝完，从昨天起我再未喝，以便留给杰夫，我喝中国花茶。另外，较软的饼干也吃完了，只剩一种热量很低的麸子饼干和十分坚硬的苏联饼干。我和杰夫则各取所需，我因牙齿问题，只能吃一些较软的东西。奶粉也快完了，这些奶粉还是从教堂山的补给处补给的，维持了近1个月还算不错。总之，希望尽快前进，尽早到达高纬高原地区，那里的天气较稳定，少暴风雪。这里频繁暴风雪天气，说明我们仍靠近海岸地区，处于下降风带。据这里的风暴频数，此地相当于东南极洲近海岸带200—300公里频繁刮风的地区。记得1984年7—10月份，凯西站暴风雪频繁，一个未完，新的又到了，一场暴风雪刮一个星期，严重影响我的野外计划。昨天中午午餐时，暴风雪刚开始，维尔还开玩笑说："又一个暴风雪开始了。"这不是玩笑，而事实证明，一场新的暴风雪又开始了！

　　昨天近中午时，我和杰夫看到东边在平瑟山脉和丹尼尔斯峰之间，有一个小小的冰原岛山。杰夫说，1978年他第一次在南极大陆上过夜就是那里。当时他无论如何也想不到，10年后又重返此地，因此心情十分激动。10年前杰夫乘飞机到此地做野外工作，当冰川学家们采空气样时，他便有闲时间自己干一些事情。另外，他们返回时又等了10天飞机。闲来无事，杰夫便用铁锹挖雪块，盖成比帐篷还大一些的雪房子。这种雪房子很暖和，点一支蜡烛，都能感觉到温暖。

　　谈到昨天下午暴风雪起来后我们俩与后边两雪橇失去联系时，杰夫回忆去年在格陵兰训练时的情况。在穿越格陵兰训练快结束时，他们碰到了最大的一次暴风雪。当时，杰夫、圭三、维克多和伯纳德（法国摄影师）4人驾驭2部雪橇在前边，与维尔和让·路易的橇相距约一个小时的路程。暴风雪起来后，杰夫等4人停下来安营，杰夫与伯纳德用绳子连好，返回找维尔与让·路易。当伯纳德看到他们俩时，让·路易正趴在雪地上，寻找前边两队狗橇的痕迹——雪橇压的印子、狗爪子印、狗爪上的血……情景甚是有趣！因此，昨天下午，当维尔看到杰夫返回找他们，且知我们相距不远时，很高兴，且放心了！

　　今晨维克多虽未报告天气情况，但我们帐篷内的温度为-15℃。估计外边至少比帐篷内低10℃。气温比昨天低得多。

　　上午10时许，杰夫外出约15分钟检查狗，并挖了些食用的雪块。狗均安然。气温为-30℃，风向已转为南风，这是低温的主要原因。此次风暴不同于上一次。外边勉强可看到另外两顶帐篷，吹雪比昨天小，下午时很冷，可勉强看到太阳。帐篷内虽然有煤油灯和炉子（小火），仍感到冷，杰夫用毛巾将通气孔堵了起来，以保温，但也容易引起缺氧、头痛……

　　中午风仍很大，但有阳光。约3：30，杰夫外出，从帐篷口处可看到蓝天，杰夫在外边可以看到莱恩丘陵。风很大，但吹雪已很少，故能见度较好。刮南风，很冷。下午4：00，维克多来访，并送来一瓶咖啡，但杰夫仅收了一半左右。

将6小罐沙丁鱼罐头及一听大马哈鱼罐头给了狗吃。我们只剩了4块狗食，共8磅。维克多说他还有12块。我们的狗每天只给半块狗食，已连续几天了。

1989年9月14日（第50天）　　星期四

晨6：20，维克多报告：－26.5℃，西北风，阴云，雾。

仍按时出发南行。约8时出帐篷，此时风渐大，能见度并未因雾被刮走而增加，吹雪导致能见度降低。杰夫和我仍在前边打头阵，这种天气中必须注意后边的狗橇是否跟了上来，如看不到后边的雪橇，我们则停下来等待，以确保安全。

出发前让·路易说，他于清晨3时与彭塔基地通了话，我们所在的地区天气仍然不好。如果等待的话，可能10天、20天都是坏天气。此地区此季节，戴尔高原上的暴风雪一场接一场。

出发时的能见度时好时坏。好时可看到十余英里，坏时仅几十米。下午4时，风停，能见度极好。入夜，风再起。

行11.0英里后，我们终于找到了补给点。那里共18箱狗食、4箱食品、1箱蜂王浆以及杂品，还有毛袜子等，九桶（每桶19.8升）汽油、2桶煤油、1桶酒精。我们每辆狗橇分配3桶汽油（60升），可维持到800英里外的埃尔斯沃思补给点。在莱恩丘陵补给处，里程计读数为470.3英里。在补给点装好东西后午餐，然后继续南行。下午6时停止，里程计读数为482.5英里，全天共行进23.2英里。下午路面较平，也较硬，一路顺利。

拍了我们登莱恩丘陵时的幻灯片，并从补给点所在的山峰向北和向东北拍照。在补给点挖东西的情景也拍了照片（第21卷）。

由于补足了狗的食品、燃料和食品（足可以维持20天以上），我们都安了心。自出发以来，包括海豹岩在内，已途经5个补给点，但我们只拿到3个：海豹岩、教堂山和莱恩丘陵。丢失2个：三片山和韦尔毫泽冰川顶部。下一个补给点萨文山离我们约210英里，按计划应走12天，9月23日到达。但今天已是9月14日，我们现比原计划已晚了2.5天。

中午在莱恩丘陵补给点山顶向东北方向拍的山峰为米克斯丘陵和平瑟山脉等。

今晚宿营地在71°S附近。东边为希曼斯基山脉、利斯顿山、海因茨峰、阿克顿山、弗赖依峰等。若继续以此速度前进，2天之后将通过古腾科山脉，并在71°31′左右通过芒福德山（1581米），目前，我们的高程已下降到1400—1500米。

1989年9月15日（第51天）　　　星期五

晨6：20，维克多报告：−19℃，阴天，能见度差，10米/秒，西北风。

今日行进22.7英里，上午10.4英里，余为下午行进里程，里程计读数为505.2英里。

上午阴天，小雪（约11时停）。中午风速加大。下午3时以后，天气转为多云间晴。上午仍由杰夫的雪橇打先锋。下午让·路易在前方开路，后来维尔亦上前，两人并排滑行，维尔的雪橇此时打头阵，我们的雪橇为尾。

午餐时气温为−20℃，晚上宿营时−26℃。

晚上7：30欲与长城站通话，因维克多与苏联别林斯高晋站通话，时间很长，等不住只好作罢。请让·路易通知长城站后天通话。已是第2次去让·路易帐篷通话，均告失败。想与长城站约定，以后每10天通话1次，时间为下午7：30（我们现在采用的时间同长城站时间）。

今天感到甚疲乏。

1989年9月16日（第52天）　　　星期六

晨6：20，维克多报告，−26℃，10米/秒，东北风，晴天，能见度良好。

今日行进22英里，维克多在最前边领路，速度很快。全天大风，估计最大可达60英里/小时。下午5时宿营。因风大，杰夫卸车时一不留心，气床被风刮走，未追回来。

晚上维克多生日宴会（有录音）。宿营地时里程计为527.2英里。

杰夫狗队中的狗索维亚，因毛太长且结冰不脱落，快死了。因此，今天晚上将它请进我们的帐篷"同住"。索维亚是一只爱斯基摩狗，参加过穿越格陵兰冰盖的活动，当时表现很好。但此次南极之行表现不突出。

1989年9月17日（第53天）　　　星期日

晨维克多报告：−26℃，10米/秒，东北风，多云，能见度"100公里"。但8时许外出时，外边实际上仍为暴风雪，能见度很差。维克多和我们开了一个玩笑。

全天为暴风雪，但仍行进22.9英里，宿营地时里程计记录为550.1英里。午餐时为539.9英里。上午行进12.7英里。午餐时采了雪样（代维克多采集的）。

上午风向为东北风，基本上顺风前进。下午4时许，风向转为南风或东南风，暴风雪迎面吹来，甚为寒冷。5时许转为南风，而且夹极大吹雪，能见度极差。停止前进，宿营。安营时风大，由于昨天安营时杰夫不慎将气床丢失，今天我们格外小心，尤其注意我们的睡袋别让大风刮跑了，因为睡袋又轻又是圆形的，很容易被风吹跑。我们非常小心、平安地安好了帐篷。

　　爱斯基摩狗索维亚今天仍不能跟队伍前进，虽然昨天夜里它与我和杰夫同住一顶帐篷，得到很好的休息。但今天上午一外出，由于大风，它的毛内又钻进许多吹雪，很快结成冰块，变成和昨天一个样子。约1个小时后，又因跟不上队而被拖着走，只好将它再次抱到雪橇上"坐车"前进。到今天才走了550英里，还有700英里才能到埃尔斯沃思补给地，它才能乘飞机返回基地。我很担心它能否再坚持700英里！

　　根据与彭塔基地联系所得资料，我们所在的70°S—73°S地区，估计最近一直为低气压坏天气。因此，我们必须尽快、尽早地赶到73°S以南地带。这也是为什么这几天尽管暴风雪，我们仍坚持前进的原因。

　　晚8时与长城站李果站长通话，很成功，很清楚。我通报了自9月1日以来我们一直处于坏天气之中，不能等待，只好顶风前进，目前已抵达71°54′S，65°W左右。估计4天之内将到达73°S较好天气的地带。几乎每人都有冻伤。科考计划进展较顺利。并请他转达对全体越冬队员的问候，并向南极办报告我的情况。约好每逢7号、17号、27号通话，频率不变（8957千赫），时间不变。下次通话为9月27日下午8时。

　　李果通报，"UAP"号船已抵达彭塔。约翰明天返回彭塔。"UAP"号船下个月到乔治王岛，届时将我的雪样等带走。雪样目前存长城站冷库内。在埃尔斯沃思营地和南极点将给我带一些补给品，包括蜂王浆、咸菜、调料、轻包装食品以及啤酒等。已两次带两箱啤酒给我们，但我均未收到。

1989年9月18日（第54天）　　　　星期一

　　晨维克多报告：-24℃，10米/秒，东风，晴天，能见度极好。

　　今日早晨7：00，天晴，补做昨天应完成的雪层剖面以及采样工作。

全天晴，是九月份以来所遇到的极少的全晴天之一。今日行进23.1英里，上午行进12英里，里程计读数为573.2英里。

我们已进入72°S地区。现在回头看前2天经过的地区，可看到虽然晴天，但那里近地面2—5米高的范围内是大风，我们刚刚从那种天气中解脱了出来。经过14—17日4天的暴风雪中艰苦地行进，今天才略松了一口气，总算快进入"好天气"地区了。自9月14日中午到达莱恩丘陵补给点以来，4天半内我们共行进102英里，离下一个补给点萨文山还有120英里左右。眼下我们每个人都担心下一个补给点是否存在。如果丢失，下下一个又要走160英里地，即离雷克斯山补给点还有约160英里。

目前日出为早上6时，日落下午6时。

今天行进中，东边可看到古特里奇山、布兰查德山，以及前天经过的芒福德山。西边则为巴特里斯山以及古德诺夫冰川、霍姆山等。均拍了幻灯片（第22、23卷）。宿营地在巴雷特·巴特里斯峰东侧不远处。宿营地处的雪极软，似为高积累且甚少刮风的地区。

1989年9月19日（第55天）　星期二

晨6时，维克多报告：-30.5℃，2米/秒，东北风，晴天。

今日行进22.1英里，上午10.4英里，里程计读数为595.3英里。

17—19日3天连续做雪层剖面及采样工作，因为目前我们行进的方向几乎为正南方向，每3天可以行进1度左右，若仍隔日采样，则可能在某个1度纬度内仅有一个样，故加密采样点，保证在71°S—72°S，72°S—73°S，73°S—74°S，每1纬度内都有2个采样点。一周后，行进方向偏向西南时，可略加大采样点之间的距离。

今日清早万里无云。约10时，云从西向东蔓延，全天薄云遮日。下午5时许天才放晴。上午东北风，时大时小，刮得左半个脸甚冷。

两颊部再次冻伤。傍晚似很冷。入夜，东北风又加大。午餐时的气温为-24℃。

雪层剖面提示昨天、今天两天似又进入高积累区。表层雪松软，狗橇行进速度很慢，较费力，但比拉森冰架的高积累区内的雪面好一些。

西沃德山脉距我们的宿营地仅2英里。

清早向北遥望，可见到古腾科山脉，拍了2张照片后，告别北方，继续南下。

1989年9月20日（第56天）　　星期三

晨6：05，维克多报告：-26℃，5米/秒，东北风，雾，晴天。

今日行进16.8英里，上午12.3英里，下午4.5英里，里程计读数为612.1英里。宿营地位置66°04′W，72°46′S。清晨刮风，有雾，能见度不好。10时许，可看到昨天宿营地西侧约2英里之处的西沃德山。上午10时许，雾散，天大晴，能见度极好，可看到东边约2英里之外的乔尼尔峰，其中最高、最大的一座山峰形似金字塔，十分壮观。在前方，则为斯科特高地。中午在斯科特高地的山峰下（1—2英里远）午餐。上午出发后不久，雪面变硬，因此上午4个小时行进为12.3英里，且较顺利。约11时，可以看到乔尼尔峰处开始起风，风向东北，朝我们刮了过来。12时，开始感到风速加大，午餐后，风速越来越大，能见度降到10—20米，最后成为暴风雪，人站立不住，就地安营。此时约为下午4时。

在安营时，风速更大，能见度极差。我与杰夫作了极大努力，终于安好帐篷，东西也安然进入帐篷，并收拾好了狗与雪橇物资等。5时许进入帐篷。而外边暴风雪，隆隆声大作！原来我们希望今日能行进25英里，不料被这场暴风雪所干扰。啊……南极洲！

我们现在的位置距下一个补给点萨文山约85英里，如果一切顺利，4天后方可抵达。杰夫讲，如果顺利到达萨文山，将给狗增加到每天每只狗一块半饲料。连续7天行进，加上暴风雪、低温，昨天狗很饿，每只狗几口便吃完了饲料。从前天起，杰夫给每只狗增加了一块奶酪，但只给了2天，即前天和昨天。余下的奶酪可维持2天，狗的饲料还可维持10天。

1989年9月21日（第57天）　　星期四

暴风雪仍在继续，在昨日宿营地未动。晨维克多未报气象观测结果。

晨约7：30，起床后不久，杰夫到外边看了狗刚刚回到帐篷，圭三便来访，到我们帐篷作客，直到下午4：00才返回，与我们共同吃了早餐及午餐。

今天的主要工作是缝纫。首先修补最厚的白色毡袜子，将全掌及后跟部均用布缝好，并用尼龙线将补上的尼龙布缝得结结实实。这双袜子看样子可以维持到南极点。为什么要花四五个小时，花那么大的力气补这双毡袜子呢？此毡袜子每人共有2双，是供最冷时穿的。实际上它最适用，又厚又软，现在每人都在穿用。若不修补，估计1双只能穿1个月，2双无论如何也维持不了7个月。补毡袜子的布是将北面公司生产的尼龙布袋拆开来当作补丁布来补袜子。此布不透水，不透气，十分结实耐用。

按计划我们应当于9月23日抵达萨文山。这场风暴使我们的计划又一次落空。

1989年9月22日（第58天）　　星期五

晨5：30按时起床，暴风雪仍未停止，但似比前天为弱。约7时杰夫外出，约8时我外出。经过2天的暴风雪，狗和人都安全，帐篷也安然，甚幸！我们都认为此次暴风雪是2个月以来最强烈的1次，尤以前天下午及夜间为甚，估计风速高达60公里/小时以上。8时我外出，到维尔的帐篷询问今天是否成行，维尔通知说，10时在他的帐篷开会，如果天气转好，会后则准备开路。

今日行进10.8英里，位置66°18′W，72°55′S，里程计读数为633.9英里。

10：30在维尔的帐篷开会。让·路易因为"读报纸"直到11时才到。会上大家议论了自埃尔斯沃思→南极点和南极点→东方站段内的白汽油的需求量和狗食的需求量，以及个人物资问题。个人物资问题是，原来在美国就备好的包内东西过多，多数并无用或过剩。自南极点→东方站段内，飞机运输十分昂贵，故要求少而精，不用的不带，可用可不用的不带，只带必需品。为此决定全部包运到埃尔斯沃思营地后，每人再次整理自己的东西，并严格掌握上述原则。

让·路易在会上宣布，昨天他与彭塔基地通话时，克瑞克特地告知，秦的妻子已经出院。为此，全体队员均为我（她）鼓掌庆祝。

会上大家还讨论了从和平站如何返回的问题。维克多讲，明年的2月份和平站附近有苏联船只，但详细日程待他今晚与别林斯高晋站通话时再询问。一致认为，如果狗乘坐"UAP"号船返回的话，可能命运不佳。都希望能乘苏船去澳大利亚，或乘苏联飞机经青年站飞往其他大陆。总而言之，人和狗都不愿意乘"UAP"号船。

会后决定立即整理东西，1小时后出发。

下午2时出发，东北风仍很大，但能见度逐渐好转。下午6时宿营。宿营地距文山约35英里。如果明天天气好，应能看到文山，这是我们的必经之地。而从文山到萨文山还有约40英里。萨文山有4座山头，我们的物资放在哪个山头尚不清楚，为此，杰夫请让·路易通话时间清楚。杰夫估计东西放在最东边的山头，即离我们行进路线最近的山头，其位置为75°50′S，67°53′W。如果非常顺利，还要3天才能到达萨文山补给点。

入夜，风仍在刮，但已大大减小。让·路易今日上午说，昨天通话时得到的天气预报为，今天我们行进的地区内晴间多云，东北风10—12米/秒，有间断小雪。看来预报比较准确。

1989年9月23日（第59天）　星期六

晨6：15，维克多报告：-24℃，晴天，雾，1—2米/秒，东北风。

全天阴天，午后开始下雪，傍晚宿营后雪更大。上午起东北风，傍晚阵风较强。今日行进24.3英里，上午12.4英里，下午11.9英里。里程计读数为647.2英里，我们距文山约15英里，距下一个补给点萨文山约60英里。由于天阴下雪，能见度差，到今天宿营时仍未看到文山。

宿营地似为高积累区，详可参看雪层剖面。上午雪面较硬，下午略软，但部分地段仍较硬。杰夫回忆，1983年元月他参加英国南极测量队自罗尼冰架回到此区域时，虽然时值盛夏，但在此地遇到降雨天气。杰夫说这是十分偶然的。他在罗尼冰架工作的那年夏季，也时有降雨天气。可见海洋对冰盖雪层剖面的影响何等重要。也可以看出，西南极洲雪的密实化过程比东南极洲内陆地区要复杂得多。

最近几天一直感到饥饿。经过2个月的跋涉及低温野外生活，身体内原来贮存的一些营养和脂肪已消耗得差不多了。由于下一个补给点是否可以找到仍是问号，我们帐篷已开始控制饮食，以免超支，使食品维持到雷克斯山补给点。但另外两帐篷仍然有充足的食品，午餐放开吃。杰夫讲在格陵兰训练时的饮食比现在还差，以至于每个人都老在想吃、吃、吃！但是卡路里是足够的！十足的西方人的观点，只讲热量，不讲质量。这也是我们此次考察队食品配备的最基本的特点。不过，在饥饿状态下我们什么都可以吃下去，只要有利于健康即可。估计我们每天摄入的热量不超过3000卡。

另外，虽然狗每天有2磅的饲料，热量达6000卡，但仍不足以应付低温严寒和每天20英里的跋涉。圭三讲他的狗已明显地变瘦。杰夫讲他的狗也瘦了不少，尤其体重大、在后面出大力拉的狗，如索达帕卜等。如此下去，余下来的4个半月能否维持？另外，索维亚的情况仍不大好，当雪橇走快时，它跑不动，而且解不下大便，因为尾巴被冰冻结，抬不起来，大便又冻结在尾巴上，我只好用雪杖帮助它解大便。今天它解大便时，看上去十分困难。只有到埃尔斯沃思营地后，它才能返回彭塔。但愿它能坚持到10月中旬。

今天清晨气温较低。因多云的关系，午餐时−26℃，入夜，东北风又加大，晚上约9：00起，风速达到15—20米/秒，帐篷又开始隆隆作响。

1989年9月24日（第60天）　　　　星期日

自昨夜约10时起，风速逐渐增大，午夜时分终于转为暴风雪，风声大作，尤其凌晨4—8时风声甚巨。估计风速最大时比上次还大。看来今天只能原地待命，暴风雪停止后再前进。

约8时起床，随即外出，检查所有的狗，均安然无恙。帕卜、图利和斯平纳被大雪掩埋。帕卜几乎全部被埋，图利只剩头在外边，斯平纳则多半被雪掩埋，索维亚亦被半掩埋。我赶忙将缆绳拉出，以便狗能有活动余地。我还担心索维亚能否承受此次暴风雪袭击，看到它还好，有所放心。检查我们的帐篷未见大问题。由于风很大，帐篷内噪声大作，给人一种不安全感，仿佛帐篷快要被大风吹走似的。但到外边检查未发现问题，除了两只雪钉出露略长和压帐篷角的雪块被吹走外，余皆好。加固了帐篷，又挖了几大块雪放到帐篷的夹层内供食用。从雪橇上把煤油桶拿到帐篷的夹层内备用。

雪橇未被吹雪掩埋，周围十分干净。检查雪橇上的东西亦都完好，再次将绳索加固拉紧，以防不测。

外边风速仍很大，吹雪相当严重，能见度很差，仅10—20米。10米外的让·路易的帐篷勉强可见。看不到维尔和维克多的帐篷。外边实际上仍为阴天，降雪，并刮大风。上午10时许，杰夫在帐篷口测到的温度为-8℃，而我们的帐篷内，由于做早餐等，下层温度竟高达14℃—17℃，以至于不得不将火炉熄灭。由于温度高，帐篷内的味道也不佳，熄灭火之后，略为好转。

考察队的食品中有一种玉米粒，已经经过处理，经加热便可成为爆米花式的膨体玉米粒。爆玉米花是我们在暴风雪天气中的食品。因为平时行进十分疲乏，也无暇顾及做它。今天中午，我和杰夫爆了一锅玉米粒。爆一锅只需2小把玉米粒即可。爆时先将锅烧热，再放入半勺左右黄油，加锅盖大火烧3—5分钟，随即尽快地放入2把玉米粒，盖紧锅盖，并不停地摇晃。随着一片噼噼啪啪的响声，几分钟后，锅已满，爆声停止，熄火移锅，爆玉米花成。今天爆玉米花时，杰夫还录了音。帐篷外边风声呼啸，帐篷内却在欣赏爆玉米花的噼啪声。这就是我们考察队野外生活之一。

仔细察看了自萨文山到雷克斯山的地图，并将其略图绘于右侧一页，供以后参考。按计划，我们应于23日抵达萨文山补给点，但因天气关系延误。我们今天的地点距那里还有50英里左右。即便十分顺利，还要2天时间。我们的行动计划未包括天气因素之延误在内，这不能不说是一个失误。从现在起，即使每天都顺利，也很难在预定（内定）的2月7日抵达和平站。我个人估计一切顺利，约在2月中旬，最大的可能为2月下旬到3月初之间抵达终点苏联和平站。

下午，杰夫在"洗脚"，即用他吃饭的碗，用一小块布不停地擦拭自己的脚，然后换了新袜子。这是他自出发以来第二次"洗脚"。我还未洗过脚，看能否坚持到南极点洗澡时一并解决。之后，杰夫继续绣花，这是他在南极闲来无事时的工作，也是他的一个爱好。

1989年9月25日（第61天）　　星期一

晨6：25，维克多报告：-34℃，5米/秒，西北风，阴天，能见度差。早上5：30起床时帐篷内的温度为-21℃。昨天下午约4时起，风向开始改变，气温开始下降，同时风速减小。从昨天全天降大雪和气温甚高来看，杰夫讲的南极边缘近海洋地区夏季有降雨完全可能。昨天室外气温-8℃（上午10时），到中午-3℃——-2℃，维克多帐篷内的一切都融化了，非常湿，他一天之内洗了两次雪澡，因为"太热了"。他估计温度可能上升为摄氏零度左右。

昨天半夜维尔队中的狗雷到我们帐篷外叫喊，杰夫起床，将其拴在图利的旁边。

今日行进7.6英里，上午3.2英里，下午4.4英里，里程计读数为654.8英里。下午6：20宿营。

全天降雪，西北风甚强，宿营后风停，零星小雪。下午7时许实测气温-34.0℃。全天几乎均为这个温度，感到很冷。这是自7月下旬出发来感觉最冷的一天，每个人都有同感。杰夫的脸今日被冻伤，我的脸亦被冻伤，圭三的眼睫毛上的冰块在回到帐篷后仍挂在眼睛上，足以冻伤眼皮。我的双手直到宿营时仍冰凉，宿营后进入帐篷后，指尖生痛，估计这种罪还会有的，但愿少一些！

由于清早起床（5：30起床）后风未停，能见度差，不能决定能否行进。到决定后收拾好，动身时已是10：45。刮风、下雪、能见度极差，3部橇首尾相连前进，走得很艰难。我们的雪橇在前，不得不每走2分钟就停下来等后边的橇。走走停停不算，还2次返回头去找后边的雪橇。中午1时许，与另外2个橇失去联系，维克多、杰夫和我只好折返。约5分钟后，看到维尔的橇，他与圭三的雪橇也失去了联系，不过他已将小圆顶帐篷支起在里面吃午餐。于是，我们4人在圆顶帐篷内吃了午餐。之后，维克多和杰夫去找让·路易和圭三，由于能见度渐好，维克多发现了圭三和让·路易的雪橇及他们的帐篷。原来，他们和我们失散后，因风大，便支起大帐篷吃午餐。大家庆幸一阵，但仍决定午餐后继续前进。维克多和维尔回去收拾，我和杰夫帮助圭三与让·路易拆帐篷装雪橇。下午，3部橇极缓慢地前进了4.4英里，6：20宿营。

雪面甚松软，挖下去50—70厘米仍为十分松软的老雪或皱形细粒雪。估计这里年积累量十分高。

圭三的雪橇走得极慢，原因有二。一是他有2只狗不能工作，1只因爪子破了，另1只的爪子有毛病；二是雪橇太重，东西太多。因此在松软雪面地区十分吃力。因为狗拉不动，不断地停下来，有时趴在地上不动，任凭圭三怎样吆喝也不动，而且是"集体罢工"。看来是真的拉不动了，狗是不会偷懒的！

1989年9月26日（第62天）　　　星期二

午夜又一场暴风雪开始了，凌晨4时许逐渐增大，终于在天亮之后成为一场非常强大的暴风雪。风向东北，较温暖。晨7时多，维克多的温度表为-16℃。中午温度估计高于-10℃，我们的帐篷在开完会返回后，温度竟然为-8℃。我们是7：40出去的，约11时半开完会后返回帐篷。

自9月1日以来，我们已经历了若干次暴风雪的袭击，并已延误了行期。据计算，迄今为止，9月份只有3个全晴天，余或暴风雪、阴雾，或刮风。一般的阴天、刮风或小暴风雪天气，我们均行进，但大暴风雪天气只能待在帐篷内，否则十分危险。按计划我们应于9月23日到达萨文山补给点，但目前还有约44英里的路程。

鉴于目前的形势较为严峻，狗的食品只能维持4天半，雪面十分松软，不可能快速前进，许多狗都十分疲乏或生病，无法使用，下一个补给点能否找到或是否存在仍不能确定，等等，今天上午的会议产生了下列几个重要决定：

1. 轻装前进，决定精减一切不必要的衣物、燃料等。其中价值较高的东西用飞机载回，衣物等则须抛弃。决定将维克多的臭氧观测仪器和秦的PICO钻精减，用飞机送往埃尔斯沃思补给点处。

2. 决定不论是否能发现下一个补给点，飞机均要补给一次。

3. 将11只狗送回智利彭塔或乔治王岛，或埃尔斯沃思营地（哪个地点未定）休养。并用飞机将另外3只备用狗运到这里来。将三乘狗橇减一乘，每部14只狗，以便快速前进，直到抵达埃尔斯沃思营地。这样可使狗休息，恢复体力。而剩下来工作的28只狗也有充足的饲料。至于将狗送往前方还是送往后方休息，尚未决定。因为送往前方可以节省油料，而送往后方，会影响DC-6飞机的运载量。

目前，由于雪面松软，又经历了2个月的严寒天气，尤其是近一个月以来的低温及暴风雪天气，部分狗已出现了问题。如圭三队中的1只狗的前右脚冻伤，昨天夜里一直在哭泣。圭三和让·路易想用热水给它洗脚，但考虑到洗后再次冻伤的问题，故仅给它穿上了"鞋"。圭三估计可能以前穿鞋时带子系得太紧的缘故造成脚冻伤。而杰夫队中的索维亚则十分危险，加上其他体力严重下降的狗，共计11只狗需调换或休息，以便恢复体力，为下一阶段穿越出力。

维克多不得不停止他的臭氧观测，作为科学家我也为此深感惋惜。问题在于他的臭氧观测仪器本身仅2.5公斤，但只能在常温下工作。为保证低温下工作，每天都要用2大瓶（2000厘升）开水放入一木箱内，使仪器温度上升到常温下工作。木箱内有保温的材料，连同木箱、仪器，开水瓶等，整个仪器约10公斤或更多。故只能减去。我原计划每10天打一次钻，但目前情况特殊，行进时无法打钻，休息时又是坏天气，无法打钻。看来只能到埃尔斯沃思营地后，如高原内部保持长期好天气的情况下，可利用休息日进行此项工作。自此地到埃尔斯沃思段内，只能放弃打钻测冰温的项目。

下午，2次用温度表测量帐篷外温度均为-8℃。傍晚6时许，一度势头减小的风又变大。继续降雪，风挟带着雪拍击帐篷，就好像下雨或下小冰雹一样。我用碗挖了一些雪进来，可观察到雪粒极湿、团粒状，如果温度略高一些，必然为雨。可见此地不仅是积累区，而且夏季降雨完全可能。

下午，我用牙缸和小手帕洗了脚，这是两个月来第一次"洗脚"，剪了脚指甲，换了新袜子，感觉十分舒适。每个人都开始整理东西，凡不用的、暂时不用的统统扔掉。杰夫从维尔帐篷门口拣回一个塑料袋子，内有些烤面包的玉米粉（3袋）和玉米粒，我们都留下或人吃，或喂狗，还有六七袋巧克力粉。维尔带的乱七八糟太多，连鞋也扔了。我从中拣到一双高－特克斯袜子（10号），我正缺此物，6个胶卷和一双防水手套。杰夫则拣到1个褥子，正好派上用场。看来，我和杰夫再无什么可以精减的了，我们在韦尔毫泽冰川补给点已精减了一次。我将自己的小红包检查了一遍，将那个在西德开会时发的蓝塑料夹子（已破）扔掉。计划一旦天好，再将内衣和紧身衣裤全部换成新的，扔掉旧的，又可以减些重量。总而言之，我和杰夫已无东西可减。而另外几位则大有潜力精减，看看他们"高耸"的雪橇便知带的东西太多。

唯一的"秘密"是我将所有随身带的空样品瓶，再次包好后装入睡袋内当枕头。什么都可精减，唯我的样瓶精减不得。

1989年9月27日（第63天）　星期三

今日仍原地未动。

暴风雪到中午停止，但仍刮阵风，能见度很差，有吹雪。

我和杰夫已做好一切准备，只待中午12时通话后，即可行进。11：25，杰夫到让·路易的帐篷去通话（与智利彭塔），估计维尔、让·路易等均在那里，我则在帐篷内等待出发。但通话后杰夫返回说，今日不行进。他返回帐篷，我则到维尔的帐篷小聊5分钟，后又到让·路易的帐篷小坐，明确晚8时与长城站的例行通话。

在维尔的帐篷门口聊天时，我表示担心的仍是暴风雪。澳大利亚国家南极队20世纪40年代末成立到1985年，共死16人，除5人因病外，余皆死于暴风雪。这时维克多告诉我们，苏联国家南极考察队自40年代以来，死亡人数估计已达100—120人。通常每年都有一两人伤亡，最高记录时达一年12人死亡。死亡的原因是天气、火灾和冰裂隙事故等。这个数字令人惊叹！

在让·路易的帐篷里小坐。让·路易和圭三都反映食欲不佳，体重都有降低。让·路易认为食品都是一个味道，无论土豆片、意大利面条，还是米饭，都一个味道。我倒感到没什么，只要饿了，什么都可以咽下去。

谈到下一个补给点时，我说看了萨文山补给点的照片后，似乎雪面较软（从飞机在雪上滑行的痕迹确定），参考此地的雪很软，高积累区，很担心下一个补给点是否存在。让·路易则认为，补给点应当放到基岩裸露的地方。去年放时应督促飞机驾驶员尽力，不能看他们的脸色、凭他们的希望来办。如三片山的补给点放的地方不好，若放到基岩上，不可能被覆盖。而据杰夫讲，当时天气不好，驾驶员不乐意在三片山待的时间过长。因此匆匆放下东西，安好杆子，便飞返乔治王岛。这样做的结果是，我们只好再次用飞机运送补给。因此，等于我们付了两倍的钱，得到了一份补给。让·路易也很担心萨文山存放点处的补给品，因为补给品放的地点仍在雪面上，与三片山的十分相似。

约下午2时返回帐篷。杰夫告知：

1. 已与彭塔联系，一旦天气许可，飞机将经过乔治王岛（停降）后，力争直飞我们这里。

2. 明早如果天气好，早上5时将动身出发，清晨2：30起床。

1989年9月28日（第64天）　星期四

昨天晚上8：00—9：00与长城站进行例行的通话。主要内容如下：

1. 我们目前的位置为73°18′S，66°55′W。近5天来处于强烈暴风雪之中，9月23—27日5天仅行进约40英里。最大风速165公里/小时，气温−38℃。

2. 健康仍好，体重减轻，有冻伤，脸部尤甚。情绪仍稳定。

3. 我们距下一个补给点仍有44英里，已因天气因素延误行期一周。部分狗体力衰弱或冻伤，狗的饲料仅能维持2.5天，人的食品还可维持一周。为此决定增加1次航班，定于9月27日夜自彭塔飞往乔治王岛，待好天气时直飞我处。此次飞机来时请带2条毛巾、少量饺子、3只鸡、2瓶白酒、1箱啤酒。飞机9月28日晨8时许抵达乔治王岛。飞机从此地返回时将带一些雪样，请保存在冷库中。

4. 我们通常使用的频率为8263千赫，9月28日上午10时我们与彭塔飞机联络时请收听。下次通话时间为10月7日晚8时，频率8263千赫。

5. 国庆来临，向全体队员致以节日的问候。请转达对中山站全体同志的节日祝贺。

6. 请在"UAP"号船我的铁箱内放一些常用感冒药：阿司匹林30片、黄连素20片、速效伤风感冒胶囊2小盒、口服抗生素2瓶、中成药2小盒。

李果告知，他已通知中山站，在我们通话时中山站在用相同频率收听。但在与长城站通话后，我在此地可以收听到中山、长城站之间的谈话，中山站收听不到我们的声音。中山站报务员（马小静称他为"老广东"）请长城站转达高钦泉副主任及全体队员对我的问候，并祝穿越考察队顺利、成功。

曹冲最后也询问了我们的详情，如暴风雪、气温、科考进展等。他准备写通信发回国内。长城站目前有我的14封信，其中2封是儿子的，12封是钦珂的。

请长城站将我的近况转告南极办，并向南极办领导及同志们问候致意。

祝通信员马小静同志工作顺利、愉快，感谢他的帮助和支持。

晨3时起床，4时半外出。阴天，小雪，微风，温度似不很低。到维尔的帐篷，他们似才醒来，维尔仍在睡袋里。到让·路易的帐篷，他们正在做早餐。维尔建议7时外出收拾，让·路易建议6时，最后确定6时外出。我回到帐篷，完成以上的日记时已5：30，遂和杰夫开始收拾东西，准备出发。

今日行进17.0英里，上午9.6英里，下午7.4英里，里程计读数为671.8英里。

我和杰夫虽然按通知时间3时起床，4：30外出，但因为另外两帐篷未早起，故等来等去，出发时间仍为8：40，并不比往日早。通常动身时为8：30—9：00。

全天阴，小雪西北风，下午3时以后转强烈。下午5：30停止前进。

由于能见度仅100—200米，下午更差，仅50米上下，未看到文山。当然也看不到25英里外的萨文山。今天中午，天空短暂出现蓝天，约半个小时后天气又转阴、雪、西北风。

早上6时半，气温-28℃。

冰盖表面雪很软。下午的地形又为上下坡，狗非常吃力。

1989年9月29日（第65天）　　　星期五

晨6：05，维克多报告：-11℃，降雪，风很小，能见度100—200米，雪面极松软。并通知7：30在维尔的帐篷开会。今日宿营位置：67°33′W，73°36′S。

今日行进4.1英里，里程计读数为675.9英里。上午7：30在维尔的帐篷内开会，我去得较晚。会后开始收拾东西，10：20开始前进。初我打头带路，但由于能见度差，很难保持一个方向（180°磁方向）前进，后来维克多打头带路，我在其后，后边3架狗橇依次缓慢前进。由于连续几天的降雪，雪很深且极松软，新雪20—30厘米，很难走，人穿滑雪板都深深陷入雪中。狗橇十分吃力，十分缓慢。每部雪橇轮流在前边开路。下午2时午餐时，狗再也不肯走了。午餐会决定宿营，停止前进，在此地等待好天气，等待飞机救援送补给。维克多和让·路易作出此决定之前，征询大家的意见，均表示同意。

午餐时维尔统计狗饲料只有109块（杰夫37块、圭三37块、维尔35块）。决定给24只将留下来继续前进的狗每天半块，另12只送走的狗每天1/4块。估计可维持5天左右。个人物品、备用帐篷、各种物资，凡不用的或近期不用的，一律扔掉。我和杰夫昨天夜里已收拾毕，我只留了一件厚上衣，将内衣裤、薄线衣裤、鸭绒袋等均换为新的，旧的烧之。因此，我只留有一件穿的绒衣、2双长毛袜、2双单手套，东西大大减少。杰夫则清理了木箱等，凡不用、用过的或备用的一律扔掉。在这种条件下无价值可言。杰夫说，"唯一重要的是减轻重量，轻装快速前进"。但我不能扔掉样品和样瓶。

上午7：30的会议还决定继续前进到萨文山补给点或附近。但到吃午餐时（下午2时），由于雪面极其松软，寸步难行，距萨文山还有24英里，照此速度可能还要走3天。这样，狗的饲料成问题，故午餐会议决定宿营，等待好天气时来飞机救援。

1989年9月30日（第66天）　　星期六

晨6时起床，风停，非常平静，约8时，天转晴，有时多云。有阳光且充足。

杰夫6时外出与飞机驾驶员通话。救援飞机已于昨天抵达英国的罗瑟拉站，带有许多食品、狗饲料和罗瑟拉站送给的少量海豹肉，只等好天气时飞到此地救援。飞机是昨天中午抵达英国站的，那儿天气很好。今日早晨，飞机告知我们所在地周围均为好天气。8时通话后，杰夫报告说，飞机已从罗瑟拉站起飞来此地。预计飞行时间为4小时。10时杰夫再次去让·路易处与驾驶员通话。

8—10时挖雪坑，做雪层剖面。又将全部雪样收集到一块儿包装妥，准备让飞机带回长城站。带回的样品瓶号如下（略）。另将PICO钻也一并送回长城站。

1989年10月1日（第67天）　　　星期日

晨约6时起床。外边天气又变成阴天，降雪，气温-11℃。晨帐篷内温度-9℃。

昨天中午约12时20分，紧急救援的飞机顺利到达此地。送来了17箱狗的饲料和5铁桶30年前英国人在罗瑟拉站储存的海豹肉（喂狗专用），以及5箱食品和若干从彭塔食品店中购来的食品，如辣子酱、果酱、做饼子的面粉及枫树糖汁、番茄酱、黄豆烧猪肉罐头，等等。还有2桶（每桶20升）燃料。3只狗也同机运到。这是架"双水獭"式飞机，驾驶员为赫里·帕克。9月27日飞机离开彭塔前往乔治王岛，9月29日下午2时到达英国罗瑟拉站，9月30日中午抵达此地。我们的狗得救了，队员们也都有了更多的食品及燃料，真是万幸、万幸！

杰夫说："上帝总是照顾维尔·斯蒂格的。"他回忆几年前他在此地曾等飞机等了两个星期，才盼到好天气，使飞机可以起降。还有一次在亚历山大六世岛的英国夏季站，他们等飞机就用了16天。在罗尼冰架，他和一名冰川学家曾在帐篷里住了两个月，等待好天气来飞机。但此次，我们29日停止前进，决定在此地等待飞机支援。结果第2天便来了飞机。而九月份以来，连昨天在内，共有4个晴天。昨天飞机来后，天气渐渐转坏，半夜起天又转阴、降雪。真是幸运之至！杰夫讲，在格

途中合影

陵兰训练时，每次来飞机也是此种情况。连续坏天气，冰面也不平整，不能起降飞机。但到了决定飞机要抵达的那天，天气好转，冰面也转好，利于飞机抵达，万事顺利。第2天起，天又转坏……这便是杰夫所说的"维尔总是好运气"的由来。

　　昨天飞机的起降很不容易，说明飞行员很有经验。由于连续降雪，雪面十分松软，表层0—48厘米为一层密度仅0.093克/立方厘米的新雪。飞机在这种雪面上着陆后，并未停止滑行，它一边滑行，一边加足劲再次起飞，然后在同一条路线上往返滑行约10次，最后才停下来。这样，起飞时可以在来往滑行压实了的"跑道"上助跑问题就不大了。但就是这样，飞机在起飞时曾一度陷入雪中不能自拔，挖出后才起飞的。说到飞机驾驶员的经验，上次摄影组（法国人）再次返回时说，他们在乔治王岛看了智利站长拍摄的7月24日苏伊尔-76飞机降落时的电视录像带。当时，飞机1个前轮先着的陆，并且着陆点为跑道的一头边缘。飞机突然着陆，把跑道上的冰面碰了一个半米深的大坑，然后后轮才着的陆。十分危险！智利飞行员看后都吓昏头，说如果"大力神"如此这般，机翼恐怕早已飞出去了。这架飞机虽然结实，但强烈振动仍然造成了内伤。听说回到苏联后可能要换一些部件，大修才行。

　　飞机在我们这里待了约1个小时。起飞后直飞萨文山，去查看去年年初存放在那里的物资。目前我们的位置在距萨文山20英里处，昨天天晴时看得十分清楚。存放补给点山头的磁方位是176°。约10分钟后，飞机用无线电告知，他们在那儿盘旋数圈，看不到补给点，且冰盖表面的雪十分松软，不敢降落。于是飞机返回乔治王岛和智利彭塔。

　　飞机共带来20封信，其中1封系小冯7月14日在威斯康星时写的，另19封均为钦珂和东儿的。其中东东2封信。长城站转来14封信，从美国圣保罗办公室转来6封。8月份的信内夹有钦珂及钦珂与东东的照片，共2张，十分高兴！

　　将15只狗送回彭塔休养生息，以利再战。这里只剩二队共24只狗，杰夫一队，维尔一队。我们住法也将改变。我、维克多和让·路易住一顶帐篷，杰夫、维尔和圭三同住一顶帐篷。食品也分为两份，每个帐篷一份。

晚上6时，在我和杰夫的帐篷里开宴会。飞机带来的3瓶酒（一种智利的40度白酒），昨天的宴会上"完成"2瓶，其中维克多和圭三喝了多一半，维尔、让·路易和我喝了少一半，杰夫不饮酒。今早方知，圭三昨天回到帐篷后吐了出来，看来真喝多了。维克多昨天喝了将近1瓶子，半醉半醒地走了。大概他与维尔将睡到今天下午吧！

昨天下午、晚上、今天上午都在读妻子、儿子的来信，十分想念他们。

由于雪面极为松软，狗橇在此种条件下行驶十分困难，每天充其量也只能行走3—5英里地，而且狗、人体力消耗很大。另外，近1个星期以来因狗的食物不足，体力衰减不少，必须休养数日。为此，我们决定在此地再住两三天，一方面使狗能恢复体力，另一方面希望能有1次大的暴风雪将表层的松软雪吹走，使之利于狗橇行驶。昨天，所有的狗都喂了2次，午后每只狗1块饲料，下午每只狗2片海豹肉。今天上午约9时我外出，给每只狗又喂1块饲料，拟于下午给每只狗再喂2片海豹肉。10天来温度一直较高。中午温度为-10℃，帐篷内的温度是7℃—15℃，热得难受。当把科尔曼火炉点燃较大时，我只好穿1件线衣裤，否则出汗太多。这里地处英格利希海岸，离海洋较近，加上正值10月，夏季即将来临，故感到"很热"。在越过雷克斯山后，英格利希海岸即告结束，我们将进入埃尔斯沃思地。可能那里会冷的吧！但不论怎样2个月的冬季已结束，但愿我们今后的旅途能顺利一些！

晚6时，全体在我们帐篷开会。决定10月4日从此地出发，直奔雷克斯山，估计约180英里。决定仍用三部橇。第一部5只狗，仅放睡袋；第二部7只狗，少量物资；第三部重载，几乎全为狗的饲料。计划在软雪带，每天行进四五英里地，且前边有3个人滑雪开路。我和杰夫准备了爆米花和干水果粉及牛奶招待大家。

1989年10月2日（第68天）　　　星期一

今天凌晨约4时，刮起大风，但时间很短，风速也比大暴风雪时为小。约1个小时之后，风速转小，成为微风、降雪天气。

晨7：15起床，杰夫约6：30起床，正在做饼子，系我们俩的早餐。昨夜气温仍较高，早上起来时帐篷内温度为9℃，同昨天清早。

今日仍就地休整。

兹将手头仅有的一张南极地图上的有关资料摘录如下。该地图为美国《国家地理》杂志1987年3月份发表的南极地图。

南极洲的气候：现代科学业已证实，南极地区要比北半球同纬度的北极地区冷，北冰洋在夏季时节融化，成为开放水域，而黑色洋面还可以吸收并储存大洋辐射。南极洲则将辐射到大陆冰盖表面热量的80%—90%反射回空间。这种辐射、热量平衡方面的巨大差异，是南北极地区气候迥然不同的最主要原因。赤道和极区之间的温度差异是导致我们这个行星产生大气环流的原因。鉴于南北极区的温度不同，它们与赤道间的温差亦不同，南半球的风要比北半球的强烈。

南极洲的下降风：热带地区的空气在高空流动到南极高纬区上空后开始下沉，其内含的大量水汽被一路排出。由于极度的寒冷，南极高纬地区的冷空气缓慢地向周围纬度较低的地区流动，因此风速很小。随后，就如同一只开放的大冰箱一样，冷空气从这里源源不绝地向南极洲较低纬度的地区流动，接近冰盖边缘地区，地形也开始下降，风速加大，最大时的风速可以达到300公里/小时。

南极洲的臭氧层：通过探空气球和地面站的观测，1986年美国科学家指出，某些化学过程可能是导致南极地区上空臭氧层每年周期性地变薄（空洞）这一戏剧性过程之原因。若干失败了的测量还支持这样一种理论，即高层空间的太阳活动或高空风的活动等，都可导致臭氧空洞的扩大，其高度为12—20公里。地球的臭氧层像一面盾牌一样，保护地球免受太阳发出的对人类有害的紫外线辐射，但这一臭氧层目前在全球范围内逐渐变薄。如同科学家和某些观测宣传的那样，导致这情况的出现与人类化学品的生产有关。因此，应限制某些化学品的生产。

南极洲的陨石：迄今为止，已在南极冰盖上发现7000余块陨石碎片，其中许多是稀有的和唯一的。这些陨石揭示了南极冰盖的历史，以及它们来源于行星、月亮，甚至可能是火星。这些陨石为科学家研究地球和太阳系的起源提供了重要资料。

美国南极研究大纲：美国南极研究大纲系美国国家科学基金会之下属单位，它与美国科学家订有合同，以保证完成南极研究大纲的内容。美国在南极洲共有4个全年候科学考察站，每年有1200人在那里工作。后勤支援依靠商业服务系统以及美国海军航空兵和海岸警备队。共有7架"大力神"（C-130）飞机、6架UH-1N直升机、两艘破冰船和一艘科学考察船。

冰芯：在冰盖内打钻提取出来的冰芯可以得知地球的变化史。研究这些结果，可以得知长期气候变化史，同时亦可推知数十万年以来大气成分的变化，监测全球范围内的火山活动的历史，并与现代污染程度进行对比。目前已完成1968年伯德2164米深的钻孔冰芯之研究。

上午约11时起，天气晴间多云，能见度转好，与30日一样，可以看到文山和萨文山等地。同时温度也降到-22℃（下午6时），风向东北。

得知30日来救援的飞机在飞返乔治王岛的途中，原计划在距罗瑟拉站约20英里处降落，那里贮有汽油，可供飞机飞返乔治王岛，但由于天气不好，能见度极差，只好降落在距加油点约飞行距离仅5分钟的地方，直到今天上午还停在那里。他们计划若天气转好，将飞往英国的罗瑟拉站，等待乔治王岛好天气时返回。

午餐后，杰夫用5只狗试拉雪橇，虽是空橇，但因雪极松软，故很费力，勉强可行。圭三的狗橇则被截为两截，这样至少可以节省15磅重量。计划用圭三的狗橇开路，5只狗仅拉2箱饲料、4个人的睡袋。其余2只橇分别有7只狗和12只狗，装载大部分物资。以上试橇等活动均已拍照片（第24卷）。

下午维尔又通知，如果明天天气好，将按平时时间起床行进。计划明天行进8英里。

1989年10月3日（第69天）　　星期二

5：30起床，杰夫生火做早餐，生火前他给炉子加油，未看到部分油漏在外边。点火后3—5分钟，炉子内外突然起火，吹也吹不灭，差点儿烧着他的睡袋。后来用雪将火压灭。今天是我和他共用的最后一个早餐。晚上，他、维尔、圭三将住此帐篷，我、维克多和让·路易将住另一顶帐篷。

6：15，维克多报告：−21℃，8米/秒，东北风，能见度良好，轻微吹雪。8时出帐篷准备出发。

今日行进11.4英里，上午11时才出发，上午行进2.9英里，下午8.5英里，里程计读数为687.3英里。

天气转为多云，傍晚晴。

从今天开始我们仅有24只狗。圭三的狗橇有五只狗，只拉四人的睡袋和两顶帐篷及两盒狗食，在最前边开路。后边为杰夫的橇，维尔断后。上午维克多在前边滑雪开路，下午让·路易开路，不久我到前边开路，直到下午6时结束。我们行进的方向为209°（磁方向）。

雪面仍很松软。上午刚开始行进时，雪面十分松软，后逐渐转为稍硬，下午转得更为理想，因为下午的雪面刚好适于我滑雪，但对狗仍然十分困难。下午最后一个小时，雪面已转为较硬。希望雪面越来越硬。

今天我、维克多和让·路易3人共住一顶帐篷，十分拥挤，很不适于烘干衣物、写日记等，感到很不适应。看来需要好好地安排才行，否则这样下去1个月真让人受不了，将严重影响休息和行进。连坐的地方都很紧张，3个人的东西堆得到处都是，写日记也没办法进行。

午餐时气温−18.5℃，东北风。

晚炊

1989年10月4日（第70天）　　　星期三

晨-18℃，10—15米/秒，东北风，晴天。近地面吹雪十分严重。

全天刮大风，好在风向为东北风，推动我们前进。今日行进19.6英里，上午9英里，下午10.6英里，里程计读数为706.9英里。维克多全天一直在前方开路，其次是我，再是圭三的狗队带路。全天滑雪，不与狗橇一块行进。

风似为下降风，近傍晚，风转强烈，为暴风雪。能见度全天不佳，主要是因为近地面几米高度内吹雪严重。

3人住一帐篷，十分拥挤，很不方便，不便于工作，尤其是不能写日记，这样下去不行，要拖垮的。

1989年10月5日（第71天）　　　星期四

全天刮东北风，晨气温未知，午餐时气温-19℃，风速20—22米/秒，能见度小于100米，下午略好转。

今日行进约12英里，上午5.5英里，下午里程计坏了，又因狗也太累，故提早停止前进并宿营。

维尔又决定每两个人住一顶帐篷，看来3人住一帐篷太拥挤，大多数人都不愿3人住一帐篷。我和维尔共用一帐篷，将共同生活一直到南极点。

帐篷安好已很晚，因为维尔在找这找那。安好后，才看到帐篷内层的门有一个1尺多长的大口子和一个小口子，冷风不停地钻进来。这是维尔和维克多住过的帐篷。我赶快抓紧时间把口子缝了起来。

晚餐是维尔煮的，一个大马哈鱼罐头与干的绿豌豆以及大米一起煮熟即可。

1989年10月6日（第72天）　　　　星期五

昨天夜里风刮得很大，我和维尔刚开始同住一顶帐篷，第一夜便经受了"考验"。晨5：30起床，但当我刚坐起来，维尔就说不急，等维克多来后看天气再决定能不能走。

约6：30，维克多来报告天气。维尔说，等到11时看天气再决定今日能否成行。如果天气同昨天，狗十分吃力，则休息1天。否则狗受不了，会出问题的。约9时许，让·路易来帐篷，认为外边虽有风但可见到阳光。遂决定继续前进。10时出帐篷，但直到约12时才出发。今日行进17.8英里。

9：10我外出收拾东西，一切显得很乱。维尔和杰夫的生活节奏截然不同。我抽时间采了雪样。昨天下午快结束时里程计坏了。读数应为715—720英里。故采集的雪样应为720英里附近。

今日上午12时许出发到午餐时（今日延迟到下午2时）行进5.5英里，下午一直行进到7时休息，为12.3英里。今日共行进17.8英里。

下午一直自己滑雪前进，直到下午6时。在延长的1个小时里，与维尔的雪橇一块行进2.8英里。停止行进后，将帐篷等搬到位，与维尔一同支起帐篷。然后维尔进帐篷做晚餐、烧水等，我则喂狗等，然后挖雪坑、采样。最后为帐篷压了许多雪，因昨天压得不足，故夹层内进了不少吹雪。由于刮风，无法做密度测量，仅采了样，做了剖面观测而已。

今日雪面较硬，狗橇行进较顺利，我滑雪18英里，由于雪面硬加上天气阴沉，雪面上反差不好，看不清雪面，摔了不少跟头。因为阴天反差不好时，就好似盲人摸路。维克多承认，他上午摔了两跤。如果有阳光照射，我估计滑雪打先锋带路不成问题。单人滑雪十分单纯，少了不少麻烦，可以集中精力滑雪，也可随时停下来擦干眼镜内的冰等，跟狗橇则不行。

1989年10月7日（第73天）　　星期六

晨6：15，维克多报告：-25℃，晴天，能见度良好，10—12米/秒，东北风。

午餐时气温-17.5℃，15—20米/秒，东北风。

今日行进21.8英里，上午10.9英里，下午10.9英里，雪面较硬，下午有大的上、下坡，大上坡时，狗不好好地拉橇，耽误了不少时间。

晚上长城站通话：（1）PICO钻未收到；（2）9月29日李果亲自将一箱啤酒和一箱食品及饺子交给飞机驾驶员，但我们未收到；（3）南极办向我问好，注意安全；（4）家属情况很好。

1989年10月8日（第74天）　　星期日

晨6：20，维克多报告：-29℃，8米/秒，东北风，能见度200米，吹雪严重。

按往常时间出发。上午行进8.4英里，下午14.4英里，全天共22.8英里。里程计读数为62.4英里，这一读数是10月5日里程计坏了后，又重新修好而启用的记录。到10月5日止，已行进720英里。上午仍刮风，能见度差。约12时可看到蓝天，下午约3时再次见到蓝天。下午6时许，风变小，吹雪也大大减弱，能见度为10—20英里。下午宿营地在萨文山西侧三四英里处，我们距雷克斯山还有约80英里。

今日雪面较硬，尤其下午为甚，故下午行进速度十分快。维克多在前边滑雪开路，杰夫的橇不停地跑。

维尔的3只狗：坦尼斯、雷和另1只狗的腿部结冰，狗用嘴咬冰碴，结果连毛也咬掉，整条腿都烂了，血淋淋的，出了不少血，叫人心痛！杰夫的狗斯平纳亦如此。

我因昨夜休息不好，今天很疲乏。

1989年10月9日（第75天）　　星期一

晨维克多报告：-25℃，10米/秒，东北风，能见度好，晴天，但南边有云。

今日行进27.4英里，上午13.5英里，下午13.9英里，里程计读数为89.8英里。

全天晴天，阳光灿烂。但有时多云，午后有15—20米/秒的阵风，挟带吹雪。今日上午的风向为西北风。傍晚，晴，静风。宿营。宿营地气温-27.8℃。

这几天由于天气不好，能见度差，我们已偏南约10英里。昨天傍晚看到的冰原岛山是斯卡哈依山。今晚宿营地处可看到西南方为莱昂山。斯卡哈依山为英国南极测量队的一个大补给地，设有英国的夏季营地。这里的主要物资为汽油，供他们的飞机在飞往埃尔斯沃思等山脉的中途加油之用。

晚餐在杰夫的帐篷里吃，且开全队会议，以维尔和杰夫为主，全队商讨未来的飞机补给计划、狗的休息、食品、饲料等问题。

今天跟杰夫的雪橇行进时，杰夫告知一个新闻，昨天维尔说准备减去2名队员，问我是否知此事。我回答说不知。晚上杰夫问维尔到底是怎么回事，如减人的话，他第一个离开。结果弄得维尔不知所措，看来有误解。

1989年10月10日（第76天）　　星期二

晨6：10，维克多报告：-36℃，5米/秒，西北风，能见度好，多云，又是一个好天气。

今日行进27.0英里，上午14.1英里，下午12.9英里，里程计读数为116.8英里。昨天下午我们从斯卡哈依山的西侧通过，今天上午又行进

5英里后，通过了西边小山头（无名）。下午通过了莱昂山的若干个小山头。在最南边的一个山坡上看到一个"黑包"，疑为"雷克斯山补给点"。维克多前去观察，结果发现是一个空汽油桶，旁边还有一个仅出露半尺高的铁杆头。此山头顶部有一测绘点，我们估计这是英国南极考察队的一个测绘点。

维克多在前边全天开路，昨天也如此。自10月3日开始，维克多一直在前边开路。

坚硬的冰面已持续了3天。但今天的冰面几乎全为冰壳。狗橇在上边行进时狗的爪子抓不住冰，不断打滑，结果反而不利于行进。维克多在前边开路，也不断地"跳芭蕾"，不断地摔跟头。

1989年10月11日（第77天）　　　星期三

晨6：10，维克多报告：−36℃，5米/秒，西北风，多云，能见度良好。晚7时，气温为−32℃。

今日行进26英里，上午14.5英里，下午11.5英里，里程计读数为142.8英里。

上午雪面坚硬，行进很快。出发前夕，能见度极好，看到前方有山峰。经测方位角知为雷克斯山。据目测，我估计仅15英里。杰夫计算为27英里，让·路易的卫星定位仪估算为22英里。但今日行进26英里后仍未到达目的地，估计还在3英里开外。下午雪面转变，可参看今日做的雪层剖面图。由于表面有层新的吹雪，使行进速度大减。到下午6时距补给点还有两三个小时的路程，遂决定宿营。

今日感到十分疲乏。

全天晴间多云。太阳辐射强烈。口唇干裂，面色焦黑。公认我的脸最黑，像非洲人，杰夫用我的相机为我拍了几张照片（第26卷），说这个模样才像个"探险家"。

口唇干裂、面色焦黑的秦大河

1989年10月12日（第78天）　　星期四

晨6：20，维克多报告：−36.5℃，阴、云，能见度2—3公里，5米/秒，西南风。午餐时维克多测温度为−34℃，晚7时许，温度为−24℃。下午阴降雪。全天迎面吹西南风，甚冷。

全天行进20.0英里，里程计读数为162.8英里。上午8.3英里，下午11.7英里。

晨行进4.8英里后，抵达雷克斯山补给点处。又行进3.5英里后午餐。据计划我们应于10月1日抵达雷克斯山，现已迟到11天（10.5天）。自雷克斯山到赛普尔站为160英里，希望能于10月18日抵达。上午雪面时硬时软，下午转为较硬。但狗表现得较疲劳，如杰夫的狗，下午停了若干次，这是不常见的。由于在补给点处有了物资补充，下午给维尔的狗每只1.5块饲料，外加1块奶酪，每只狗都吃得一干二净。看来我们的狗也处于半饥饿状态！

在雷克斯山补给点处，我们仅取了少量物品，卫生纸每人1卷，糖、咖啡、蜂王浆口服液等。绝大多数东西都未动。因为10月3日出发时，我们已备足了20天的食物，包括狗食。为使狗能跑得快一些，杰夫和维尔都各拿了1箱狗的饲料（35块，共70磅）。计划从今日起，每只狗每天喂1.5块饲料，一直持续到赛普尔站。维尔还计划，如果天气仍像今天这样冷，且行进达25英里/日或以上，狗的食物应增到每只狗每天2块。

−35℃的温度再加上迎面刮来的风，非常困难！非常痛苦！但维克多开玩笑说，他的脸不怕冻，因为他是"典型的苏联人的脸庞"。话是如此，往常他不戴面罩，但今天也"全副武装"，脸上也戴了面罩，盖得严严实实。

由于仅行进20英里，加之昨天休息得亦好，今天感觉不大疲劳。

1989年10月13日（第79天）　　星期五

晨6：10，维克多报告：-32℃，4米/秒，西南风，能见度好。阴天，但云层较高。

今日行进22.1英里，上午10.4英里，下午11.7英里，里程计读数为184.9英里。上午雪面较软，下午转为较硬，尤其在最后1个多小时雪面甚硬。午餐前夕，转为东南风。全天感觉很冷。

维克多在前边开路，亦十分疲乏。杰夫想用图利来开路，图利不干。维克多只好再次上前开路。这是件十分辛苦和不易之事，既要体力好，也要有良好的滑雪技术。很佩服维克多！

雷克斯山为南极半岛之南界。越过雷克斯山，我们即跨入内陆的埃尔斯沃思地，即南极内陆高原区。这里气温立即变得很低，确与海洋性气候影响下的南极半岛地区不同。

迎面风吹得我右半边脸甚痛，眼皮似肿胀，很不舒服。

今日为第11天连续行进，甚感疲乏。

1989年10月15日（第81天）　　星期日

10月14日因病未记。

14日晨约6：30，维克多报告：-38℃，20米/秒，东南风，能见度很差。维尔决定停止前进一天。全天暴风雪，并低温。

清早醒来即感头痛发烧，且一夜睡眠不好，全身发冷。当维尔说不走时，遂昏昏入睡，直到上午10：30才醒来，做了2个饼子，我只吃半个，又昏昏入睡，直到下午6：20才起床做晚餐，下午8：00又入睡，直到今日晨6：15被维克多叫醒。此时，方感到身体轻松了不少，烧已退，仍略有头痛感，但好于昨天。昨天从维尔处拿了6粒阿司匹林片，分3次服用。奇效！

人的体力调节功能真是伟大，妙不可言。这几天感到疲乏到了极限，以至于发烧。我心里清楚是太累之结果。昨天休息了一天，大睡20小时，外加阿司匹林片，结果今天好转。我已三次遇到身体不适，但均碰到暴风雪天可休息。第一次闪了腰，第二、第三次因暴风雪而停下来休息，得以痊愈。如9月初感冒时，又适逢暴风雪天。此次又如此。维尔讲，这是你妻子为你祈祷之结果。谢谢上天保佑。

今日方知，由于连续行进，天气又不好，杰夫亦头痛发烧，服用阿司匹林片才见好。圭三的脸部、眼睛部位大面积肿胀，是13日南风迎面吹的结果。我今天由于两颊处未包严，宿营后方觉肿胀，照镜子看到脸色极黑，两颊处肿胀。

今日行进19.7英里，上午9英里，下午10.7英里。里程计读数为204.6英里。

由于天气太冷，狗也出了不少问题。维尔队中坦尼斯四肢的毛均被啃光，流血不止。昨天维尔将它带入帐篷内过了一夜，今天则在雪橇后边的大红帆布袋内过了一天。入夜，又将其放入袋内避寒。杰夫队中的斯平纳的生殖器被伤，肿胀得很大。几乎所有的狗腿部都在流血！

晨6：15，维克多报告：−36℃，8.1米/秒，东南风，能见度200米，好于昨天。维克多的声音才叫醒了我，赶快起床，早餐，准备出发。吹雪掩埋了雪橇，费了些时间和力气才挖出来。故出发时间迟于往日约40分钟，上午仅行进9英里。全天阴云，东南风，有时云较薄，可看到太阳。午餐时气温为−30℃。

维克多全天在前边开路。

到今天止，我们距赛普尔还有103英里路。希望四五天后抵达。

从9月12日起，我们的狗每天喂1.5块饲料。其中12、13日两天，还外加一块奶酪。

1989年10月16日 (第82天) 　　　星期一

晨6：15，维克多报告：-32℃，可见阳光，能见度比昨日好，5米/秒，东南风，大雾。

实际上全天阴、云，能见度同昨日，东南风仍为10—20米/秒，甚冷。能见度100—200米。

今日行进18英里，上午9.2英里，下午8.8英里。里程计读数为222.6英里。

上午滑雪7.2英里后，由于雪面越来越不好，暴风雪造成的凹凸地形非常难行走，狗橇不断地停顿，需要人推，大家都放弃滑雪步行前进，连推带拉，直到下午6时宿营。下午，除维尔外，余五人均为步行，维克多和让·路易步行在前方开路。杰夫和我则断后。

气温低，又迎面刮风。午餐时，维克多测气温为-36.0℃。狗大成问题！杰夫队中的斯平纳生殖器冻伤，黄黑色。它将被送回，不会再参加穿越队。维尔队中的坦尼斯，亦四肢鲜血淋淋，看来命运不佳。斯平纳7岁，坦尼斯才5岁。据维尔讲，目前我们只有34只狗了。才走了1000英里，已"损失"了6只狗。还有2700英里怎么办？估计维尔将采取裁人、裁狗橇的办法。走着瞧吧。

我滑雪板左脚前带上的塑料扣子断了，晚餐后缝纫，已顺利换上了新的。

今日救援飞机飞往80°20′S的探险网基地建营。经过我们这里时因天气不好，未见到。10月23日，DC-6飞机将载约翰·斯坦德森、摄影组和12只狗等飞往该营地。摄影组将与我们再次共同工作约6天，估计在10月下旬到11月上旬。

新闻广播：南极条约国欲签署矿产资源条约，因法、澳两国代表拒绝签字，未成。据说他们希望南极洲成为世界公园。

1989年10月17日（第83天）　　星期二

晨6：15，维克多报告：-36℃，阴云，能见度很好，1—2（或为2—3）米/秒，东南风。午餐时气温-35℃。全天微风，感觉好于昨天。

全日行进22.7英里，上午10.2英里，下午12.5英里，里程计读数为245.3英里。

未刮大风。全天阴间晴，间断小雪。下午8时转晴，阳光普照。由于未刮风，温度虽然同昨天差不多，但感觉要暖和得多。

雪面较昨天为平整，但仍有暴风雪造成的凹凸表面地形。雪面较硬，但较一周前雷克斯山地区的冰面为软。但是积累量似高于雷克斯山地区，冰盖表面较半岛地区大起大落的地形平缓，只有轻微的波状起伏。

中午12时停止前进。让·路易欲与飞机通话。可能的话飞机将在此地降落，将坦尼斯、斯平纳和帕卜带走。因为这3条狗都病得较严重。其中坦尼斯和斯平纳为冻伤，而帕卜为右后腿有病，不能行走。但是在通话时彭塔告知我们，今天飞机不飞越这里，又告知昨天我们的宿营位置为75°34′S，79°21′W。晚8时与长城站通话。曹冲告知，钦珂一切都好，但仍未出医院，几天前南极办和兰州通了电话。长城站的同志们已看到前次送回的15只狗冻伤很厉害。国内形势较好。自盘大作发表于《中国科学》，他今年已在中山站完成8篇大作。下次通话27日下午8：30，频率不变。

今晨我们距赛普尔站仅72英里，这是杰夫从地图上测量出来的。赛普尔站地势较低，只能在距赛普尔站约5英里处才能看到该站的天线。估计难以寻找赛普尔站。

1989年10月18日（第84天）　　　星期三

晨6：10，维克多报告：-40℃，阴云，静风，能见度好。约10时起，风向改为东北风，甚幸！虽然很冷，但是毕竟风在身后刮！傍晚9：00风速加大，10—15米/秒。午餐时气温-40.5℃，感到很冷，这是自出发以来最冷的一天。

冷和热是相对的。今天杰夫讲了一个小故事。1982—1983年冬季，伦敦的气温下降到-25℃，比往年最低温度还要低15℃—20℃。而在那段时间，南极点的温度为-10℃。于是，英国报上讲，伦敦的温度降到比极点还低。你能说不对吗？

今日行进23.1英里，上午10.2英里，下午12.9英里，里程计读数为268.4英里。

中午12时停进，欲与飞机通话，未成功。彭塔指出，我们昨天晚上的位置距赛普尔站尚有62英里，方位角为243°（地理角度）。下午杰夫讲，这个距离和他计算的相差十余英里，可能他的有误，因为他使用的地图较老，而赛普尔站在随冰体一块儿流动，若干年来可能已达十余英里。关键在于赛普尔站是一个动点，据卫星定位测量，现我们距赛普尔站39英里左右。

1989年10月19日（第85天）　　　星期四

晨6：30，维克多报告：-35℃，5—7米/秒，东北风，阴云，能见度差，有少量吹雪。9时以后，转为阴云，微风1—2米/秒，风向未变，能见度5—8英里。午餐时气温-37℃。傍晚转晴。晚10时许，甚晴，但很冷。

今日行进21.5英里，上午10.2英里，下午11.3英里，里程计读数为289.9英里。

天气较稳定，冰面条件也不错，利于滑雪。这是自12日通过雷克斯山告别南极半岛进入埃尔斯沃思地以来的基本特征。首先，暴风雪天已大大减少，除14日外，余皆较稳定，至少不刮大风。但与此同时，气温下降了不少，一般为-40℃—-35℃，比半岛地区冷得多。其次，风向也转为以南风为主。-35℃再加偏南风冷得不得了，感到比半岛地区冷得多。雪面一般都较硬，雪橇行走较顺利。因此，得以维持近日来每天行进20—23英里的速度。估计以后天气可能会转暖和一点儿，至少11月下旬夏天到来后气温会略高一些。但愿如此！

维尔讲，飞机将在埃尔斯沃思补给点与我们会面。同时，法国摄影组亦在埃尔斯沃思补给点与我们会合。摄影组此次有雪上摩托，不会影响我们的行程。

让·路易报告，他从电台收听到几天前旧金山发生地震，6.7级，一座大桥的上层垮到下层，约500人丧生。当时正值下班时间，但大批人在看球赛和看电视，所以外边行人不多。

1989年10月20日（第86天）　　星期五

晨6：15，维克多报告：-36℃，1—2米/秒，东北风，阴云，能见度中等。午餐时温度上升为-33℃。

下午6：10停止前进，但始终未见赛普尔站。直到此时，能见度转为甚好，四周为晴天，唯当头上空为乌云。午餐时行进11.3英里，里程计读数为301.2英里。此时，里程计读数为312.5英里。我们正在卸橇。突然让·路易发现了赛普尔站的天线在我们的右后方。为了防止天气转坏明天找不到赛普尔站，决定立即向赛普尔站前进。到夜10时才到达赛普尔站。全天行进31.3英里，里程计读数为321.5英里。又累又饿，忙到夜约1时半才休息。

1989年10月21日 （第87天）　　星期六

　　决定在赛普尔站停止前进休整1天。全天大太阳，阳光十分强烈。我们睡到9：30才起床。将睡袋床、床垫等统统拿到外边晒。虽然温度很低，但由于日照强烈，微风，故干得很快。看来我们可以享受几天干睡袋了！

　　赛普尔站已关闭2年。主建筑物关闭已进不去。其中赛普尔站Ⅱ（见幻灯片）可能系无线电通信房，其顶部入口处被大铁盖盖住，似只能用电动马达才能开动，掀开铁盖，人才可以进。其余建筑物大多数已被雪掩埋。所有的电线杆有1人高，唯天线塔仍有十余米高，耸立在雪原上。原来在照片上见到的大拖拉机等车辆都未见到。为方便飞机起降，站旁边的雪面上用两排油桶排列，成为跑道的边缘。机场跑道附近有十几桶汽油，可能是供我们的飞机加油用的。

　　维尔和圭三打开了一间掩埋了的房间顶部开窗，我们进到一个小房间内，其实这是一个厕所，套间内为一间小炊事房，发现里面有咖啡、果酱、饼干、浓缩果子汁、蔬菜汁、花生米以及卫生纸等，拿了一些来改善生活。经过3个月的野外生活，接触到这些东西，感到样样可亲，味道很美。其实这些食品都是过期食品，但因低温保存，不至于吃坏肚子。老实说，大家现在也顾不得许多了。

　　杰夫则在一个工具房内修理他的雪橇。

　　下午4时，全体到离营地约200米处挖补给品。补给品存放到此地不过半年左右，但已被掩埋60—80厘米，而且雪十分坚硬，铁锨挖不动，只好到赛普尔站找洋镐来挖，直到下午6时才挖出来。共计拿11箱狗饲料、3箱食品。各帐篷自己挑选存留，拟准备10天的饲料和食品。

　　天气晴朗，气温为-40℃，阳光极"凶猛"，睡袋等到下午7时已全干。自告别雷克斯山后，我们只遇到一次暴风雪。我们计划11月7日抵达爱国者丘陵，即常说的埃尔斯沃思营地。11月10日离开，12月15日抵达南极点。在穿越南极点之后的83°S附近新增加一个补给点。

1989年10月22日（第88天）　　　　星期日

晨6：30，维克多报告：-28℃，北风，暴风雪，能见度差，决定原地待命。

这场暴风雪是午夜约2时起来的，并使气温升高。风来自北方，看来此地仍不时受海洋的影响，虽然这里已为内陆。暴风雪持续了整整一天，帐篷内温度尚可，不感到冷。由于我们帐篷的两根铝管支杆断了，帐篷不能完全支起来，致使使用面积缩小，加上帐篷又不严实，点燃炉子后顶上还滴水，很不舒适！

下午睡觉直到4时才醒来。维尔下午2时出访，7时返回时告知坦尼斯已死。估计是今天上午死的。维尔讲，昨天下午他在外边收拾东西，我在内做晚餐，他考虑到太阳晒得很好，故未将坦尼斯放入雪橇后边的袋子内，结果冻死了。

据维尔讲，已与彭塔中断联络3天，不知原因何在。可能与天线有关。

今天起太阳已经不落山了。午夜时分，太阳仍在地平线上，之后又升起来。我们已开始南极的永昼生活。

1989年10月23日（第89天）　　　　星期一

晨6：20，维克多报告：-33℃，南风，10米/秒，能见度200米。甚冷。

5：30起床后见帐篷门被打开一条缝，帐篷内积了不少吹雪。原来是半夜2点，维尔看到外边风停，便打开帐篷，说是"太热"，没有把门关上，便倒头睡觉。结果半夜起风使帐篷内进了不少雪。

仍按往日时间出帐篷，风已转弱，为东南风，迎面吹到脸上十分冷。能见度也不好。到备好雪橇出发时，已迟于往日约1个小时。为了安全，维尔安排让圭三打头，杰夫和我居后，他居中。上午行进8.1英里，下午10.7英里，全天18.8英里。里程计启程时读数为321.5英里，宿营时为340.3英里。

下午5时许，天气转坏，东南风加大，吹雪更加严重，能见度约50米。到宿营时一场新的暴风雪又来临，风速40—50英里/小时，东南风。安营十分费力。

原计划在今天的宿营地采样，因暴风雪太大无法进行。

维尔队中3只狗：雷、耶格尔和汉克成问题。其中雷几天来不好好吃东西，今日雷和汉克又不吃饲料和奶酪。如果天气仍如此低温加暴风雪，这3只狗，尤其是雷的性命难保！！！

今日又和杰夫谈到坦尼斯之死。杰夫队中的斯平纳和维尔队中的坦尼斯同时命在旦夕，但今天斯平纳已能拉橇，而坦尼斯则长眠于赛普尔站。关键在于照顺。杰夫每天让斯平纳睡在帐篷夹层内，每天喂黄油和奶酪。因此，我决定从今天起给病狗吃"精饲料"——黄油和奶酪。

1989年10月24日（第90天） 星期二

晨6：30，维克多报告：-40℃，能见度较差，但好于昨天，10米/秒，东南风，准备按时出发。今日行进20.2英里，上午9.1英里，下午11.1英里，里程计读数为360.5英里。

昨天下午5时起暴风雪，持续了整整一夜。风声呼啸，彻夜不停。我以为今天仍不能成行，故未起床，直到维克多来报告才醒来。维尔亦大睡。

按时出发。约8时，暴风停，午后，天转晴。下午4时以后，大晴天，几乎为静风。今天是一个难得的好天气。在记忆中，这是自出发以来的第3个大晴天。圭三打头，杰夫和我断后，走得很慢，我们几乎每英里停顿1次。

下午6时结束后抓紧时间挖雪坑,观测并采样。

今天下午询问了让·路易,方知确实我们已与外界隔绝消息达3天之久。昨天晚上我们的电台可收听到彭塔,但他们却收听不到我们。从彭塔的无线电中可听到,"双水獭"式飞机昨天降落到雷克斯山以东附近,仍未到达爱国者丘陵。另外,DC-6飞机已到达彭塔,该飞机原计划10月23日飞往爱国者丘陵的计划现只好推迟。

1989年10月25日 (第91天)　　星期三

晨6:25,维克多报告:-34℃,10米/秒,西南风。

夜里的晴天正在转为多云天气,风向亦改变。

昨天宿营时未看到,但清早听杰夫和维克多讲,昨天他们已看到正南方向的埃尔斯沃思山脉。杰夫是昨夜11时外出看到的。维克多亦为昨天晚上看到的。早上出发后不久,埃尔斯沃思山脉突然出现在我们的正前方,和南极半岛大型的冰原岛山一样高高耸立。该山脉为埃尔斯沃思山脉的北端,文森峰为埃尔斯沃思山脉的主峰,距我们尚有170英里。

今日行进22.3英里,上午11.5英里,下午10.7英里,里程计读数为382.8英里。

西南风越刮越大,估计风速达25米/秒,中午12:30以后更大,到宿营地时暴风雪更加强烈。但仍仅限于近地面处,因为天空仍为多云间晴天,北方亦晴天。

下午安营时,维尔闪了腰,疼痛厉害。我收拾完外边,随即到帐篷内做晚饭,甚忙。今天把帐篷外层又安错了。因风大,只好用绳子把通风孔拴住,否则又吹进大量吹雪。晚餐后,给维尔用了我带的"伤湿止痛膏"(虎骨麝香止痛膏),他第一次用,不知效果怎样。

维尔从让·路易处借了小闹钟,这样可保证晚上睡好,早上按时起床。

1989年10月26日（第92天）　　星期四

晨6：15，维克多报告：-24℃，10米/秒，西南风，近地面吹雪，能见度好！

昨天下午安营时，维尔闪了腰，痛得厉害。我们都希望今天有暴风雪，使他有一天的休息。但天公不作美，今天除风大和吹雪以外，晴天间多云，能见度很好，他只好忍痛前进。约8时，让·路易来帐篷内看了维尔的腰痛部位，检查后认为系肌肉拉伤，可以继续前进。因此，今天对维尔是痛苦的一天。宿营后，我将仅存的2片"祖师麻膏药"拿一片给他贴好，他很高兴，希望能尽快地好起来。维尔给我1小瓶甘油，说每天夜里涂一点在脸上，可保护脸部皮肤。

昨天不慎将外衣拉链搞坏，上衣穿不成了！杰夫晚上送来他的备用上衣，穿上很合适。非常感谢他。由于过几天拍电影，让·路易已用卫星定位装置通知彭塔，飞机来时请将秦的上衣带来，以便拍电影时用，否则电影中没有中国人，却有2名英国人。

我们已进入77°S。下午宿营地距埃尔斯沃思山脉已不远。埃尔斯沃思山脉分两段，北段为哨兵山脉，南段为遗产山脉，从77°S延伸到82°S，延绵500多公里。前天晚上我们远眺的正是今天近在眼前的哨兵山脉的北端。走到近处，才看到山势雄伟高大，远非半岛上的冰原岛山所能相比。

今日行进20.1英里，上午7.9英里，下午12.2英里，里程计读数为402.9英里。上午由于维尔的腰痛，故动身较晚。下午仍6时休息。

1989年10月27日（第93天）　　星期五

晨6：20，维克多报告：-13℃，非常"热"。10米/秒，西南风，无吹雪，能见度良好。维克多还告知，昨夜他与别林斯高晋站通话未成功，估计我们电台的天线有问题，只可以收听到对方，但对方听不到我们。救援用的"双水獭"式飞机已3天未与彭塔基地通信，现情况不明，彭塔方面十分担心这架飞机。

今日行进约21英里，上午行进7.2英里后，因雪面崎岖不平，杰夫恐将车轮里程计搞坏，故停止使用。上午估计行进了10英里，下午行进10.8英里，现里程计读数为420.0英里。

冰面变化极大。上午出发后不久，接近埃尔斯沃思山脉时冰面坚硬，且高低不平，滑雪十分困难，全体一律步行。但步行亦困难，因为冰面被不连续的极薄的冰层覆盖，很滑。不知道摔了多少个跟头！今天杰夫多半在前边步行带路。我上午步行约4英里，下午步行约8英里。余皆滑雪，很困难，很疲乏，很累……

在山脉北头第一山峰下，可看到去年夏季即已形成的冰面湖泊，面积为4—5平方公里，表面结了蓝色冰，十分美丽！因相机出故障，未能拍照，太可惜了。在抵达此地之前，冰面开始出现大裂隙，约2米宽，100—200米长，不规则延伸后减灭。

在埃尔斯沃思山脉西坡，我们将行进250英里左右，这种覆盖薄冰层的冰面，可能会保持相当一段距离。这种冰面只能步行，不能滑雪。

维尔告诉我，他使用"祖师麻膏药"后，效果很好。贴上膏药24小时后，他几乎忘了自己的腰痛。

1989年10月28日（第94天）　　星期六

晨6：05，维克多报告：−17℃，17米/秒，西南风，无吹雪。能见度好。阳光普照。

今日行进23.7英里，上午12.6英里，下午11.1英里，里程计读数为444.6英里，早上动身前的读数为420.9英里。

雪面十分坚硬，如同冰面，且高低不平，不易滑雪。但上午我一直坚持滑雪。下午则不行，只好脱下滑雪板步行。感到十分疲乏。昨天步行时，左脚部小有闪失，贴了伤湿止痛膏，今日步行时感到疼痛。估计问题不会很大。

今日在西坡通过了埃尔斯沃思山脉北段的哨兵山脉的一系列山峰，下午已看到哨兵山脉的主山脉。该山脉山脊线上刃脊奇立，角峰突兀，十分壮观，是典型的冰川侵蚀地貌地形，放到教科书上是再好不过的图片。哨兵山脉将向南延伸100英里，而文森峰（4897米，南极洲第一高峰）亦距今日宿营地约100英里。

在今天通过的山峰脚下，即山脉的西坡处，可以看到一些冰面湖泊，表面结了冰，呈蓝色，为水成冰。山坡脚下，亦可看到蓝冰带，条带状分布在山峰西坡山脚下。这是山地冰川的冰舌部分，流下来后与南极大冰盖汇合。这里已为77°S，竟有此奇观，估计夏季比较温暖。人们把这一地区称为南极洲的热带。

早晨得知"双水獭"式飞机已到达爱国者丘陵营地。下午又听维尔讲，凯茜迪·莫尔将乘DC-6飞机在营地与我们见面。

据杰夫计算，下个补给点距我们仅30—32英里。在今天下午的宿营地我们已可以较清楚地看到补给点，距离3—5英里。明天上午将通过补给点，并拿到补给品。

晚上采样挖了1米雪坑，十分费力。雪似冰一样硬，铁锹挖不动，只好用斧头砍，又慢又费力气。几乎用了1个多小时，才完成采样工作。

晚餐后，听到让·路易帐篷内的电台已正常工作，听他与彭塔用法语、英语谈话。这是几天来没有的。

1989年10月29日（第95天）　　星期日

晨6：15，维克多报告：-26℃，晴天，静风，能见度极好。全天晴天，阳光照射十分强烈。晚7时，维克多实测温度为−22℃。由于太阳辐射，静风，虽然气温仍在−20℃以下，但给人的感觉似温度高达20℃，甚热。几乎每个人都脱了外衣，甚至只穿一件线衣。午餐时，杰夫、维克多、圭三都脱光了上衣在晒太阳，简直让人忘记了是在南极洲。这便是南极洲的"热带"地区的实情。

到宿营地之后云层增加。云来自北方。晚上8时许，外边刮北风，估计又要变天。

今日行进16.9英里，上午10.6英里。约12：30，我们终于到达补给点费希尔山（1792米）。在其东南侧约半英里处，找到了铝杆及彩旗。杆子出露仅半米。大家一齐动手，往下挖了60—70厘米后，终于找到木箱及饲料大木箱。此地为大补给点，储存的物资可以维持到塞尔山。共有饲料28箱、食品7箱，以及燃料油若干桶等。我们带走8箱饲料、3箱食品。剩余的等过几天飞机来时带走。

挖出补给点后才吃午餐。由于气温高，日照强烈，又找到了补给点，所以今天破例，午餐时间较长，直到下午3时，让·路易与飞机通话前才结束。当然，此补给点的1瓶酒在午餐时也被大家一饮而尽。下午通话时知，DC-6仍在彭塔，这意味着明天摄影组仍不可能与我们"会师"。

我们在哨兵山脉西侧行进已3天。我手中因无地形图，不知道山峰的名称和高程。今日借了杰夫的地图，边看地图边拍了不少幻灯片，简录如下。今天拍了一卷幻灯片（第28卷），最南边最高山峰为戈德思韦茨山（3813米）。自南向北依次为多尔赖米玻尔山（3600米）、阿尔夫山、夏普山（3359米）、巴登山（2910米）、赖默山（2430米）、戴桑山（2693米）、格罗福特山（2361米）、麦克唐纳峰（1940米）。其中刃脊地形为从赖默山到夏普山。

补给点存放地为费希尔山（77°48′S，87°07′W）。

迄今为止，尚未看到文森峰，估计此地距该峰还有90英里。

我们今、明、后几天行进路线上的雪面高程为1700—2000米。

今天雪面仍坚硬，但软于昨天。雪面亦较平坦，可以滑雪。个别地段雪面甚软，全天杰夫在前方步行开路。

我的相机镜头内前天被吹进去些雪粒，昨天不能使用，今天晒了一天太阳后已能工作。如果天气好的话，明天继续晒一天。

1989年10月30日（第96天）　　星期一

晨6：20，维克多报告：-22℃，东南风，阴云，能见度仍好。

今日上午实际上为东北风，从侧后方吹来。上午11时风停，下午基本为静风天气。在静风条件下，行进时感到很热。下午7时气温-20.5℃。全天气温在-20℃上下。全天阴天，云覆盖达95%—100%。

全天行进24.8英里，上午12.8英里，下午12.0英里，里程计读数为486.3英里。

行进约1小时后雪面开始变软，雪橇滑动时较费力。这种情况一直持续到宿营地。雪层剖面和采样表明，此地雪层与昨前日的极不相同，估计这里积累量较高，或因地形因素少刮风天气。

杰夫的狗斯平纳情况不好。除了吃肉末外，什么也不吃，站立不稳，腰上的冻伤化脓，气味难闻，极瘦弱。如不赶快用飞机运走则性命难保！今日全天坐在雪橇上昏昏睡觉。

爱国者丘陵在埃尔斯沃思山脉最南端东坡，距我们直线距离为150英里，我们要走到山脉的南头，再倒回20英里翻到东坡才能抵达。这样往返要用2天的时间。目前杰夫等正在考虑，能否从山口穿过去。如果可以的话至少节省40—50英里，即2天时间。而时间对我们十分宝贵。

1989年10月31日（第97天）　　　星期二

晨6：00，维克多报告：-26℃，5—8米/秒，东南风，阴云，能见度好。

今日行进22.1英里，上午11.7英里，下午10.4英里，里程计读数为508.4英里。

虽然清早温度为-26℃，但感觉甚冷。尤其下午午餐后，给人的感觉温度至少为-34℃——32℃。整个下午都感到全身发冷，直到吃了晚餐后才感到好了一些。

雪面较软，个别地段甚软，因此雪橇行进很费力。杰夫的雪橇停顿若干次。雪面也不如昨天平整。上午，每走数百米，就有较大的雪垅，搞不好雪橇会翻车。因此，杰夫步行前进保护雪橇。

斯平纳仍然十分疲弱，全天躺在纸盒内坐在雪橇上。它站立已很困难，命在旦夕。

我在换新手套时发现了1小瓶藏起来的"冰川玉液"酒，便拿出来与维尔在晚餐后一饮而尽！至此，我"珍藏"的酒已全部喝完。

今日全天阴天，上午阵雪，云覆盖率为100%，傍晚5时许，西南风加剧，甚冷。

1989年11月1日（第98天）　　　星期三

晨6：00，维克多报告：-33℃，多云，雾，东南风已减弱。上午8时许，当头天空晴天，但埃尔斯沃思山脉仍在云雾中。10时许起大雾，转为全天阴天。上午8：00—10：00，可看到埃尔斯沃思山脉的峰群。文森峰隐约可见，看不清楚，也拍不成照片。

今日行进21.2英里，上午10.6英里，下午10.6英里，里程计读数为529.6英里。

冰面上下起伏，但总的趋势为下坡。昨天晚上宿营地的海拔达2560米，今日宿营地为1600米。昨天一路上坡，今天基本上为下坡。全天雪面较松软。从雪层剖面看，这里似为高积累区，表层的老雪厚度竟达30厘米。今日的雪层剖面比前天的更"软"！！

12：40下坡时，圭三的雪橇再次翻倒，一侧雪橇又出现裂缝，只好停下来修理，约用去1小时。这部雪橇拟在埃尔斯沃思营地时换成新橇，希望能够再坚持1周。

我们的燃料甚缺。维尔原计划让摄影组飞机到达时带些燃料来，但直到今天DC-6仍滞留在彭塔。看来没有希望啦。我和维尔的帐篷只剩下5罐燃料。

从昨天起杰夫的雪橇行走较慢，老停下来。以我的看法，不是他的狗队有问题，主要原因是他的雪橇要比维尔和圭三的重许多。如原先的箱子、我的样瓶及雪样……都放在杰夫的雪橇上。如果雪面仍很软的话，行走将更加困难。这两天我和杰夫在上坡时不得不推雪橇，否则狗拉不动。

下午宿营时，气温为-25℃，静风，阴云。

1989年11月2日（第99天）　　星期四

晨6：00，维克多报告：-32℃，西南风，阴云，能见度尚可。

今日行进23.5英里，上午11.8英里，下午11.7英里，中午时里程计读数为541.4英里，下午为553.1英里。午餐地采样，维克多的样，观察到25厘米表层内均为细粒雪。

全天仍为阴云，100%云覆盖。午后云层升高，可看到文森峰的下半部，维尔拍了些照片。

昨天让·路易与彭塔通了话，DC-6仍在彭塔。

我们的燃料只剩3小罐了。

今天雪面较平整，亦较硬，故行进较顺利，全天我驾驶杰夫的狗橇，而杰夫则与维尔同行。午餐前不久，让·路易与我同行。我们全天行进在"走廊"里。西边是隆起的冰丘，表面裂隙巨大，高度为200—300米；东边不远处为埃尔斯沃思山脉的西侧丘陵，远处为埃尔斯沃思主山脉。除上、下坡地段外，雪面均较平整。今晚宿营地处雪面高程约为2000米。晚7时，气温为−26℃。

下午风向转为东南风。

1989年11月3日（第100天）　　星期五

晨6：05，维克多报告：−29℃，多云转阴，东南风。可看到文森峰。但在7：30我出帐篷后，已为阴云，覆盖度100%。故迄今为止，尚未清楚地看到文森峰，亦未拍到照片。全天东南风，风从正面刮来。间断小雪。

今日行进22英里，上午10.7英里，下午11.3英里，里程计读数为575.1英里。

昨天让·路易与彭塔通了话。DC-6昨天起飞前往80°S附近的爱国者丘陵营地，但中途又返回。据说原因是飞机机械故障。飞机飞行8小时，现仍在彭塔。

下午又听维尔讲，国际南极探险网航空公司说飞机返回彭塔系天气原因，但飞行员未说什么原因。据与探险网公司的合同规定，如系机械原因，考察队不付钱；如果因天气原因返回，我们要付全费。今日有关方面在彭塔开会，讨论究竟是天气原因还是机械故障。

昨天，让·路易与我同行时告诉我，齐林格洛夫认为我们走得太慢。如果我们不能按原定计划如期到达东方站的话，当我们抵达该站后，苏方将把我们连人带狗，统统放到拖拉机上，拉一段距离，再让我们的狗橇前进，以保证行期。

今天雪面较软，加之杰夫的狗橇走得很慢，故仅行进22英里。下午，将杰夫的狗橇放到前边，我在前方约20米带路，情况略好一些。下午走了11.3英里。

清早，杰夫给我们帐篷送来3瓶质量较低的燃料，解决了我们帐篷燃料缺乏的问题。2天来，由于燃料不足，我和维尔每天点燃炉子的时间极短，故衣、帽、手套、鞋子都极湿，穿戴上以后感到十分难受。今天宿营后，点燃了炉子烘干衣、鞋、帽，加热帐篷，顿感十分温暖和舒适。

1989年11月4日（第101天）　　星期六

晨6：10，维克多报告：-29℃，阴云同昨天，能见度一般。

今天全天虽然温度不高，但是几乎为静风，虽然阴云，但云层很高、很薄，时有阳光，故感觉不十分冷，是十分顺利的一天。行进中整个冰面相当平坦，冰面无大的雪丘，雪面表层较硬，又是下坡，易于行进。全天行进24.6英里，上午12.0英里，下午12.4英里，里程计读数为599.7英里。据地形图我们将一直下坡到800米高程处，然后翻越1200米高的山口，直奔埃尔斯沃思东坡的爱国者丘陵。今早距爱国者丘陵的距离为92英里。除去今天的24英里，还有68英里，需要3天时间才能到达。预计7日下午可以抵达爱国者丘陵。

上午我在雪橇前为狗带路12英里，杰夫跟橇行进。下午，与杰夫交换，他在前边带路，我在后边跟橇，一切顺利。

斯平纳仍坐在雪橇上。它前蹄子的筋可能已断开，很难站立，估计今生不能再拉橇了。图利系2岁的母狗，最近性发育成熟，故暂时不能打头，只能在后边拉橇。因此，杰夫的狗队实力减弱，需要人在前边带路。午餐时杰夫将1箱狗食扔掉，以减轻雪橇重量。下午速度快了一些。

　　晚餐后，让·路易告知维尔，DC-6计划明天飞往爱国者丘陵。前天DC-6不能到达系机械原因，不是国际南极探险网航空公司的人讲的是气候原因。因为克瑞克特将飞行员与彭塔的通话录了音，谈话表明飞机系机械故障。为此，考察队可以节省35 000美元。记者、法国摄影组成员等均乘明天的航班到达爱国者丘陵营地。

1989年11月5日（第102天）　　　　星期日

　　晨6：00，维克多报告：-32℃，阴云，能见度差，东南风。

　　今日行进20.1英里，上午10.7英里，下午9.4英里。下午由于能见度不好，行进中偏了20°，使下午误入歧途，只好返回，结果又遇裂隙，只好停了下来。时间为5：45，里程计读数为619.8英里。

　　上午出发后不久，天气越来越坏。11时风越来越大，由于我们前进的方向为东南方，正好迎风，行进非常困难。午餐后风止，但能见度极差。

　　估计我们距山口尚有12英里，距爱国者丘陵还有42英里。山口处正好为80°S。

　　今晚我和维尔帐篷内仅剩2瓶燃料。如果明天天气不好，行进不顺利，7日不能抵达爱国者丘陵，我们帐篷将无燃料，连吃饭都成问题。

1989年11月6日（第103天）　　　　星期一

　　晨6：05，维克多报告：-31℃，阴转晴，可见蓝天、山脉和周围的许多冰裂隙。西南风。

　　今日行进22.5英里，上午12.5英里，下午10英里，里程计读数为642.3英里。

清早出帐篷后看到天已转晴，万里晴空。但南边仍有云，高空仍刮北风，南边的云迅速移动开来，成为一个大晴天。看到昨夜宿营地的南边15—20米处有很大的裂隙，真够危险。

出发后不久，开始刮西南风，虽然阳光照耀，但仍感到很冷。风在午餐后转强，下午不仅刮风，亦挟带吹雪。我的睡袋在杰夫的雪橇上"晒"了一天，但仍未全干。下午宿营时的气温为-31℃。

由于能见度好，我们直奔山口。午餐时我们已到达山口的顶部。不料，我们走错了路，该山口的西坡很平缓，东坡很陡，下不去。因此，整个下午都在山顶迂回，寻找到东坡的路。让·路易和维尔在前边，十分辛苦。直到下午7时许，才从一个较缓的坡上下到东坡底部。维尔第一个下去的，杰夫和我第二个，圭三、维克多、让·路易3人护送圭三的雪橇下到坡底。此坡的坡度为30°—40°。下午7：25宿营。在山顶迂回寻找下坡的路时，看到许多若明若暗的冰裂隙。圭三半个身子掉了下去，幸亏反应快，用手撑住后爬了出来。杰夫连忙喝令我穿上滑雪板，系好安全腰带，怕我也和圭三一样掉下去。

此地为80°S，距爱国者丘陵还有30英里。

在山口顶部，可以清楚地看到爱国者丘陵。

1989年11月8日 (第105天) 星期三

昨天下午7时，我们行进31.7英里后（里程计读数为673.7英里）顺利抵达80°18′S，81°21′W，即国际南极探险网航空公司设立在爱国者丘陵的营地。上午，我们行进13.5英里，余皆为下午行进路程。冰面有一半平整，较硬，但亦有一段相当不平整，雪丘发育。

直到我们抵达时，营地的人才发现我们。

这里现有一架"双水獭"式飞机和4名人员，为飞行员、机械师和气象观测员。迈克是其中之一，他去年曾徒步滑雪从此地直奔南极点，走了51天。他讲，这一段路冰面平整，又处在极地低压带内，故较容易通过。他们已知我们昨天要到达，准备了丰盛的晚餐，有葡萄酒、智利白酒烤鸡、蛋糕、面包等。他们4位被我们几个饿慌了的探险家的食量所震惊！我们几乎一扫而光，吃光了所有的凡是端上桌子的东西，喝完了所有的饮料和葡萄酒。直到晚上1时，才返回帐篷睡觉。故未写日记。维尔未住在帐篷，独住到探险网营地的房子里。我1个人休息，很安静。

当我们抵达营地时，天气平静，多云，阴天，气温−18℃。DC-6已于下午6时，即我们抵达此地前1小时从彭塔起飞，乘客主要是记者及法国摄影组人员。

维克多和他的妻子通了电话。

我和维克多、维尔等洗了澡，很冷。这时我才发现体重减轻不少，很瘦，真是只剩下皮包骨头了！感到担心，要想办法多吃东西，多吃才能获得最后的胜利。

睡到晨2：15，杰夫来叫醒了我，说飞机在15分钟内抵达。我起床后昏昏迷迷地前去等待飞机。约1小时后，飞机才姗姗来迟，抵达此地。

DC-6是一架极老、极旧的飞机，四引擎，又黑又脏。平安到达此地，真不容易！飞机机身上写有"南极航空公司"。想想南极洲何等干净、美丽，看看这架年龄和我差不离的脏飞机，感到好笑，真是给南极丢人！美、法、英、德记者均抵达此地，ABC的记者在采访了维尔和让·路易后，随机返回。9月17日李果托约翰带的1箱罐头及软包装食品（雪里蕻炒肉等）也同机到达。很重，约16公斤，得赶快吃了，否则加重负担。DC-6飞机于上午7时离开此地飞返彭塔。

法国摄影组于今天下午拍摄我们的生活，主要为收到家信的情景，我收到钦珂9月、10月的信共5封。还有鲁斯·埃利科森、凯茜以及明尼苏达州一个小学校同学们给我写的信。摄影组还送给我2盒"妈咪"牌中国菜汤的汤料。上次他们从法国来时就曾送我2盒，质量很好，系法

位于爱国者丘陵的国际南极探险网的营地

爱国者丘陵的午休

国华人之产品。2位沙特阿拉伯科学家亦同机到达，他们在此地逗留一段时间，待我们到达南极点后再飞往极点，然后飞返彭塔，乘"UAP"号船去乔治王岛，访问长城站等。之后，再乘"UAP"号船到和平站与我们会师。估计12月份"UAP"号船才能到长城站。

1989年11月9日（第106天）　　　星期四

全天休息，做若干准备工作。

昨天DC-6飞机飞返彭塔的途中，因燃料问题迫降马尔什机场。刚一降落，能见度即降为零。而飞机若再飞行1小时就将因燃料耗尽而坠毁！考察队决定再也不能用这架老掉牙的DC-6了，要求改用DC-4飞机为我们服务。这架老飞机太危险了，没人敢坐。

中午开会讨论未来计划。计划12月12日到达极点，元月25日到东方站，3月7—15日到达和平站。苏方表示，若需要的话他们的拖拉机车队可到85°S处接应我们。

下午我一人用雪上摩托车给每个狗橇及帐篷运送饲料及食品，下午7时完成。又将约翰·斯坦德森带来的中国食品分发给每个帐篷，雪里蕻炒肉罐头不受欢迎，我也不爱吃，只能弃之。

1989年11月10日（第107天）　　　星期五

今日行进15英里，里程计读数为688.7英里。

晨7时起床，实际为6时，因我们已于8日改用彭塔夏季时间，即提前了1小时。探险网营地为我们做了早饭，欢送我们。早餐约9时结束，然后收拾东西，记者又采访维尔和让·路易等，出发时已12点。

法国摄影组共4人与我们同行。不过，他们使用的是雪上摩托车，比起以前来，不会影响我们的行动。

今日雪面坚硬，但雪丘不少。维尔用7只狗，圭三用7只狗，杰夫用8只狗。其中有10只新来的狗，而其余的狗休息2天后体力恢复较好，故狗橇的速度较快。用杰夫的话来讲，"好像一支新的考察队刚刚启程一样"。队员们休息了2天，体力也有所恢复。请美国记者杰基带2封信寄出，是给钦珂和李存富同志的。我和维尔换了新的帐篷，感觉好多了。

1989年11月11日（第108天）　　　星期六

晨维克多报告：-22℃，西南风，能见度5英里。

今日行进13.2英里，上午8.5英里，下午3.7英里，里程计读数为701.2英里。

几乎全天阴、云、风。下午5：25宿营后，天又晴了，风似减弱，但仍未停止。上午风速很大，为15—25米/秒，吹雪，能见度时好时坏。午餐后能见度极差，仅200—300米。和摄影组同行，他们的雪上摩托拉一个大雪橇，上坡时很费力，加上能见度不好，不时停下来等他们，有时还和他们失去联系，只好返回头找。下午找了2次，用去2个小时左右。第二次找到他们后已5：25，遂停进安营，并让他们拍摄安营时的情景。

摄影组对维尔腰扭伤后使用"祖师麻膏药"且有效果很感兴趣，想拍摄电影。但是，我目前仅剩了1块"祖师麻膏药"（共5块，我已用2块，维尔用2块，余1块），想留下来应急用。明天再决定吧！明天摄影组要到我们帐篷拍摄做大米饭和吃中国罐头食品的镜头。哪里来的大米饭和中国菜？真拿他们没有办法！

1989年11月12日 （第109天）　　　星期日

晨6：15，维克多报告：-30℃，西南风，晴天，能见度极好。

今日行进约10英里，但里程计读数为712.6英里，因拍电影需要，我们前进、后退原地转圈等等，故里程计读数大于10英里。

整个上午都刮风，风速10—20米/秒，近地面吹雪。这种情况自前天一直持续到今日中午。下午风速减小，估计为5米/秒，行进时不感到困难。上午因拍电影站在雪地上等、等、等……冷、冷、冷……今天是我们出发感到最冷的一天，几乎被冻僵了，连手指都不灵活了。主要原因是在外边站立，等待拍电影。真要命！下午，摄影组的雪上摩托车又出问题，又是等、等、等……冷、冷、冷。后来决定干脆宿营。摄影组计划还要拍几个镜头，然后于明早飞返爱国者丘陵。我们则要全力以赴、高速南下。摄影组要拍的镜头还有：用"祖师麻膏药"给维尔·斯蒂格治腰伤，杰夫生病，等等。

宿营时摄影组人员才发现摄影组的大黄包丢失，内装全部食品和高频步话机等。他们现有的食物仅够今晚和明早2顿饭，故明天非走不可。

下午8时与爱国者丘陵营地通话，知德国人明早7时飞往出发地（88°S，罗尼冰架以南某地），到达极点后，再决定去不去麦克默多站。我们希望明早来飞机接摄影组，并送来六七只狗和2箱饲料。

1989年11月13日 （第110天）　　　星期一

晨6：00，维克多报告：-28℃，西南风，晴天。

今日原地未动。

摄影组今日离开，他们食物已尽，非走不可了。为安全起见，决定飞机到达我们这里后我们再离开，以便双方都放心。飞机原定上午

9：00到达，一推再推，直到下午4时才抵达。约6时才离开。飞机带来了7只狗，又带走1只。这样维尔的队有10只狗，圭三有9只，杰夫有9只，拟明早启程南下直奔南极点。

飞机离开后，大家在我们帐篷内喝酒。很久未在一起喝酒了，让·路易还招待每位1支万宝路香烟。

约翰给我留下他的2套线衣裤、2双长袜、2双尼龙袜、1条头巾、1双蓝长毡袜、1双短毡袜、1条羊毛裤子等。这样，起码可以解决我目前的困难。在萨文山时为了减轻重量保证科考，我扔掉了所有的东西，以为在爱国者丘陵可以得到补充，结果落空。现在只好这样做。

我近来体重仍在下降，怕冷。

今日全天晴天，万里无云，风也不大，但温度较低。

1989年11月14日（第111天）　　星期二

晨6：15，维克多报告：天气正在由晴转多云。温度−21℃（？），能见度尚可。

今日行进24英里，上午11.6英里，下午12.4英里，里程计起始时读数为712.9英里，宿营时为736.9英里。

上午雪面较硬，且部分地段冰面有"冰壳"，阳光照射时有反射光线，给人留下的印象是冰，其实仅为烧结状态的粒雪而已。上午的11.6英里中，前10英里几乎每隔200—300米，即可碰到一组较大的雪丘，雪丘一般高20—40厘米，最高大的可达60—70厘米，延伸20—30米，像堤坝一样横卧在我们前进的道路上。下午，这种大型雪丘消失。

在爱国者丘陵亦可看到冰壳。但在营地附近，看到的却是冰川冰。它们是埃尔斯沃思山脉上的山地冰川流下来形成的。国际南极探险网则利用这些蓝冰作为飞机跑道，起降DC-4和DC-6型飞机。

在爱国者丘陵，我们见到德国著名登山家梅斯纳，他是登完了世界上所有海拔8000米以上山峰的人，而且登珠穆朗玛峰时未用氧气。此次他与另一同伴富克斯将穿越南极。昨天的"双水獭"式飞机先送他到82°S，75°W，他们自那里先到塞尔山脉，然后去南极点，到极点后，再去麦克默多站。维尔与他闲聊甚久，且很友好。

1989年11月15日（第112天）　　星期三

晨，维克多报告：-18℃，阴云，能见度略好于昨天，但仍为迎头风。

今日行进22.8英里，上午11.2英里，下午11.5英里，里程计读数为759.7英里。今天和昨天一样又是全阴天，东南风并挟带吹雪，能见度仅50—100米。由于无日照，故冰面无反差，给行走带来许多困难。昨天亦然。吹雪为新雪。大家认为实际上昨天下午和今天均为阴天、降雪、刮风。事实上也就是暴风雪。不过这里的暴风雪和南极半岛地区相比要小得多，持续时间也短。半岛地区一般1次可以持续3—5天，甚至1周，而这里仅一两天而已。但此次已38小时了，不知何时能停止？

今日冰面较平坦，下午部分地段为冰壳，较坚硬，但亦有少量的雪丘。雪丘有两组，一组沿SSE方向延伸，较松软，似为昨天和今早上新降雪形成。另一组为SSW，十分坚硬，似形成已有一段时间。

感到十分疲乏，因为昨夜休息不好，另外体力下降也是原因。看来需要休息，也需要新鲜食品。今天我观察杰夫也十分疲乏，问他，回答亦是自爱国者丘陵起一直未能很好睡觉。昨天下午、今日全天维克多一直在前边开路，速度亦比往日为慢。看来体力下降不是我一个人，而是普遍现象。

1989年11月16日 （第113天）　　　星期四

晨6：10，维克多报告：气象条件同昨天，−18℃，东南风，能见度差。阴、云，等等。维克多同时还告知苏联决定派伊尔-76飞机从布宜诺斯艾利斯到彭塔，将80桶汽油运到爱国者丘陵，解决我们考察队到极点后，因国际南极探险网工作不利，无汽油，因而无救援飞机，有可能使穿越计划不能完成的后顾之忧。前天，国际南极探险网已决定再派1架DC-6货机为我们运送物资。而11月13日维尔和让·路易也决定，如果国际南极探险网无飞机，他俩决定自己出钱，从加拿大或美国再派来1架DC-4飞机为我们向极点运送汽油及补给品等。因为那架老掉牙的DC-6飞机实在无力支援我们。苏方出动伊尔-76飞机解决了考察队的困难，也使维尔和让·路易免于"破产"。因为据合同，若穿越不成功，他俩将失去全部财产。

今日行进24.2英里，上午12.1英里，里程计读数为783.9英里。全天阴、云。间断小雪伴东南风。新雪不是雪花，而是小圆粒，到下午宿营时，厚1—2厘米。冰面较平坦，部分地段仍为冰壳，部分地段雪丘十分发育，最高大的雪丘可达40—50厘米。由于全天阴天、云，间断小雪，反差极差，行走困难。维克多在前边开路尤为困难，不断地摔跤。幸运的是今天风不大，下午4时许，风基本上停了下来。

据维尔讲，用苏联的飞机我们仍要付钱。但和国际南极探险网的运费相比要便宜得多。看起来苏方提供的飞机，一方面要一些钱，但主要为支援性的。

维尔不拘小节十分出名，与他同住1月来感受不少。首先他的黄茶缸子，既用来喝水烧茶，亦用来洗脸、洗脚、洗屁股，喝剩的水顺手倒入大铝壶中，使别人不能受用。另外还往小便坑里乱扔一通，什么都有，小便溅得到处都是，而紧挨小便坑处便是饮用的雪块和我的睡袋。我也不客气地制止了他。看来习惯成自然，任何人都不可能纠正他的习惯！

1989年11月17日（第114天）　　星期五

晨6：05，维克多报告：-15℃，东南风，阴云。这是第4个阴天了。幸运的是温度较高，且风速较小。

今日行进22.0英里，上午11.1英里，下午10.9英里，里程计读数为805.9英里。

今天在行进中遇到三个困难。一是因天气阴云，反差很小，给行进带来很大麻烦，尤其对在前边带路的维克多，维克多自己也说，他就像盲人一样摸索前进，故速度不可能很快，请我们原谅。另外冰面雪丘很多，最高大的可达90—100厘米，由于反差很小，不易发现，到发现时已为时过晚，造成雪橇倾覆。杰夫的雪橇今日翻倒4次，其中有2次不得不请其他人来帮助一块儿用力抬起来。第三个问题是昨天的新雪使部分地段冰面十分松软，使行进速度下降。

今日早上维克多还报告，据昨天与爱国者丘陵通话得知，苏联将在12月5—10日派伊尔-76飞机在南极点上空为我考察队空投80桶汽油。

我们的电台因功率很小（仅25瓦），再加上天线故障，目前只能与爱国者丘陵通话。故原计划今天与长城站通话只好告吹，看来以后也不可能再与长城站通话了。

1989年11月18日（第115天）　　星期六

晨6：00，维克多报告：-15℃，阴云，能见度同昨天一样差，南风，并吹雪，但不十分严重。

今日行进20.4英里，上午8.9英里，下午11.5英里，里程计读数为826.4英里。

上午阴云，能见度很差，冰面反差也不好，同时冰面雪丘十分发育，给行进带来很大困难。维克多在前边带路，整个上午才走了8.9英里，而且在第一个小时内，杰夫雪橇翻倒4次。最高大的雪丘高达1米左右。

维克多有一个新设想，即从极点到和平站可以直接前往，不必经过东方站，据他估算，可节省15天的时间。这的确十分诱人。但维尔计算后说，只能节省50—70英里路程。为安全起见，还是应当去东方站。

爱国者丘陵的记者们仍滞留在爱国者丘陵营地，因为国际南极探险网的DC-6飞机停在马尔什基地等待汽油。而汽油要过10天才能送到马尔什。为此记者们十分生气和着急。据悉，因为国际南极探险网的工作不力，美国ABC公司放弃了到南极点的拍摄机会。国际南极探险网因不能履行合同，ABC不去极点，等等，探险网公司将为此损失约100万美元的收入。

1989年11月19日（第116天）　　星期日

晨6：00，维克多报告：-20℃，10米/秒，南风，晴天（多云），能见度较好。

今日行进24.6英里，上午12.1英里，下午12.5英里，里程计读数为850.9英里。

上午冰面仍然雪丘纵横，但由于有日照，可以挑选路线，因此虽然难走，但比昨天为佳。下午风较小（傍晚时又加大，并带吹雪），冰面变得十分平坦，冰面亦无冰壳，故行进顺利。但因圭三的雪橇走得慢，只行进12.5英里，否则13英里没有问题。

今天为了圭三的生日，全体于9：15在圭三的帐篷聚会。生日庆祝会变成了工作会议，详情有录音带。

1989年11月20日 （第117天）　　星期一

晨维克多报告天气时，我因忙于收拾炉子，未听清楚。

今日行进25.3英里，上午12.8英里，下午12.5英里。里程计读数876.2英里。由于今日全天大晴天，微风，3—5米/秒，南风，无吹雪，故较为顺利。上午冰面平坦，少雪丘，雪面易于滑行，故速度很快。下午雪面雪丘十分发育，但能见度好，可以选线行进，因此比阴天时容易得多。今日行进25.3英里，是最近一阶段的最高行进纪录。

昨天是圭三33岁生日，我们6人在他的帐篷内庆祝，结果却变成了工作会议。维尔拿了剩下的约100毫升威士忌，杰夫则拿出珍藏一路（达1600英里）的澳大利亚食品，维克多送给圭三1块列宁格勒产的手表，让·路易拿了约100毫升酒，我则拿有6人签字的生日卡。此外，维克多还赋诗一首，赠送圭三。

由于国际南极探险网的飞机可能不再为我们服务，他们可能只将滞留在爱国者丘陵的十余人送走后便逃之夭夭。我们怎么办？再有6天我们将到达塞尔山脉，那儿有最后一个补给点，可供人、狗用30天。我们是继续南下直奔极点，还是原地停止等待，或返回爱国者丘陵？苏联的飞机、拖拉机情况怎样？这一切均要在6天内定下来。今天晚饭后，维尔到让·路易的帐篷与彭塔的国际南极探险网的经理通话。详情明天再说吧！目前这种情况，若在50年前，可将我们6人及36条狗置于死地！不过，目前我们还可能得到苏方飞机、拖拉机的支援。

在雪层剖面观测中，观察到30—70厘米深度之间有若干层（5—7层）薄冰片。其中30厘米处有厚达2—3厘米的冰壳。表层的30厘米为松软皱形细粒雪，是新近的降雪或吹雪，在30厘米深处，可能不久前还是冰面。整个雪层剖面较松软。

1989年11月21日（第118天）　　星期二

晨6：00，维克多报告：阴云（密集），－20℃，南风（微风），能见度尚可。

今日行进23英里，上午11.0英里，下午12.0英里，里程计读数为899.3英里。

早上一起床，维尔便兴高采烈地报告好消息。昨天晚上与彭塔的国际南极探险网的经理通话结果良好，现一切都变得较顺利，我们将继续南下，直抵极点。国际南极探险网将使用DC-4飞机，不日可抵达爱国者丘陵，苏联伊尔-76飞机将于12月的第一周在南极点空投约50桶汽油。12月5日前后，"双水獭"式飞机将飞往南极点去接收这些汽油。我们力争12月12日前后抵达极点。12月16日自极点出发前往东方站。

好像南极的天气一样，一切都在千变万化，我们的后勤保障也千变万化。如果真像前天的情况，在50年前的话，恐怕我们6人和36条狗只好自取灭亡了！

据介绍，"双水獭"式飞机每飞行1度（纬度）约需要1桶汽油。若空投50桶可飞行50度，因此，在极点到东方站之间，飞机补给和执行紧急救援等均无大问题。

昨天下午约4时，即在宿营前2小时左右，看到正前方有小丘。今日清早看得较清楚。这些小丘为冰丘，表面布满裂隙。于是，上午我们首先西进2英里，然后再南下。由于这些冰丘的存在，整个上午冰面雪丘十分发育，且表面为一层冰壳，很难滑雪。我们整个上午几乎都是步行。到12时左右，面前出现1组冰裂隙，东西方向延伸，有10—15个，其中最宽的可达100米左右。我们沿裂隙走了一段，在比较窄的30—40米宽度处穿行而过，裂隙虽大，但已被吹雪填充，或有"雪桥"。故我们均安全通过。下午，雪面较之上午为好，但雪丘仍较发育。

全天阴、多云。下午一度能见度不好，反差亦不好。下午6时许天又放晴。晚8时，又转为晴天。今日风不大。

1989年11月22日（第119天）　　星期三

晨6：10，维克多报告：-18℃、阴、云，但南边可见到蓝天，能见度好，反差亦好。昨天夜里刮了一夜风，清早约6时停止。今日全天晴天，静风或微风，十分温暖。晚上宿营后，帐篷内亦很"热"。

今日行进27.5英里，上午13.7英里，下午13.8英里。上午冰面雪丘十分发育，加之速度比往日快，感到十分费力。午后，冰面平缓，顿感轻松。今天感到费力的另一原因是，昨天夜里睡得很不好，为半睡眠状态。初感到太热，睡不着，后半夜又太冷，难以睡眠。到清早4点多就再也睡不着。因此全天感到疲乏。到下午宿营时，确感十分疲乏。

今早得知，11月8日首航爱国者丘陵的DC-6飞机，已于昨日傍晚飞返彭塔，并计划两三天后再次飞往爱国者丘陵。让·路易昨天通话时大声询问每人必需的装备等，并问是否带样瓶，我答请带往极点。

早上行进约半个小时后，看到西南方向有山峰，午后与我们平齐。不知道是什么山脉或冰原岛山。其位置为83°35′S，85°W左右。中午午餐时拍了两张幻灯片（第31卷）。另外，在我们行进的东南方亦有小山包，估计距我们宿营地有15—20英里。

1989年11月23日（第120天）　　星期四

晨6：15，维克多报告：-24℃，晴天，静风。

今日进行27.6英里，上午行进14.4英里，下午13.2英里，里程计读数为954.4英里。我们距塞尔山脉的补给点还有约70英里路程。上午，冰面平坦少雪丘，天气又好，风虽然在刮，但只是微风，故行进甚快。第一个小时便走了3.5英里。下午，风较大，几天来的连续行进，在前边开路的维克多看来也确实乏困了，速度较上午为低。今天的成绩平了以前我们正常行进时的纪录——27.6英里/日。

午餐后十几分钟，肚子开始作痛。这种情况近月来已不止一次。但是，今天终于按捺不住，只好解手。结果为十分稀的大便，且有黏液。整个下午肚子都不舒服。搞不清为什么，是不卫生还是吃了狗屎？也可能午餐时吃的东西中有不合适的？

看来，近几天我说维尔的不讲卫生说得太多了。今日早上，他在录音中亦说到此问题。极点后他将与杰夫同住一个帐篷，到时问题会更多，他显然也很担心。

昨、今两天感到十分十分疲乏！

下午约4时，发现走在前边的维尔的狗橇上掉下一红包，起初估计为他的装厚上衣的包。捡起时才发现是我的红包，内有我的3本日记、护照、紧急用品等。宿营时，他仍未发现丢了东西，直到我问他时他才知道。维尔说他以前从未发生过此类事情。我看这不是第一次，也不可能是最后一次。

DC-6飞机预计今晚到达爱国者丘陵营地。

1989年11月24日 （第121天）　　　星期五

晨6：05，维克多报告：-22℃，南风，晴天。同时，他也代替让·路易收集我们的尿液标本。但遗憾的是我的标本因试管塞子松动而流失。他请我今晚再次将尿存放，以便明早收集。

今日行进28.5英里，上午14.2英里，下午14.3英里，里程计读数为982.9英里。雪面平坦，极易于狗橇滑行，天气也好，雪橇又很轻，故行进顺利，为正常情况下之最高纪录。目前，我们距补给点约31英里。

上午行进约2小时后，塞尔山脉渐渐地呈现在我们的面前。此时，我们距此山还有50英里。塞尔山脉系南极横断山脉的一部分，而横断山又系东、西南极洲的界山。我们一越过此山，即进入东南极洲。此山从北面看去为悬崖。当然，阳光照耀下的反差也造成了我们的视觉差异。

另外，还听到一则新闻。一架智利"双水獭"式飞机停在文森山附近不能起飞，因滑雪板坏了。需要救援。昨天，智利一位"大力神"飞机驾驶员搭乘我们的DC-6飞机到爱国者丘陵营地。观察那里的"蓝冰跑道"是否可以起降"大力神"飞机。如可能的话，智利"大力神"飞机将飞往爱国者丘陵营地，救援他们的"双水獭"式飞机。让·路易开玩笑说："穿越队救援智利'双水獭'式飞机！"

今天全天晴天，但一直刮南风，5—10米/秒，温度-25℃左右，仍感到相当冷。全天手指头都没有暖过来，而今早我还新换了手套的内套。

明天如果能行进31英里（可能延长一两个小时）并发现补给点的话，26日将休息1天，27日继续南下。

1989年11月25日（第122天）   星期六

晨6：05，维克多报告：-24℃，东南风，吹雪，晴，能见度好。

今日行进26.0英里，上午14.1英里，下午11.9英里，里程计读数为1008.9英里。

风从昨夜刮起，一直持续到宿营时还未停止，虽然为晴天，阳光照耀，但温度仍在零下30多摄氏度，加上迎面吹来的南风，感到很冷。今天中午到下午5时，风很大，带吹雪，如同小的暴风雪，但比冬季南极半岛上的暴风雪要温和得多。由于风大，又逆风前进，一段冰面亦较多雪丘或冰壳，不易滑行，今天步行了一个下午。

半个月来的连续行进，又是24小时白昼，有一半的晚上睡眠很差，因此感到十分疲乏。昨天和今天为甚。我不得不再次动用系在腰间的带子，让狗橇带动滑行或跑步时带动。今日宿营地距补给点还有10英里路，明早计划推迟起床1小时，到达补给点后即宿营，且后天休息1天。27日动身南下，拟于12月12日抵达南极点。

和维尔聊天时得知，高－特克斯是一小型公司中的大公司，资本在

100亿美元上下。该公司是考察队的主要赞助者，赞助金额为200万美元现金。但该公司为考察队的支出可能多达800万—1000万美元。主要用来做广告，宣传考察队，同时也宣传了高－特克斯之产品。例如请著名萨克斯和黑管演奏家格雷夫·华盛顿作了一首《穿越南极之歌》的曲子，并到处演奏、录制成录音带等，就付给他25万美元，在ABC的电视收看的黄金时刻做两三分钟的广告即付出150万美元，等等。

1989年11月26日（第123天）　　星期日

晨6：50起床，比往日晚1小时左右。维克多未来报告天气。风刮了一夜，估计风速可达15—20米/秒。早上9时出发前，维克多告知今早气温为-20℃。昨天晚上维尔说，宿营地距补给点8—10英里（杰夫计算），故今早推迟起床1小时，拟到补给点后宿营，明天再休息一天。当我们抵达补给点时，发现存放的物资几乎未被吹雪掩埋，我们在很短的时间内即装好了所需的物资等。由于这里地处塞尔山脉主山脉东北山麓处，风很大，故午餐后继续前进，到下午6时宿营。宿营地处于下降风带，一年四季风不会停止，只不过风大风小而已，但这里的风比补给点处为小，故决定在此地宿营，明日休息一天。

今日行进18.9英里，上午8.4英里（到补给点处），下午10.5英里，里程计读数为1026.8英里。

今早听维尔讲凯茜目前在日本，主要与日本电视台签订合同，拟在日本电视中转播有关我们考察队的影片。凯茜不在美国时，美国办公室主要人员还有詹妮弗、辛西娅和鲁斯。另，圭三的女友在美国办公室做一些工作。

1989年11月27日（第124天） 星期一

今日原地休息1天。我们帐篷内的两人一直睡到上午10时左右。晨6时许维克多来报告天气，我迷迷糊糊地未听清。约11时，圭三通知说，下午6：30在他和杰夫的帐篷内举行宴会，喝日本米酒。

全天刮风，吹雪，但却万里无云。此风乃南极高原刮来的下降风，一年四季不断，不过时大时小而已。

整理了拟在南极点寄出的明信卡，请每位队员签名。在维尔·斯蒂格签了名后，我先到让·路易的帐篷小访，请让·路易和维克多2位签了名，然后，又到杰夫的帐篷，请杰夫和圭三2位签了名。此时已下午5时，杰夫邀我与他们共进晚餐，他知道我们帐篷的饭很差。我考虑了一下还是答应了。维尔通常在休息日不做饭，他的理论是"一天未工作，亦无须吃晚餐"。另外，我也希望能改变口味，55天千篇一律的饭的确已吃够了。在杰夫的帐篷内吃了晚餐。圭三做的饭是生姜炸牛肉末和干炸土豆片。牛肉末中增加了生姜和糖，味道大变，我吃了不少，算是"改善"了一次生活。

晚6：30在杰夫、圭三帐篷内喝米酒，让·路易和维克多按时到达。维尔在帐篷内睡觉，让·路易大喊才将他叫来，迟到半小时。谈话的中心是在南极点每位队员要用自己的语言简单讲几句话，并将拍成电影送往各国。让·路易起草了这几句讲话，大家一致同意这一原则，即不涉及政治，以和平和合作为中心内容。圭三将代表6人用英语讲这几句话。另外，还谈到了当我们在和平站结束此次穿越时，亦要讲一些话，内容应以合作、和平、科学考察等为主。

国际南极探险网将增派1架"双水獭"式飞机去南极点。这样，我们从极点到东方站之间有2架"双水獭"式飞机负责补给和救援，飞机补给问题有可能保证。初步定的3个补给点为87°S、84°S和81°S。据维尔说，飞机补给到东方站的话，1个架次要10万美元。另外，这3次补给时，一定要双机待命，因为较单机安全。若一架飞机出故障，另一架飞机可以援救。

我的脖子（前边）似为皮疹或风疹，已经两三天了。皮肤有红色小斑点，凸起，很痒。今日看了大夫，亦无什么好方法。怀疑为接触什么东西过敏，或者吃了什么东西过敏。让·路易还问我3天前拉肚子好了没有（杰夫告诉他的，我未告诉他）。其实第2天便好了。我估计主要是太脏所致。没有办法，再过半个月换了帐篷，情况会好一些。要想在短短2个月内改变一个人几十年的习惯，是不可能的。

今天中午，杰夫花了约5个小时，用六分仪测量我们的位置。我拍了约半卷幻灯片。测量包括太阳高度角（反复测量多次），并用地方时计算。他测出我们目前的位置约为84°50′S，89°W。这是第一次，虽不精确，以后再测量的话，精度会提高。

在昨天的补给点处，我已拿到年初送往此地的样瓶100个。另外，原拟飞往82°S东南极洲的100个样瓶，我在爱国者丘陵时已找到，留给了约翰，请他下月初带往极点，再带往东方站。

昨天和今天的通信效果均不好，维尔两次去通话均未成功。不知是无线电的毛病，还是地点太远。

1989年11月28日（第125天）　　星期二

晨6：05，维克多报告：−20℃，西南风，晴天。

今日行进23.2英里，上午12.2英里，下午11英里，里程计读数为1051.0英里。

昨天休息1天，刮风并吹雪。今日上午通过了塞尔山脉东南侧国王峰西侧的山口。山下山口处的风很大，当爬到山口并穿越后风显著变小。前几天我们一直处在"风口"处，难怪一天到晚刮风不止。

靠近山脚处有蓝冰，是冰川冰，是从塞尔山脉上的冰川流下来的，并有裂隙。我们前天接近补给点处已观察到这种情况，今日翻越山口时再次看到。

　　塞尔山脉其南坡较陡，远眺时，给人印象是一块突起的平顶巨岩，其东南侧有两座山峰。其南坡的景观则大为不同，东部山体相当平缓，冰面有裂隙，山峰显得很低，东部的五六个山峰中最高者为国王峰。

　　3天前，我脖子上起了疹点，到昨天变严重，晚上整个脸部也起小红点，极痒，如同风疹、湿疹一样。今日宿营后，让·路易给我1管氢化可的松软膏和10片尼氟酸和1片轻度安眠药。今日在行进中，我左右思考起疹子的原因，可能与直接被风吹有关。今日将脖子用衣领堵严，看过几天怎样。当然，大夫给的药也一并服用和外用。

　　今日上午穿越山口，通过蓝冰带、裂隙区，又爬大坡，到中午1时仅行进11.3英里，且还在半山坡上，风大，坡较陡，决定继续前进，爬到坡顶再午餐。这样，又行进了1英里，到快2点才午餐。杰夫的狗橇在前，爬坡时我们俩在后边推，很费力才抵达山口顶部。维克多则帮助圭三的狗橇爬坡。这是我们到达和平站之前最后的一座山脉。

　　塞尔山脉是南极横断山脉的中间部分，而横断山又是东、西南极洲的分界线。我们翻越山口后，意味着已告别西南极洲，脚踏东南极洲了。

1989年11月29日（第126天）　　星期三

　　晨6：00，维克多报告：−20℃，微风，晴天。

　　今日行进22.9英里，上午11.8英里，下午11.1英里，里程计读数为1073.9英里。

　　上午最初的5.5英里十分顺利，滑雪前进。不料，由于路线偏西而误入裂隙区，耽误了约1个小时。从裂隙区折向东，再南下，我们全天都行进在雪丘丛生的地区。冰面十分坚硬，时而为冰壳，时而为冰，加上雪丘丛生，大的高达1.5—2米，直到宿营时止，雪丘仍无减少之迹象。看来，明天仍为艰苦的一天。鉴于此条件，我们几乎都步行了一天。维尔在前，我与杰夫随后，两部狗橇都翻了一次车，大家将其抬起。到下午6时宿营时，都十分疲乏。

我们目前行进的地方海拔已达2000米或以上。

到下午宿营地止，我们基本上与塞尔山脉的南端平齐。塞尔山脉从南边看上去与北边颇不相同。从南边向北看，西侧为裂隙丛生，但高度甚低的平顶冰帽，南北向延伸。东部为五六个山峰，其中最高的山峰为国王峰。中部有冰原岛山，与国王峰相距（南北方向之距）20英里。塞尔山脉整个山体位于85°00′S—85°50′S之间。

昨天晚上维克多与苏联站通了话，美国国家科学基金会得知苏联飞机拟在南极点为我考察队空投飞机用汽油后，决定同意我们的飞机在极点使用他们的汽油。因为美国不乐意看到苏联飞机在其站上空空投物资。几年来美国国家科学基金会极地局一直拒绝与我考察队合作，认为这是一支私人考察队。但这支队伍不同于一般的私人考察队。苏、中两国为政府派出的人员参加。以我看，美国早就应该同意与考察队合作。

补充一点：前天（27日）中午，维尔在起用炉子时，大火突起，几乎将帐篷烧毁。我在此1—2分钟前，因见势头不好，及早打开了帐篷门（双门）。火焰蹿起后维尔把炉子扔出帐篷，避免了一场灾难！

今天挖雪坑十分困难。

1989年11月30日（第127天）　　星期四

今天是11月份的最后1天。晚上宿营后，风停，日照使帐篷内十分温暖。不得不打开帐篷的门通通空气，否则太热。希望未来的12月、元月和2月份中这样的好天气多些，我们的穿越活动也将更顺利一些！

晨6：05，维克多报告：−22℃，西南风，晴天。

今日行进22.8英里，上午11.2英里，下午11.6英里，里程计读数为1096.7英里。

上午最初的4.7英里和昨天一样，为高大的雪丘地区，行走困难，行进缓慢。随后，雪面逐渐变平缓，雪丘也越来越小。但新的问题又随之产生，即雪面较松软。午餐后，雪面更加平缓，雪丘很小，但都为松软雪面。因此，今日行进的速度并不快。另外，圭三的雪橇今天走得特别慢，我们好几次停下来等待，每次等10—15分钟。今天未能达到每日的平均速度——24英里/日。

昨天晚上让·路易与洛宏（他和摄影组在乔治王岛的中、苏、智利站拍电影）通了话。洛宏已去长城站拍了电影，曹冲托他转达问候。另外，美国的国家科学基金会只同意将飞机用汽油转让给"苏联"，并非转让给"考察队"，原因仍是美国国家科学基金会不乐意与私人考察队发生关系。因此，我们只在南极点使用汽油，而付钱给苏联，苏联再付款给美国国家科学基金会。

晚9：15，维尔从让·路易的帐篷返回，通信未成功。

1989年12月1日（第128天）　　星期五

12月份的第1天，晴，（几乎为）静风。晨6：05，维克多报告：−18℃（？），晴天。

今日行进26.3英里，上午13英里，下午13.3英里，里程计读数为1123.0英里。我们现距南极点约250英里。如果保持每天行进25英里，10天后我们将抵达南极点。

天气极好，几乎为静风，万里无云。我们南下，故行进时太阳基本上照在我们的背上，对脸部算是一种保护，因为脸部未直接对着阳光。但反射光线使我们的脸部仍有程度不同的紫外线灼伤。我已感到脸部灼痛，且有轻微肿胀，虽然早上已涂了不少防紫外线的油膏。

我脖子上、脸部的红疹已找到原因，是所用面罩导致。从昨天上午起已不再使用，并将用了1个半月的面罩扔掉，今天已有好转。但新问题是阳光照射导致脸部烧伤。总而言之，二者不能兼顾！

由于不刮风，又是大晴天，虽然外边的温度仍在-20℃左右，但帐篷内的温度已相当高，不感到冷。像昨、今两日的天气，可以将帐篷门打开，甚至晚上睡觉时亦然。南极洲内陆高纬度高原地区，夏季气候稳定，晴天，万里无云，微风或者静风。但愿这样的天气伴随我们到达和平站！

今日雪面较软，但较之昨天下午的雪面，已变得较硬了一点儿。整个冰盖表面相当平坦，不像以前那样大起大伏，或者像大沙丘一般，一上一下。估计再过100英里，冰面高程将达到2700—2800米，那时我们才真正行进在南极高原上。高原面将一直持续到苏联共青团站以北。

1989年12月2日 （第129天）　　星期六

晨6：10，维克多来帐篷，未报告气温等气象资料，仅报告说昨天晚上电台未能与任何地方取得联系。

今日行进25.4英里，上午12.9英里，下午12.5英里，里程计读数为1148.4英里。

自过爱国者丘陵之后，维克多的臭氧观测仪器因重量问题，已经取消。与此同时，维克多也停止了气象观测。我感到丢失了重要的资料。尤其在极点到东方站之间，如果不观测气象资料，那将是巨大损失。鉴于此因，今天晚饭前和维尔谈此问题。我强调每天3次气温观测必须进行，如果温度计不准确的话，可以在考察结束后进行鉴定。退一步讲，即便温度计精度不高，也比不观测要好得多！维尔说，他明天与维克多商量此问题。

今日行进中，上午走了10英里之后，冰面突然出现中等高度的雪丘，高者可达30—50厘米，足以使雪橇翻车！此段雪丘约为3

英里，后逐渐变小。下午，不断地上、下坡，但总趋势为上坡。估计今日爬高达数百米，我们正在向南极内陆高原前进。两三天后海拔可达2500—2600米。南极点的高程为2880米。在爬高过程中可以明显地观察到，冰盖表面广泛分布一层"冰壳"。这与以前观察到的情况相似。凡坡向为北者多有一层"雪壳"，甚坚硬，似冰一般。另外，冰面雪丘在上午行进三四英里后，便明显地看到延伸方向自西南—东北向转为东南—西北方向。午餐、宿营时，实测结果亦然。

下午，当行进了20英里时，发现了去年国际南极探险网组织的从爱国者丘陵到极点的滑雪队留下的雪堆。据该队队员迈克讲，他们每1英里路用雪块垒起1个雪堆，直到极点。与此同时，还可看到雪上摩托车压的印子。行进到宿营点时，已发现3个雪堆。我们在第3个雪堆处宿营。一路可以看到车印子，这一点说明此地的积累量自今年元月份到今年12月份几乎为零。反映了高极地区降水量极低。而雪堆能保存近一年不倒，说明内陆高原地区气候远较南极半岛稳定，少暴风雪，否则早就荡然无存。还有一点是，这些雪堆为我们向南极点前进导航。我们可以放心大胆和高速度地向极点前进。而杰夫不用发愁从88°S起必须每半小时测1次方向了。我们均为此而高兴！

雪层剖面观测亦可看到硬度很高的细粒雪层。

今天上午8：00出帐篷时，可以看到东、南天边有云。8：30时，云向我们处压过来。10时许，我们上空云覆盖达90%—95%。下午2时，云渐渐移向西北方。下午宿营时，又是万里无云。这是自85°S以来，我们遇到的第一个阴天。但阴云的同时能见度极好，冰盖表面的反差亦很好，东南风2—5米/秒。温度为−25℃—−20℃。

1989年12月3日（第130天）　　　星期日

维尔建议今早推迟1个小时起床，以便人和狗都多1个小时的休息。

晨7：10，维克多报告：−22℃，东南风（10米/秒），晴天。今日行进22.7英里，上午12.0英里，下午10.7英里，里程计读数为1171.1英里。由于早上起床推迟1个小时，今日午餐改为1：30。

清早8时许，可以看到北面远处有云覆盖。但南边仍为晴天，无一丝云彩。云逐渐向西南方向移动，我们上空云覆盖面积逐渐扩大，下午宿营时，已达35%。但我们头顶上的云极高且薄。

今日全天刮东南风，风速为10—15米/秒。冰面多雪丘，雪丘延伸方向同昨天。滑雪费力，感到很疲乏，尽管今天比往日少滑雪1个小时。昨天和今天，我们已爬高不少，感到不断地上升。宿营后，维尔的高度表示为8000英尺，约为2600米。而南极点约2880米。看来，我们已经抵达极地高原的高原面上。午餐时，虽然阳光照耀，但温度仍为−26℃。估计极点之后温度将逐渐降低。在东方站附近，很可能会遇到−60℃左右的低温！此温度下如果再刮风，狗可能不能承受。

我们现距南极点还有197英里。

今日未遇到昨天看到的雪堆和雪上摩托车的印子。

昨天电台仍未能与彭塔或爱国者丘陵取得联系，维尔和让·路易认为可能是电离层的缘故，我们只能听到彭塔的讯号，十分微弱，但听不到爱国者丘陵的信号。爱国者丘陵营地的约翰使用的频率可能不对头。

1989年12月4日（第131天）　　　星期一

晨6：05，维克多报告：−20℃，东南风，阴云，但云很高，能见度好。

今日行进24.9英里，上午13.0英里，下午11.9英里，里程计读数为

1196.0英里。

我们在向南极高原面挺进，高程逐渐增加，但今日仍然为上下坡地。冰盖表面仍有大量的冰壳，致使滑雪较为困难。约70%的路程上雪丘十分发育。不过不如86°S附近的高大，但是滑雪感到困难。由于冰壳加雪丘，我在下午约一半路程不得不步行，感到疲乏之极！

通过冰面及雪层剖面观察，认为冰壳之形成，显然与此区域内的低积累量有关。积累量极低，冰面长期暴露，加上半年的阳光照射，是冰壳形成的原因。昨天的1米雪坑中，可以看到13—14层冰壳。是否可以把这些冰壳粗略地看作为年层？应继续仔细观察并考虑此问题。

1989年12月5日 （第132天）　　　星期二

晨6：05，维克多报告：-25℃，晴，东南风5—6米/秒。

今日行进24.2英里，上午11.9英里，下午12.3英里，里程计读数为1220.2英里。

昨天整夜刮东南风，上午起床后逐渐减弱。当行进5—6英里后，东南风转为较微弱，风速为2—3米/秒，天气十分晴朗，除了北面极远处有云外，东、西、南三个方向万里无云，阳光照射十分强烈。这是典型的极地高原气候。一天下来面部有烧灼感。对镜子一看，皮肤肿胀发红，看样子非脱一层皮不可。虽然晴空万里，但气温仍在-25℃，加上东南风迎面吹来，仍十分冷，面部仍有冻伤。

全天冰面均有雪丘，规模同昨天，但表层略软，滑雪较昨日为易。一天下来后仍十分疲乏。下午最后3—5英里雪丘的规模有减小的趋势。

昨天晚上电台未能与彭塔和爱国者丘陵联系，却与梅斯纳通了话。梅斯纳亦未能与爱国者丘陵取得联系。梅斯纳目前（昨天）在85°S，83°W处。他们只有两天的食品与燃料了。让·路易用我们的卫星定位仪给彭塔发了电报，请爱国者丘陵国际南极探险网用飞机给梅斯纳补给物资。另外，DC-6飞机仍在彭塔，不知何时飞往爱国者丘陵。得知我们前天宿营地的位置为87°14′S，89°50′W。照此推算，我们昨天抵达87°35′S，今日在87°55′S处。现距极点约150英里。如果一切顺利，我们将于11日傍晚（极点为12日凌晨，极点使用新西兰时间，与我们使用的彭塔时间相差4小时）抵达极点。

1989年12月6日 （第133天）　星期三

晨6：05，维克多报告：-24℃（？），晴天。

今日行进24.1英里，上午12.5英里，下午11.6英里，里程计读数为1244.3英里。

高程仍在继续增加。虽然阳光照耀，天空无云，但温度仍然很低。至少感到不止仅-25℃（？）。到宿营地后，维尔的高度表比前天高出800英尺（约为2500米）。我们今日的位置估计为88°15′S。我们已在高原顶部。

冰面仍然多雪丘，滑雪较困难。但是因为雪面比较软，步行则下陷，更为困难。雪丘加较软雪面，使狗橇行进速度减慢。近两天狗虽然十分卖力，但狗橇行驶仍很慢，狗显得十分疲乏，载货量已比10天前大为减少，只及一半而已。看来狗和人的体力都大大下降，需要休息和调养。

关于何时抵达极点大家意见有分歧。维尔认为，最妥的方法是在12月12日中午抵达。中午2时是极点凌晨3时，我们则精力充沛，可以立即拍照片、电影等。约两三个小时后，站上的人起床，可以邀我们到站上用早餐、洗澡，等等。到下午可以睡觉，并告知站上的人不要惊扰狗等。在极点休息3天，12月15日（极点为16日）离开，前往东方站。另外的人则认为不然。让·路易和维克多认为我们按目前24—26英里/日的速度，12月11日傍晚，即极点12日凌晨可到达，我们应保持此速度前进。到极点的时间越早越好，大家需要较长的休息。最后一致通过决定，到12月10日看我们离南极点远近，再决定抵达的日期及时间。

我希望在南极点能停3天，1天休息，1天公差及私差（如拍照和给信封盖章），1天采样。

昨天晚上电台恢复与爱国者丘陵的通信。前段时间，整整1周未能与爱国者丘陵取得联系，是因电离层的缘故。高纬极地地区常出现此情况。维尔到让·路易帐篷去通话，10时过后返回。今早询问，知DC-6飞机仍在彭塔等待好天气飞爱国者丘陵。爱国者丘陵和塞尔山脉近几天均为阴、云风天气。"双水獭"式飞机近日将飞往极点。我们的后勤补给已按要求准备妥。维尔特别告知约翰，秦的雪样务必要认真操心，不得融化，不得污染。约翰回答说，保证运到澳大利亚不出问题。因为到澳大利亚后，他也离船与我们一同飞往美国。关于样品将由"UAP"号船带往法国，还是存放到澳大利亚冰川室，我近日在考虑此问题。如果船上不安全，或污染严重，拟将存放到澳大利亚冰川室为妥。但如何自澳大利亚运往美国、法国和中国呢？

晚上8：50正在吃晚饭时，让·路易叫维尔，说南极点站欲与维尔通话。我等到很晚维尔仍未回（晚上9：30）。详情明天再问。

1989年12月7日（第134天）　　星期四

晨6：10，维克多报告：−22℃，晴，小雪，能见度仍好。

今日行进24.2英里，上午12.4英里，下午11.8英里，里程计读数为1268.5英里。

高程仍在升高。维尔的高度表已达9000英尺。全天雪面较松软，但不大影响雪橇的行进。给我的印象是，所有的狗都较疲乏。我也感到疲乏。因此，今天虽然努力滑雪，也只行进了24.2英里。长途跋涉4个多月，人和狗均需要休息了！

　　昨天夜里和今天全天都在刮风，伴有吹雪。虽不严重，但却是近10天中最严重的，可能在高纬极地地区也属强风。能见度约5英里左右，风速5—6米/秒，吹雪仅限于近地面处，远远望去，整个冰盖表面像是被雾笼罩，实际是吹雪。气温仍在-25℃左右，加上刮风，感觉很冷。今天我穿上了高－特克斯白色衬衣，感觉略好些，但却使通身保存了大量的出汗后结的冰。人越来越瘦，也就越来越怕冷了。

　　昨天晚上约9：40，维尔与极点通了话，回来告诉我说，美国国家科学基金会极地局指令南极点站的每个人不准单独与国际穿越队队员讲话，违者将失去工作。但是，苏联政府与美国国家科学基金会取得了联系，鉴于维克多系苏联人，故极点欢迎我们，且为官方欢迎。要求我们抵达南极点后将营地安置在飞机跑道另一侧，与站分开。欢迎到站上访问。可能有隆重的欢迎宴会。但我不明白，是否此宴会上无人讲话，因为美国国家科学基金会命令，如果谁与我们讲了话，便"开除公职"？！

　　维尔和杰夫都认为，除了美国国家科学基金会上层的几个人外，相信南极点站的人都以极大的兴趣等待我们抵达那里。所谓"不准对话"，实在有些荒唐！

　　维尔已与南极点站讲好，12月10日晚上继续通话，确定我们何时抵达。

　　维尔又说，极点的报务员昨天与我们通话是非官方的。如果美国国家科学基金会知道，他将失去工作。维尔在此作了录音。报务员还说，10天前，苏联政府与美国国家科学基金会交涉，结果是我们将在南极点受到官方正式欢迎，举行宴会，而且是以欢迎重要人物到来的宴会！

1989年12月8日（第135天）　　星期五

晨6：05，维克多报告：晴天，静风。上午行进中杰夫告知，他测得清晨温度为−27℃。

今日行进24.5英里，上午12.5英里，下午12英里，里程计读数为1293.0英里。

今天可以认为是我们真正到达南极腹地高原顶部的第1天。清早行进后不久，冰面越来越软。午后，几乎看不出雪丘的存在，说明此地区很少刮风，冰面一望无际，非常平坦。做了雪层剖面，直到1米深处雪都十分松软。这些都很能说明此地区很少刮风。另外，维尔的高度表读数仍为10 000英尺，同昨日宿营地的高度。

随着高度的增加，虽然我们的雪橇载货越来越少，但行进速度却总在24英里/日徘徊，很难达到25英里/日，更达不到27英里/日。其原因是高度在增加，缺氧所致。今天，杰夫发现他的两三只狗拉力很弱。我则在宿营时看到维尔的狗喘得很厉害。几乎所有的狗都显得十分疲乏，一到宿营地，便统统趴在地上喘气，懒得动弹。所有的狗的食量都下降。如高迪，往日狼吞虎咽，近两三天却不怎么吃东西，整块狗食放在地上很久后才吃掉，且仅1块即可，以前可以吃2块。现维尔的狗（10只）每天需14—15块食料，杰夫的狗（9只）需11—12块。

今日下午滑雪，在圭三的狗队前带路约8.5英里。雪面松软平整，易于滑雪。但使用的雪杖不对头，有点儿短，略感吃力。

昨天维克多笑着对我和杰夫说，去年7月2日，当考察队训练抵达格陵兰北端的美军雷达站时，他因为是苏联人而被拒之门外。12月11日，当我们即将到达极点美国站时，他却又被当作大人物而受到欢迎，同时使全队队员也受益，也成为大人物而受到"官方的正式欢迎"。他边说、边笑、边摇头，感叹万分！

负责美国极地事务的是美国国家科学基金会，它相当于政府部门的一个部。其下设有极地局，类似一个准军事机构，全面负责美国的南极政策、科研等。虽然美国对南极未提出过领土要求，但当苏联拟在极点空投汽油时，美国也感到不可接受。后来又同意我们使用站上的汽油，但却仅与苏联结账，不愿与我们考察队发生关系。

清早，维尔说到从极点到东方站的住宿生活等安排。我和让·路易将同住一顶帐篷，我的全部东西放到他的狗橇上。他与杰夫同住，他的东西放到杰夫的橇上（我不大相信，因为他的"破烂"太多了）。但却要我继续管理他的狗。自10月初我们同住一顶帐篷起，70天来我一直照料狗及帐篷外边的事务。我告诉他，当我与他人同住一顶帐篷时，每天宿营后我要管狗、备狗食、安帐篷、挖食用雪，还要作雪坑雪层剖面、采样，再加上他的这一群狗，估计没有时间。而回到帐篷后，要煮茶、做饭等，还要记日记。他也无可奈何，同意我的分析。

1989年12月9日（第136天）　星期六

晨6：10，维克多报告：−20℃，东北风，阴，云，能见度差，反差亦小。风向变为从侧后方吹来，这是接近极点之征兆，我们以后可能均遇到此类风。上午10时许，小雪约1小时。颗粒状雪，雪粒极细但质软。

今日行进24.2英里，上午12.1英里，下午12.1英里，里程计读数为1317.2英里。

据杰夫统计，昨天止，我们已行进2003英里。

昨天上午约10时，国际南极探险网的"双水獭"式飞机自极点飞返爱国者丘陵时从我们头顶飞过，似乎未看见我们。昨天晚上通话时才知，飞机12月7日已前往南极点运送了一批物资。下一航次主要拉人，包括记者、摄影组和沙特阿拉伯科学家等。而DC-6飞机亦在彭塔等待好天气飞往爱国者丘陵营地。

今日是让·路易43岁生日。晚9：15，在他帐篷举行宴会。我存有半瓶"莲花白酒"，带去作为生日礼品，大家高兴高兴。

昨天到今天多次发生"雪震"。雪震时的感觉如同地震，小的只感到雪面略有下沉，并伴有轻微响声。大的则感到大面积雪面下沉达20—50厘米，声响巨大，低沉但响亮的轰鸣声从一个方向传到另一方，人和狗均可受惊。发生雪震的主要原因是降雪地区少风，雪质松软，雪层在一定深度内粒雪晶体（粒）因升华、凝结而变得粗大但较脆，当孔隙内气体的振动频率与外来的附加频率相同时，如脚步、橇等造成的频率，或上覆压力加大，等等，较脆的粒雪破碎，使雪面大面积下沉形成。

1989年12月10日（第137天）　　星期日

晨6：10，维克多报告：-26℃，东北风，晴天，但南边阴云。

今日阴转晴。上午阴云，下午晴天。仍刮东风，风速5—10米/秒。有人讲极点附近为静风看来并不真实。

昨天晚上让·路易的生日宴会变成了队员会议。主要谈了2个问题：①从南极点到东方站的补给共3次，地点分别为87°S、84°S和81°S，经度均为104°E。在84°S补给后，飞机飞往东方站待命，10天后再由东方站飞往81°S补给，然后飞返南极点。希望每个人按此计划作准备。②协商并确定了在南极点通过电视、电影讲的"南极宣言"，原则为不涉及政治和宗教。舟津圭三代表大家用英语讲后，每个队员用自己的语言讲一遍。其内容如下：

> On the route of the longest traverse of Antarctica we are today at the South Pole. From this place where the world comes together we say to everyone that beyond nationalities and cultures people can live together, even in the most difficult circumstances.
>
> May the spirit of The Trans-Antarctic Expedition be an encouragement for a better world.

"在按最长路线穿越南极洲的日子里，今天我们站在了南极点。在这整个世界汇集为一点的地方，我要告诉诸位的是，来自不同国家、具有不同文化和背景的人能够一块生活，一块工作，哪怕是在这最困难的环境里。

让1990年国际穿越南极考察队这种和平、合作、友谊和藐视困难的精神，使我们这颗星球变得更加美好！"

晚9时，维尔和南极点美国站通话，知摄影组已到达南极点。

1989年12月14日 （第141天）　　星期四

我们考察队全体于智利彭塔时间12月11日下午5时到达南极点。极点使用的是新西兰时间，为12月12日上午9时。

几天来非常忙碌，使用4种时间，搞不清日期，也未及时写日记。几天来的事务甚多，另用录音带录音，以节省时间，在此不详述。

13日晚上采样记录如下（略）

几天来的简单情况如下：

◆抵达后约半小时，在南极点受到美国阿蒙森–斯科特站行政站长及队员们的热烈欢迎。

◆安营后即应邀到站内参观，并见到美国国家科学基金会派来的官员（女），她在大厅内与队员会面。

◆12日是在南极点拍集体照片，每位队员手持自己的国旗拍了许多张集体、个人像。下午在夏季营地洗了澡。

◆13日晨非官方宴会，在夏季营地餐厅暨俱乐部内举行。席间我到站上的通信房内使用小电台与钦珂通了话。宴会期间宣读收到的苏联齐林格洛夫的贺电。

◆13日下午起整理物品采样，并给一批样瓶编号。

（以上记于14日晨2时；以下为在南极点收到的中国长城站站长的来信）

大河同志：你好！

接到这封信时你已顺利地到达了南极点，站上14位兄弟都十分关心你。自从我们失去联系后，曾2次托飞机给你补一些食品和酒类，但都被飞行员截留了。

办公室领导也十分关心，一再询问你的情况，并让我转告你，注意安全，保重身体，不用担心家里，办公室已多次致函给兰州，对你家给予照顾。

听说你已冻伤了脸，要格外小心。今托法国记者给你带一些酒。我们就要回国了，让我们相逢在北京。

中山站已知你通信时间频率。过了极点，他们也许可以和你沟通。

祝一切如意！

李果

1989.12.2

1989年12月15日（第142天）　　星期五

卫星定位：89°53′S，114°21′E。

晨6：00起床，因昨天晚上写信直到12时才结束。夜2时，又被狗吵醒，睡得不好。8时，集体到南极点夏季营地餐厅吃饭。食欲不好。

约10时返回营地收拾行装，直到下午1时许才离开营地，又在极点停留拍照，与送行的美国站人员告别合影等。直到下午3时才离开南极点北上。今日行进仅8.6英里，出发时里程计读数为1362.6英里（南极点），宿营时为1371.2英里。12月11日抵达极点时，里程表读数为

抵达南极点

考察队在南极点合影（1）

考察队在南极点合影（2）

秦大河在
南极点

南极点附近的冰盖表面

1360.5英里。自1360.5到1362.6（为2.1英里）是抵达极点后往返营地以及拍电影等占去的路程。

下午出发前，法国摄影组采访每个队员，包括我。他们用英语问问题，我们用各自的语言回答。问题为：

1. 说说你们在南极半岛的情况。

2. 你站在极点作何感想？

3. 对未来的路程有什么想法？

据称，摄影组返回巴黎后，将录像带送给每位队员的国家电视台，供新闻播放用。

今天起换帐篷，我与让·路易同住一顶帐篷，直到东方站。

转交克瑞克特寄回函内的信8封，寄往各国各地的明信片24张（？），详细情况见录音带10。

1989年12月16日（第143天）　　星期六

卫星定位：89°31′S，108°18′E。

晨5：50起床。维克多前来收集尿液标本，未报告气象。

今日行进24.3英里，上午12.3英里，下午12.0英里，里程计读数为1395.5英里。从今天起每40分钟（约2英里）垒一座约1米高的雪堆。杰夫和我的雪橇、让·路易和舟津圭三的雪橇，间隔完成这一工作。这些雪堆作为标志，为今后每10天一次的飞机驾驶员驾机寻找我们提供标记。

雪面较松软。午餐时起，雪丘排列较规律，延伸方向为204°–24°。雪丘高度5—10厘米，个别可达15—20厘米。但由于雪较软，感觉不到雪丘对雪橇行进的影响。

估计高程已达海拔3000米以上。下午最后一个小时，略感头痛，杰夫亦有同感。询问让·路易，答亦有同感。

下午宿营后，和维克多商谈关于在"不可接近地区"段内恢复气象

在不可接近地区搭建的
路标

观测的问题。我认为在此区段内，任何观测数据都极有价值。因为除1960年苏联考察队（机动车）曾到过此区外，我们是第一支到达此地的考察队。维克多同意我的意见，决定气象观测工作从今日宿营后开始。

今天全天天气很好。中午午餐时气温为−29℃（据舟津圭三的温度计）。宿营时为−25℃（维克多观测）。

1989年12月17日（第144天）　　　星期日

卫星定位：89°10′S，105°35′E。

晨5：50，维克多报告：−25℃，5米/秒，西南风，晴，能见度极好。

今日行进24.0英里，上午11.9英里，下午12.1英里，里程计读数为1419.5英里。做雪堆12个，每2英里1个。

上午雪面较软，雪面状况同昨天，雪丘虽然可见，但不明显，也不高大，不影响行进。下午的雪面略硬。冰盖表面呈波状起伏，但总趋势为上坡。即向北行进，海拔升高。在上坡段，雪丘较发育，且较硬。雪丘延伸方向近似东西方向。

全天晴天，无一丝云彩。风向基本为正南。傍晚时风较大，帐篷内可听到刮风声。昨天前天均无此现象。

1989年12月18日（第145天）　　　星期一

卫星定位：88°49′S，104°15′E。

晨5：50，维克多报告：−25℃，6米/秒，西南风，晴，能见度极好。午餐时气温为−26℃。全天晴天，天空中无一丝云彩。风向西南，风速甚低。

今日行进24.4英里，上午12.1英里，下午12.3英里，里程计读数为

1443.9英里。做雪堆13个，约每2英里1个，第18英里处重复，多做了1个。

雪面变化较快。上午出发后约1个小时，雪面转为松软，似无风吹雪发生过一样，亦无雪丘发育。雪面上可以清晰地看到雪晶粒粘在冰盖表面。这实际上是大气上下层空气交换后，由于冰盖表面的雪温较低，气体直接在雪面凝结而成。这些粘在冰盖表面的雪晶粒实际上是霜。下午，雪面转为较硬，发育有雪丘，高20—30厘米者到处可见。到宿营时，雪面又变成松软状态。

天空十分晴朗，竟然无一丝云彩。昨天亦然。气温保持在-25℃左右，变化不大。

昨晚通话时知DC-6飞机的引擎又坏了，至少要等一周才能飞往爱国者丘陵。而我们的大批物资燃料、睡袋、食品等，均在等此飞机送到爱国者丘陵，然后转到极点，再送到我们手中。为节省开支，队上初步决定，第一次补给原计划87°S，现改为86°S；84°S处改为83°S。第三次补给可能由苏联东方站的拖拉机车队送到80°S左右。

1989年12月19日（第146天）　　星期二

卫星定位：88°25′S，104°27′E。

晨5：50，维克多报告：-25.5℃，4米/秒，西南风，晴，能见度极好。全天晴，天空无一丝云彩，气候十分稳定。

今日行进26.2英里，上午13.4英里，下午12.8英里，里程计读数为1470.1英里。做雪堆12个，上午7个，下午5个。宿营地未做，因为我今日未挖雪坑（宿营地的雪堆可用我挖雪坑时掘出的雪块堆起）。

昨天下午起到今日全天，冰盖表面较为平整。无明显的雪丘。

自极点出发后2—3天到今日止，观测到冰盖表面有雪晶发育。雪晶以其长轴为主杆，竖直生长在冰盖表面，长约1厘米。雪晶以竖直向为主，亦有斜向上生长的。今日全天所经过的冰面此类晶体十分发育，极为典型，宿营后拍了照片（第36卷）。在干雪带的冰盖表面生长此类晶体，说明无大风亦无暴风雪，天气非常平静稳定。同时，也说明这一地区内的降水量极低。是在低温条件下，从高空下沉到冰盖表面的空气中的水汽遇到更低温度时凝结在雪面形成的，这也是极地高原区内冰盖物质补给的一种重要方式。

今日通信时知，DC-6飞机明天从彭塔飞往爱国者丘陵，克瑞克特等已从南极点飞返爱国者丘陵。

从昨天下午起，感到狗走得逐渐快起来，认为狗已适应高原缺氧条件。目前，我们所在高程为3000米。今天，虽然雪面仍较松软，但狗走得更快，达26.2英里/日。这是自我们12月上旬踏上高原以来日行进的最高纪录。从南极点出发时，维尔的雪橇有10只狗，舟津圭三有10只狗，杰夫有9只狗，共29只狗前往东方站。目前这些狗除了个别狗的爪子有磨破的外，均处于良好状态。

下午宿营后，让·路易和我商议，"UAP"号船在计划送我们抵达珀思后，将驶往日本大阪，抵达大阪的日期约为5月上旬。问我能否在访问大阪之后去访问上海？能否帮助组织此行？我答复说有可能性，但必须向中国南极考察委员会汇报，请南极委邀请，并组织此行。让·路易讲，如果此行获准，他一定在访问大阪后，随船一块儿访问上海。初步定为在抵达和平站后具体办理此事。

整个下午我则在考虑，如何将采集的样品安全运到法国、美国和中国。按照目前的计划，"UAP"号船在载我们返回澳大利亚后，还要在海上漂泊达3—5个月，到明年秋天才能返回法国。这对雪样极不利，很不安全。因此，我在考虑可否将雪样放在澳大利亚南极局冰川室的低温室内短期贮存，然后转运到法国、美国和中国。

1989年12月20日 （第147天）　　星期三

卫星定位：88°03′S，104°28′E。

晨5：50，维克多报告：-29℃，6米/秒，西南风。晴，但有云。昨日傍晚转多云。今日上午，天空中的云自西南向东北移动。云层很高，薄，且移动甚快。午后，天空晴朗基本无云。

今日行进25.0英里，上午13.0英里，下午12.0英里，里程计读数为1495.1英里。做雪堆15个。其中上午8个（含起点处的1个，昨晚未做），下午8个。

可能因为海拔升高，今日下午感到头痛。

1989年12月21日 （第148天）　　星期四

卫星定位：87°42′S，104°39′E。

晨5：50，维克多报告：-27℃，4—6米/秒，西南风，晴。出帐篷时可看到西方极远处有云（5%云覆盖）。约10时后，晴朗无云。

今日行进24.5英里，上午12.5英里，下午12英里，里程计读数为1519.6英里。做雪堆13个，上午7个，下午6个。

自上午12时许雪面开始出现雪丘，且具明显的延伸方向。但雪丘较低，高度5—10厘米。到下午，雪丘延绵不断，且有增高的趋势，一般高度为15—20厘米，个别（很少）可达30—35厘米。但雪面仍松软，雪丘不至影响狗橇行进。

到下午仍感到头痛。维克多称，在内陆高原地区，海拔虽然只有3500米左右，但空气中的含氧量却仅相当于北半球中纬区高山带5000米高程处的含氧量。

维尔的狗——杰尼尔下午不能随队前进，可能系乘飞机到极点，不能适应高海拔的缘故。但亦不排除其他原因。这只狗与其他的狗不一样，它是乘飞机直达南极点，未经过高原适应阶段，因此患高山缺氧病，走不动，只能跟在后边慢慢地走。

晨，让·路易和我说了考察队组队的简单过程，见录音带（11）B面。

在南极点与我们有关系的几位人员是：罗伯特太太（美国国家科学基金会派到南极点"监视"我考察队的官员），汤姆（南极点美国站1989—1990年行政站长）。彼德·威克尼斯虽然未到南极来，但他是美国国家科学基金委员会极地局局长，罗伯特太太就是他派来的。

1989年12月22日（第149天）　　**星期五**

卫星定位：87°20′S，104°25′E。

晨5：50，维克多报告：-25℃，10米/秒，西南风，晴天。午后西方有一丝云彩向西北方向移动（小于1%覆盖度）。

今日行进24.6英里，上午12.6英里，下午12英里，里程计读数为1544.2英里。做雪堆13个，上午7个，下午6个。

让·路易告诉我他开始测量狗的体温，今日上午、下午各测1次。清早狗刚醒来时的体温为29℃，下午宿营时体温为31℃。即狗在醒来之前和工作之后，体温相差2℃。

清晨早餐时，让·路易谈到他的简单经历。他的母亲是意大利人的后代，父亲是一个裁缝，家境并不宽裕。因此，当他中学毕业对父亲说想学医当大夫时，父亲睁大了眼睛，告诉他要成为一名医生，要学医，要花不少钱。让·路易用自己劳动挣到的钱读完了医学专业，花了7年时间。医学院毕业后，他想成为一名外科医生。于是又在外科学习了3年（通常至少要学习4年）。他之所以放弃当外科医生，是因为热衷于考察队。他参加及后来又组织了若干个山地考察队，登K2、登珠穆朗玛峰……但在40岁以前，他几乎只是靠自己当医生赚的钱来支付野外队开支。1986年，他一个人徒步去北极探险成功后才开始写书，才赚了些钱。此次穿越成功的话，亦可通过书、电影、报告会等赚一些钱。让·路易以前曾写过关于考察队员营养学方面的书。法国南极考察队曾请他在此次穿越南极后任队长（行政队长，主要负责后勤组织工作），但被他谢绝了。因为他还想继续这种生活。让·路易计划此次活动结束后，休息1—2年，写书。然后集中精力，充分利用"UAP"号船。他计划给鲸鱼身上安装卫星定位仪器，然后记录并跟踪，以便了解鲸鱼的踪迹和生活习性等。

DC-6飞机已于昨天抵达爱国者丘陵后安返智利彭塔。

从昨日到今日与东方站的通信一直不畅。别林斯高晋、列宁格勒、俄罗斯等站均未与我们联系上。我们可收听到他们的呼号，他们却收不到我们，可能我们的天线有问题。

今日雪面条件与昨天相似。雪丘较发育，但甚软，不影响行进。拟定于12月27日飞机补给一次，28日休息，届时我可利用休息日挖2米雪坑并采样。

1989年12月23日（第150天）　　星期六

卫星定位：86°57′S，104°43′E。

晨5：55，维克多报告：-28℃，6米/秒，西南风，西南边多云。

今日行进25.4英里，上午13.3英里，下午12.1英里，里程计读数为1569.6英里。做雪堆12个，上午6个，下午6个。

上午阴、云，零星小雪（极微量）。午后转晴，到晚上宿营时，又为大晴天。风速仍同清早，4—8米/秒。

冰盖雪面较前几日略硬一点儿。人行走仍嫌软，但十分有利于狗橇的行走，尤其是轻橇。今日上午狗不停地跑动，显得十分轻松。此地区自1960年苏联考察队（车队）经过外，我们是第一支徒步跋涉经过此地

前往苏联东方站

的考察队，已时隔30年。据传说，"雪面十分松软，像沙子一样"。估计是局部地区。至少从南极点到今天止，雪面均较好，易于滑雪和狗橇行进，但大型拖拉机会感到太软。事实上此地的雪面较之西南极洲（极点以前我们途经处）同纬度处的雪面比确实较软，但尚未软到和"沙子"一样。再过几天看雪面变化如何。

今天行进在冰盖表面，雪丘的数量大大增加，高度可达30—40厘米。

每周我们都采集一次尿液标本，同时回答若干个问题。让·路易说此项目是他代替"欧洲航天中心"的卫生部门收集的标本。此外，我们6人年初在巴黎时，已采集一次血标本，在极点又一次采血样。结束后可能再次采集血标本，他并不做任何研究工作，此项目由让·路易具体负责采样。但让·路易与维克多达成协议，野外期间，维克多每周到各帐篷收集每个队员的尿液标本1次，直到结束。

今日下午宿营后，杰夫给我4块牛肉及1袋干肉。因为今日早上维尔狗队中的雷克斯偷吃了我们的一大块牛肉（6块牛排），使我们本来就十分紧张的食品更趋紧张。杰夫知此事后，给了我们一些牛肉。

晚9：00维克多与东方站站长用俄语通了话。东方站地区气温同此地，吹雪亦同此地，不用雪橇时，雪深15厘米左右。我们的时间为晚上9：00，东方站为第二天上午7：00，时差10个小时。已通知东方站，我们预计12月28日抵达那里。东方站近期气温白天为−21℃，夜间为−28℃——−27℃。

1989年12月24日（第151天）　星期日

卫星定位86°36′S，104°55′E。

晨6：00，维克多报告：−28.5℃，西南风6米/秒，晴天。今天下午宿营时，天气转阴、多云，西风，8—10米/秒，下午6：00，气温为−30℃。

今日行进25.1英里，上午13.0英里，下午12.1英里，里程计读数为1594.7英里，全天做雪堆13个，上午7个，下午6个。

雪面状况同昨天，多雪丘，但较软，雪面利于雪橇滑行，故行进速度仍保持在25英里/日左右。和30年苏联考察队见到的雪面"松软"很不符。我估计对拖拉机，可能雪面太软，对雪橇，可能恰到好处。

宿营后，让·路易和我分别就在"不可接近地区"段内的行进过程谈自己的印象，录在维尔的录音带上。维尔拟在下次飞机补给时带出。我简单述说了在此地区采集雪样及冰川学观测研究的意义，最后并祝大家圣诞快乐、新年好。

晚上通信后知，飞机拟在26日晚上或27日清晨送来补给。

1989年12月25日（第152天）　　星期一

卫星定位：86°14′S，105°04′E。

晨6：00，维克多报告：−25℃，3米/秒，西南风，晴。全天晴天，有时有云，主要分布在北边和西边，移动很快。下午6时，估计云覆盖25%。

今日行进25.1英里，上午12.8英里，下午12.3英里，里程计读数为1619.8英里。全天做雪堆13个，上午7个，下午6个。

今天雪面雪丘较发育，到下午尤为显著。雪丘较发育，意味着经常刮风。但多数雪丘较松软，虽然下午较上午的硬一些，但与塞尔山脉附近的相比要软得多。下午宿营前约2英里起雪丘又变少。雪丘的延伸方向以西南向为主，与风向一致。部分地区似有南北向延伸的雪丘发育，但较之西南向的为少。下午路程中看到有的雪丘高达50—60厘米，20—30厘米的雪丘占多数。我们的狗橇翻倒1次，我却翻倒3次。

下午5：40，我们的狗橇把维尔抛在后面足有1.5英里远。于是决定宿营，否则维尔到达时太晚了。当时已行进25.1英里。当维尔抵达时，

雪坑采样，不可接近地区（1）

雪坑采样, 不可接近地区(2)

我已挖好1米雪坑。另，维尔橇队中的狗——杰尼尔因行走不便，被维尔放到雪橇上，看来杰尼尔要得救了！

看来狗很喜欢雪丘。下午当冰盖表面呈现延绵不断的雪丘时，杰夫狗队中所有的狗都努力拉橇，且不断跑动，故下午行进较快。

今天为圣诞节。晚餐后维克多和舟津圭三到我们帐篷小坐，约9：50返回。

1989年12月26日（第153天）　星期二

卫星定位：85°53′S，105°29′E。

晨6：00，维克多报告：−22℃，3米/秒，西南风，晴。上午8时后，阴多云，中午12点，天转晴。微风。

今日行进24.5英里，上午12.8英里，下午11.7英里，里程计读数为1644.3英里。全天做雪堆11个，上午6个，下午5个。

中午1时与飞机联系，未通。下午5时，再次通话，成功。飞机拟从南极点出发来此地补给食品及饲料。预计半夜时分（2—3点）抵达。今日傍晚，与东方站通话成功。

1989年12月27日（第154天）　星期三

全队原地休息。挖2米雪坑采样，历时约8小时，疲乏寒冷异常。杰夫和维克多协助记录和装样。

0点20分，"双水獭"式飞机来到此地，补充食物。甚为忙碌，直到晨4时才休息。

1989年12月28日（第155天）　　　　星期四

卫星定位85°32′S，105°36′E。

晨6：00，维克多报告：-29℃，晴，西南风，10米/秒左右。全天刮风，下午阴云，傍晚又转晴，有吹雪。午餐时气温-27℃。

今日行进23.3英里，上午12英里，下午11.3英里，里程计读数为1668.1英里。下午5：53我摔倒后，实在无力爬起来，要求停止前进，遂安营休息。从今日起，每1小时做1个雪堆。今日全天共做8个。

昨天采样时穿衣服过少，冻了8个小时，回帐篷后感到头痛。到今日发展为低烧，十分难受。坚持到下午5：53时，实在不能支持。维克多帮让·路易安帐篷，我则躺在杰夫的睡袋上，半睡眠状态。安好帐篷后，维克多将我送入帐篷，吃阿司匹林1袋（1克），又连饮6杯茶水，让·路易做晚饭，我则全力休息，力争明天能继续前进。

今日未能按计划采集雪样，因为身体不能支持。

昨天天气：-26℃，阴云，下午3—4时小雪，柱状雪晶，长1—1.5厘米，甚细小。全天刮风。

1989年12月29日（第156天）　　　　星期五

卫星定位：85°13′S，106°05′E。

晨6：00，维克多报告：-24℃，10米/秒，西南风，最大风速达14—15米/秒，晴，吹雪，但不甚严重。询问我病况，并问今日可否前进。答复说走！因为此地不能久留，太危险了。

从昨天傍晚起风，整夜未停，直到中午稍减弱。今日宿营后，风速又加大。今日做雪堆8个，每3英里1个。今日行进23.2英里，上午9.8英里（餐时误读为8.8英里），下午14.2英里，里程计读数为1691.3英里。

上午行进1小时后（3.1英里时），维尔发现他雪橇上装的我和让·路易的白色食品箱丢失。我看后证实确实丢了1个。内中有我们70%—80%的食品，包括全部肉、大米、意大利面条、土豆片、奶粉和罐头。当即决定返回寻找。维克多和维尔掉头返回，我们4人则挖雪，堆起了一个极大的雪堆。约1小时后维克多和维尔找到失物返回。

昨天晚上让·路易做晚餐，我喝了大量的水、茶后，又吃了阿司匹林和轻度安眠药，然后入睡。今晨自感烧已退，头痛已基本好转。所以当维克多6点钟问我时，我答复说，今日可以成行。上午行进时间短，刮风，但风从后方吹来，因此刮风并不影响我们行进，反而有利于我们行进。这与在抵达南极点前的刮风很不相同。

今日上午能见度约200米，下午可达2—5英里。

1989年12月30日（第157天）　　星期六

晨6：00，维克多报告：−24℃，8米/秒，西南风，晴。今全天晴，风速小于8米/秒，即小于昨夜和今晨。维克多照例每周1次地收集尿液标本。

今日行进25.1英里，上午12.8英里，下午12.3英里，里程计读数为1716.4英里。今日共堆雪堆9个，上午4个，下午5个。全天雪面较硬。人行走时下陷仅两三厘米。雪面硬度与塞尔山脉地区相似。

晚8：45维克多与东方站通话。苏方欲知我们能否在3月1日抵达和平站，如不能则必须于3月10日抵达。因苏站要组织外国记者、摄影师，以及安装卫星通信设施等，到和平站等待我们。让·路易等认为可行。但大家估计维尔不会同意，他可能计划在3月中旬抵达终点和平站。

1989年12月31日（第158天）　　星期日

晨6：00，维克多报告：-24℃，晴天。今日全天晴，有时多云，西南风，5—8米/秒，持续全天。

今日行进25.5英里，上午12.8英里，下午12.7英里，里程计读数为1741.9英里。共做雪堆7个，上午4个，下午3个。宿营地未采样，待明早启程前再完成。

自清晨出发直到下午约5时行进约23英里，几乎全为雪丘区，不易滑雪。此段内雪丘高度20—40厘米不等，且雪面坚硬，为层冰壳。这对狗橇较易，但对滑雪较不利。下午5时后，雪面变得较软，雪丘也大为减少，雪面趋于平缓，到临近宿营地时，又出现大量雪丘。

近一周来可感觉到所经地区雪十分干燥。这里的表层雪确为干雪带之雪，颗粒分明，较为松散。另外，亦感到此区段常刮西南风，形成延伸方向与盛行风向一致的雪丘。

与彭塔和爱国者丘陵通话不畅。与东方站的通话成功。维克多与东方站站长谈话，得知东方站已做好准备，等待我们抵达。我们已决定将于3月1日抵达和平站。届时，美、日、苏等5家电视公司和约25名记者将到和平站采访。

1990年1月1日（第159天）　　星期一

晨6：00，维克多报告：-25℃，4—6米/秒，西南风，晴。全天晴间有云，云层甚高，自西南向东北方向快速移动，但覆盖量甚小（小于5%）。早上9时许出发前夕，气温为-22.5℃，阳光照射强。下午约4时，观察到杰夫的铁锹上有水珠，是挖雪后粘在黑色铁锹上的雪粒在阳光照射下融化形成的水珠。宿营后风速加大，呼啸声很响，但吹雪甚少。

今日行进25.5英里，同昨天。上午12.6英里，下午12.9英里，里程计读数为1767.4英里。做雪堆10个，其中上午5个（含昨天宿营地的1个），下午5个。晨，维克多做了一个较大的雪人，并将他穿破的衣服给雪人穿上，与雪堆并立。我们都在此地照了相。

雪面同昨天，多雪丘，且较硬，狗橇行驶较快。冰面较平坦，但有轻微的上下坡。凡上、下坡段内，雪丘甚为发育，凡十分平坦段内，雪面雪丘较少，且风壳很薄，雪面较软。凡被狗及橇压破的地方，雪粒干燥，黏结较差，好似"沙子"，被人们称为"沙样雪"。

今天维尔的狗橇行驶较快，基本与我们保持一个速度。这太好了，否则，我们两部橇都得等他。他常一人在后姗姗来迟，每天至少落后0.5—1英里。看来他改变了想在3月5日前后到达和平站的打算，力争3月1日到达和平站。

今天为1990年新年，这里没有任何庆祝仪式，只是在清早大家道声"新年好"！

1990年1月2日（第160天）　　　星期二

晨6：16，维克多报告：-24℃，8—10米/秒，西南风，晴天。全天晴天，刮风，但风速小于昨夜，为3—5米/秒。

今日行进25.8英里，上午13.1英里，下午12.7英里，里程计读数为1793.2英里。全天做雪堆9个，上午4个，下午5个。

1990年1月3日（第161天）　　　星期三

卫星定位：83°22′S，106°17′E。

晨6：00，维克多报告：-23℃，5—7米/秒，西南风，晴天。今日全天晴，但刮风，风速、风向基本同早晨。

今日行进25.5英里，上午13.1英里，下午12.4英里，里程计读数为1818.7英里。共做雪堆9个，上午4个，下午5个。

冰盖表面状况同前几天。雪丘仍较发育，高度一般为20—30厘米，个别可达40—50厘米，表面仍有一层冰壳，有利于橇滑行。

上午行进较快，唯维尔的狗橇落后约20分钟的路程。因午餐时间延长，下午仅行进12.4英里。

今日卫星定位装置仍未收到我们的位置资料。自12月30日至今，卫星定位装置的读数不清。我们估计今日宿营地的位置约为83°20′S，但经度为多少不详。

1990年1月4日（第162天）　星期四

今天是我43岁生日。大家清早即纷纷表示祝贺。这是我第3次在南极洲过生日。

卫星定位：83°02′S，106°15′E。

晨6：00，维克多报告：-25℃，5—7米/秒，西南风，晴。早上出帐篷时晴天，9时许，开始有乌云自西南向东北方向移动。午餐后转为阴天，阵小雪，西南风，10—15米/秒。降雪为晶粒极细小的针尖状的雪粒，降水量甚微。下午宿营时仍为阴、云、阵雪和西南风。

全天行进25.0英里，上午12.5英里，下午12.5英里，里程计读数为1843.7英里。做雪堆8个，上午4个，下午4个，宿营地未做。

下午因阵雪，能见度下降到100—300米，极差时为30米左右。另，因顺风，下午的行进速度较快。但因能见度不好，停下来等待较多，故下午仅行进12.5英里。

午餐时，杰夫用六分仪测量我们所在的位置。

杰夫的头狗——图利是一只约1.5岁的母狗，近日来腹部变大，发现已孕，估计近期产仔。据信公狗为库卡，是舟津圭三队中一只从科罗拉多租来的狗，这只狗看上去不讨人喜欢，整天无精打采，像半睡眠一样。估计在爱国者丘陵时，库卡一下飞机就直奔图利媾和。当时众人都忙于在飞机前搬运东西，未注意这一点。但舟津圭三在爱国者丘陵曾看到此况。库卡并非一只好狗。杰夫似乎不大高兴！

晚9时在我们帐篷内开宴会，庆祝我的生日。

1990年1月5日（第163天）　　　星期五

卫星定位：82°40′S，106°19′E。

晨6：00，维克多来报告天气时我们才醒来。-23℃，西南风，阴云。全天阴云，阵雪。能见度差，约100米。雪面反差亦小，行进不易。降雪之晶形与昨天殊不相同。昨天为针尖状雪粒，今天的却是雪花，是"*****"形，直径多为1厘米左右，最大的可达2厘米，质轻。午餐时气温为-22℃，宿营时为-23℃。清晨风较大，10时后渐小，宿营时为静风。

今日行进24.4英里，上午12.5英里，下午11.9英里。做雪堆10个，上午6个，其中包括昨日宿营地1个及午餐地1个，下午4个。

雪丘变得较平缓，形状低平。雪面较松软，为"沙状雪"，仍不利滑行。

天气不好，自昨天中午到今天为止，均为阴云。

飞机仍计划明天傍晚来，届时将原地休息1天。我计划趁明天休息时再挖1个2米雪坑。明日飞机将把图利（怀孕的母狗）、库卡（脚趾受伤）及索达帕卜3只狗带往东方站。

1990年1月6日（第164天）　　　星期六

卫星定位：82°19′S，106°22′E。

晨6：00，维克多报告：−14℃，静风，阴云。雪面反差极差，能见度不好，200—300米。全天阴云，间断小雪，静风或微风。午餐时气温为−19℃，反差仍不好，云层甚低。降雪雪花同昨天。原计划今日傍晚飞机来送补给，因为天气不好，只好推后1天。

今日行进23.1英里，上午12.0英里，下午11.1英里，里程计读数为1891.2英里。全天做雪堆9个，上午5个，下午4个。

全天雪面较松软，表面为一层冰壳，极利于橇行。雪十分干燥。由于反差不好，故今天的行进速度较低。

海拔已达3400米左右，火炉燃烧不好，做饭较为困难，食物也不易煮熟。昨天晚餐的干土豆片煮了足足1个小时，但仍感到不大熟，吃后全天感到肚子不舒服，早上大便前感到腹部微微作痛。

下午与杰夫边滑雪边聊天，知他与维尔同住一顶帐篷，双方都感到不方便。好在只有40天，否则他受不了。

1990年1月7日（第165天）　　　星期日

卫星定位：81°59′S，106°25′E。

晨6：00，维克多报告：−20℃，西南风。阴、多云，能见度好，反差亦好。今日全天阴云，间断小雪，午后转为多云间晴。午餐时气温为−26℃。全天几乎静风。当有日照时，感觉温暖。虽全天间断小雪，但降雪量不大。雪晶为羽毛状松软新雪，尺寸约为2毫米×4毫米，好似麻雀的线毛一样。

今日行进25.0英里，上午12.6英里，下午12.4英里，里程计读数为1916.2英里。全天做雪堆8个，上午5个，下午3个。宿营地因未挖雪坑，故未做雪堆，待明早再做。雪面较硬，干雪，但似乎较涩，不易滑行。这种情况已持续4天左右。估计系"沙状雪"的缘故。

昨天下午和杰夫边滑雪边聊天时，谈到与维尔同住一个帐篷的问题。杰夫说，若有人问此次穿越南极中对他最大的挑战是什么，答曰：和维尔同住一个帐篷。杰夫说关于同维尔一块儿生活，他足可以写一本书。言谈中推测他们二位已分开各做各的饭。

1990年1月8日（第166天）　　星期一

今日仅行进8.7英里，里程计读数为1924.9英里。

上午约12时，补给飞机抵达此地，并用GPS（全球定位系统）测得我们的位置为81°50′S，106°27′E。飞机停留约1个小时，我们则补足了食物及6箱狗食。随后飞机飞往东方站，傍晚再次返回，又送来6箱狗食。这样，我们的食物及狗食足可维持10天左右，直到东方站没有问题。补给飞机则带走了我们全部的备用物品及4条狗即图利、索达帕卜、库卡和斯平纳。图利因即将产小狗，库卡、索达帕卜和斯平纳则因病需要休息。它们都将暂时在东方站休息，10天后和我们会师。

下午和杰夫挖好了2米雪坑，以备采样。因为飞机来时，东方站给我们带来香槟酒和伏特加，维克多建议在他和舟津圭三帐篷里开个小宴会，明天再采样。

晚10时，宴会上我们讨论决定改动时间：1990年1月8日晚10时至1990年1月9日晨7时。

自南极点到今日宿营地段内采集的全部雪样，均已用飞机送往东方站。晚8时，与正在东方站工作的法国冰川学家让·诺贝波提通了话。他谈到我完成了一项前人未做的工作，成功已成定局，特表示祝贺，并望能帮助我分析样品。让·诺贝波提先生是著名的东方站深钻冰芯研究的负责人，很优秀的冰川学家。

秦大河采集雪样

1990年1月9日（第167天）　　　星期二

由于时间改动，时差使今天只有14小时。从今天起我们将出发以来一直沿用的智利时间（地方标准时和夏季时）改为东方站时间。这意味着在已经走过的区间，虽然我们越过了几个时区，在南极点后又路过了国际日期变更线，但我的日记中所使用的日期、时间均未改动。特此注明。

1990年1月10日（第168天）　　　星期三

卫星定位：$81°27'$ S，$106°29'$ E。

晨6：00，维克多报告：$-27℃$，2米/秒，西南风，晴天。

今日行进25.5英里，上午13.3英里，下午12.2英里，里程计读数为1950.4英里。由于以后飞机不再补给，停做雪堆。

雪丘呈不连续发育，规模不大。仍为干雪带。

晚上8：45，维克多与东方站通话，知图利已产仔，到打电话时止，已产4只。但它却将所生的小狗全部吃了。苏联人说，生下的第1只当时是活的，第2只是死的，它先吃了第2只死的，之后又吃了第1只、第3只及第4只。人不能接近图利，当时它近于疯狂状态。苏联人试图接近，以挽救小狗，但它却咬人，故无法挽救。

昨天做2米雪坑的雪层剖面，当挖到1.5米以后，感到为"沙状雪"。剖面观察见到巨厚深霜层。深霜晶体为杯状多棱柱体，长度多为3—8毫米。深霜层的位置和剖面、采样等工作可见采样记录。

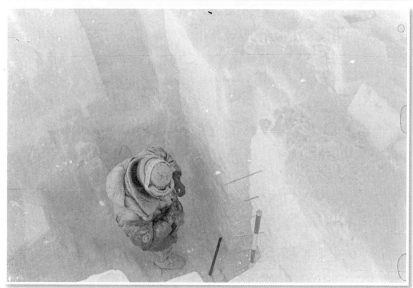

秦大河在雪坑进行雪质测量。挖雪坑短则一两个小时, 长则八九个小时

1990年1月11日（第169天）　　星期四

晨6：00，维克多报告：-37℃，2米/秒，西北风，晴天。今日全天晴天，无云。上午10时起，风向逐渐转为西风，进而转为西南风。中午，西南风逐渐加大，下午起轻微吹雪，能见度3—5公里，远处看起来似为雾，实为吹雪。午餐时气温为-30℃，宿营时-32℃。

今日行进26.5英里，上午13.1英里，下午13.4英里，里程计读数为1976.9英里。

全天雪面平缓，无明显的雪丘集中发育地带。上午13英里内的冰面十分平坦，似足球场一般。下午有雪丘，但数量少，无明显的延伸方向。有二类雪面，一类为表面有一层极薄的冰壳，雪橇过后即破，尚利于滑行；另一类为间断覆盖有新吹雪，较涩，不利于滑行。

上午，杰夫的雪橇在前边开路。由于失去了图利，索达帕卜亦飞往东方站，杰夫的雪橇仅剩7只狗，行走较慢。下午，舟津圭三的狗橇一马当先，在前边开路，全队行进速度加快。全天行进26.5英里。维尔的狗今日行进得较好，但因昨天吃得过多，一路上不停地呕吐，影响了速度。

晚上维克多与东方站通话，知补给飞机送往东方站暂存的雪样未放入室内，仍保持冻结状。另外，图利昨晚吃掉所产4仔后，再未产新仔，大夫检查后说，图利一切正常。其余3条狗均好。

1990年1月12日（第170天）　　星期五

晨6：00，维克多报告：-35℃，6—8米/秒，西南风，晴，吹雪。全天晴，西南风，全天有吹雪，最大风速可达10—12米/秒。

今日行进25.6英里，上午13.0英里，下午12.6英里，里程计读数为2002.5英里。至此，我们距终点和平站约1000英里。

雪面类似昨天。部分地段冰面坦荡，部分地段发育雪丘。全天刮西南风，方向南西西，系从内陆高原吹向南极横断山脉方向。

圭三的狗队打前锋。下午，维尔与圭三同行，圭三的狗队速度下降，不如昨天（昨天下午走了13.4英里，比今日多0.8英里）。杰夫的雪橇排行第2，维尔的雪橇在最后，下午让·路易驾驶第2乘雪橇。

1990年1月13日（第171天）　　星期六

卫星定位：80°14′S，106°42′E。

晨6：00，维克多报告：−34℃，6—7米/秒，西南风，晴。全天晴天，无云，上午10时后，风速减小，吹雪也大为减少，能见度良好。

今日行进28.4英里，上午14.3英里，下午14.1英里，里程计读数为2030.9英里。这是在"不可接近地区"内日行进的新纪录。今天之所以行进速度快，原因一是冰面平坦，少雪丘，且冰盖表面多有一层约1毫米厚的冰壳，有利于狗橇滑行；二是狗橇较前几天更轻，舟津圭三的狗橇行进很快，杰夫和维尔则紧迫不松懈，无须等待，节省了时间。

风向仍为西南，雪丘量少、低平，量测了延伸方向。近几天刮风不止，风向几乎相同。从地图上判断，是从西南方海拔约4000米的高原刮向南极横断山脉的。估计此情况将持续相当长的路程，可能到东方站后仍如此。如果确实如此，我们在东方站和共青团站之间，风可能正好吹在我们左前方，大大不利于行进。

傍晚与东方站通话，知和平站近3天大风，风速高达30米/秒。另外，在东方站图利很正常，索达帕卜头2天未进食，第3天起开始吃东西，库卡的脚趾冻伤仍严重，但能够恢复。

已通知东方站我们预计元月18日到达。

1990年1月14日（第172天）　　　星期日

晨5：50，维克多报告：-34℃，1—3米/秒，西南风，晴天。今日全天晴天，下午可看到北面远处有云覆盖。午餐时气温-27℃。白天风很小，几乎为静风，宿营后亦安静。

今日行进26.3英里，上午13.6英里，下午12.7英里，里程计读数为2057.2英里。

今日雪面平坦，雪丘发育不好。

早上与让·路易闲聊时知，我们乘坐的伊尔-76飞机在去年7月中旬到达明尼阿波利斯国际机场前，1台发动机坏了。飞机机组人员中有优秀的工程师，检查了2天后，查出毛病所在，但无法修复。美国方面希望这些人早点儿离开，因为高水平的工程师实际上是飞机专家，容易了解美国的情况，但据明尼苏达州地方性法规，只有3台发动机的飞机不能起飞。于是，苏方只好宣布，坏了的发动机已经修复。于是飞机按时起飞，一直到古巴后才换上了新的发动机。飞机实际上是用3台发动机起飞并飞往古巴的。而在彭塔，这架飞机是以考察的标记（名义）才得以在智利的机场降落和停留。当我们的飞机降落到彭塔机场后，机场负责人和彭塔市市长立即找到了让·路易，告知上述事宜。当晚，在彭塔市中心的工会俱乐部举行的宴会上，市长仅与客人们见了面，便匆匆离去。可能也是为避免议论吧。

1990年1月15日（第173天）　　　星期一

晨5：50，维克多报告：-33℃，静风，晴转多云。但是，今日全天阴云，云层很薄，阳光仍可透射。间断小雪，降雪量甚微。气温上升，午餐及宿营时均为-20℃。

今日行进27.6英里，上午14.3英里，下午13.3英里，里程计读数为2084.8英里。

1990年1月16日 （第174天）　　星期二

卫星定位：79°07′S，106°06′E。

晨6：00，维克多报告：-30℃，微风，晴转多云。上午出发时，气温为-33℃，全天气温为29℃。上午几乎为静风，午餐后开始刮风，风速2—4米/秒，西南风。宿营后-35.5℃。

今日行进26.0英里，上午13英里，下午13英里，里程计读数为2110.8英里。

全天雪面较松软，雪丘发育不明显，松软雪面，不利于雪橇行进。今日行进仅26英里，而且感到较费力。上午几乎为静风，虽气温仅-29℃，但感到很"热"。下午开始刮风，立即感到较冷。估计18日午餐后约2小时，即下午4时许可到达东方站。

1990年1月17日 （第175天）　　星期三

晨6：00，维克多报告：-36℃，晴天。午餐时气温-29℃。全天西南风，风速仅1—2米/秒。

今日行进26.0英里，上午13.8英里，下午12.2英里，里程计读数为2136.8英里。

全天雪面平坦，较松软雪丘发育不好或不明显。

明天我们将抵达苏联东方站。东方站建于1957年，是世界之"寒极"，年均温为-55.6℃，年降水量仅2.3毫米。1979年4月12日傍晚，该站越冬的队员们看电影时，因电线短路导致主电机房失火，半小时内主建筑物及电机房毁于大火。一名机械师死亡。他是在失火后又返回电机

抵达梦寐以求的东方站

房试图扑灭火，结果未能出来而被大火烧死。其余25名越冬人员在避难所越冬，直到当年的11月份才被接回。

东方站越冬人员一般为25—26人，度夏人员30人左右。

青年站是苏联南极最大的科学考察站，越冬人员一般为160—180人。

苏联每年在南极洲各站的越冬人员为300人左右，度夏人员为600—800人。

1990年1月22日 （第180天）　　星期一

晨气温-42℃，午餐时-35℃。

行进28.4英里。启程时里程表读数为2158.5英里，宿营时为2186.9英里。上午13.6英里，下午15.3英里。上午9时从东方站出发，继续向终点和平站前进。

补记元月18—21日的简况：

元月18日：

全天行进21.2英里，上午13英里，下午8.2英里，里程计读数为2158.0英里。午餐地采样。

下午5时到达东方站，受到东方站站长萨沙和全体队员的热烈欢迎，队员在我们抵达前乘雪上车出迎数公里，其他队员则在站外集合并放信号弹，在办公楼前用俄罗斯传统礼节，即盐和面包欢迎我们这些"贵宾"。

6时安好营后，在站长萨沙办公室内喝香槟酒，很高兴、激动。房子内温度太高，感到很热。之后即去发电房洗桑拿浴。

在站长房内吃晚餐，晚11时休息，与让·路易住在医院大房间内，室温约18℃，但脱光衣服仍全身发热无法入睡，只好睡在地板上。

我是第1个到达东方站的中国人，甚感自豪。作为一名冰川学家，东方站是世界著名南极冰芯研究重地，尤感兴奋！

元月19日：

上午休息到10时，早餐后盖邮章。

下午4时，乘安-28飞机在东方站附近上空飞行20分钟。飞行员拉着我们做特技表演，令人胆战心惊。飞机俯冲到距地面仅2米，又蹿上蓝天，真是要命。

晚8时，站上举行欢迎会，演节目，并回答问题（录音）。

晚上在我和让·路易房间内的宴会，到次日晨3时才结束，喝了酒头痛不已。

美国办公室凯茜发来电传，告知我们结束后的活动安排初步计划。

元月20日：

决定在东方站多住一天，好好休息。拍了东方站的外景幻灯片。与冰川学家里宾科夫博士谈雪样冰芯及东方站冰川学研究情况，参观他的实验室长谈良久（录音）。

将部分雪样装入波提先生留下的白铁皮箱内，以便随东方站冰芯一块安全运往法国。共有2米雪坑的雪样约200个，同位素样88个。

发电房的全体工人邀6人在发电房内洗桑拿浴，之后吃俄式烤牛肉。与国内通话未成功。

元月21日：

上午准备狗橇、食品。下午参观东方站的深钻及钻机、冰芯库房以及冰川学实验室。里宾科夫忍痛割爱，赠送每名考察队员1块东方站冰芯2000米深处的冰一小块（每人1块，外加高先生）。

在东方站休息3天，异常忙碌，甚感疲乏，未记日记。但诸多活动都有录音带。晚上与郭琨主任通话成功，与钦珂也通了电话。

法国冰川学家波提博士[①]从苏联东方站写给秦大河的信

亲爱的大河:

欢迎您抵达东方站！您在穿越全程沿途采集冰川同位素样品，特向您的这种勇气和气魄表示祝贺。我认为您所从事的是此类研究中最困难的工作，而且深信一定非常成功。

我在东方站几天前已收到"双水獭"式飞机带来的60个雪样，非常之感谢。我已将这些样品放到1只白铁皮箱内，这只样品箱目前仍在东方站，之后将被运往和平站再转运到法国。请相信，我会特别留心这批雪样。一俟这批样品运抵法国，即刻开始分析工作。

大河，当您抵达东方站后，请将所携样品如法炮制，装入白铁皮箱内。请与东方站的苏联冰川学家维罗嘉·里宾科夫联系，如果您需要样瓶、塑料袋，等等。在和平站请与苏联负责转运我的雪冰样品的安那托里克·果谢夫先生联系，他是我的铁哥们，会仔细照料样品的，请放心。

再次表示祝贺，非常感谢您的工作。我期望在见到您时能听您亲自讲述你们考察队的趣事。

谨致最良好的祝愿！

让·诺贝波提

1990年元月15日

内附两篇冰川学论文。

---

① 波提博士是秦大河穿越南极洲采集同位素样品进行分析研究的合作伙伴。

1990年1月23日（第181天）　　　　星期二

晨6：00，维克多报告：-45℃，2—3米/秒，西南风，晴天。早上出发后，可见到西边极远处有云。下午宿营时云覆盖可达20%—30%。晚9时许达80%。但云层高、薄，日照仍强烈，气温较低。

今日行进30.2英里，上午15.3英里，下午14.9英里，里程计读数为2216.7英里。

昨晚的宿营地距为我们护航的苏联雪上拖拉机约4公里，拖拉机于元月21日下午4时自东方站出发，将与我们保持一定距离，保护我们前往和平站。拖拉机共2列，5名工作人员。维克多让他们离我们远一些，因为我们不愿意看见走在前边的拖拉机。另外，拖拉机离我们太近对拉橇的狗也有影响。

天气很好，温度降低到-45℃，系新纪录。

行进速度很快，主要原因是雪面较好，狗橇可以在拖拉机的车印内前进，节省力量，而且狗橇也很轻，因为仅载有三四天的饲料。今日行进路程30.2英里亦为新纪录。维尔和舟津圭三的狗队在车印内行进，速度较快。我和杰夫在后边，未在车印内行进，较慢，比他们晚20—30分钟到宿营地。计划明天在车印内行进，但需新的滑雪技术。

今天杰夫和让·路易均感不适。杰夫昨夜头痛，未休息好，让·路易上午呕吐2次，看上去非常不舒服。

从昨天起，与圭三同住一顶帐篷，到今日已基本适应，一切很好。

1990年1月24日（第182天）　　　　星期三

晨6：00，维克多报告：-41℃，多云。今日多云转晴，但云层高，且薄。阳光照射仍很强烈。全天刮东风，风速2—3米/秒，无吹雪。自东方站到此地段内，雪面松软，无雪丘发育。今日行进约47公里，上午

24公里，下午23公里。今天午后，杰夫取掉了我们狗橇拖带的里程计。因为自东方站到和平站区间我们沿拖拉机车印前进，此区段内苏联南极考察队安置有里程标杆。自东方站到和平站每3公里一个。今日起点处为31.6号（31—32号，接近32号），宿营地为47—48号。估计今日行进47公里。里程计用美国度量单位计算路程，今天起改用公制。

近3月来，每天均有苏联南极考察队的飞机往返于东方站和和平站之间。飞机机型为安-28和伊尔-14。今天的飞机在返回和平站时从我们头上20—30米高处擦过，狗受惊不小，先是发愣，然后狂奔乱跑数百米。真正是害人。

今日全部狗橇都在车印内行进。站在狗橇后方，滑雪板的前半部在狗橇的下部，扶橇滑行，而我扶狗橇，杰夫在后边用绳子系在腰间滑雪前进。一切较顺利。

1990年1月25日（第183天）　　星期四

晨5：50，维克多报告：-42℃，静风，晴有云。今日全天晴，有云，气温较低。午餐时气温为-35℃。全天静风。偶尔微风，风向东北，从右前方吹来，感到脸部甚冷。

今日行进约47公里，宿营地标杆为63号。截止到今日宿营地，我们已从东方站出发行进了189公里（63×3=189）。今日上午为23公里，下午24公里。

今日仍在拖拉机车印内行进。上午，我在狗橇后扶橇前行，杰夫在后边用绳子带动滑行。杰夫的狗帕卜因为杰夫不在身边，索性不好好拉橇。中午，杰夫好好地教训了它及头狗图利（不听从我的指挥），以及乔基（乱叫扰乱军心），杰夫用专用的鞭子狠狠地揍了它们。下午行进则顺利，帕卜也老实多了。

上午11—下午1时，我尝试在后边用绳子带动滑行，跌倒若干次，下午杰夫只好又返回后边。

　　今天有1架飞机自和平站飞往东方站，然后返回和平站。飞机飞得很低，距地面仅200—300米，沿着拖拉机的车印飞行，以保证安全和方向。沿车印飞行，可以安全返回和平站，飞行高度低，既可以看到冰面的车印，必要时也可以在冰面迫降。

1990年1月26日（第184天）　　　星期五

　　今日为中国农历年三十（或初一，因为时差我也无法确定），庆祝中国农历新年！

　　晨5：50，维克多报告：-46℃，东南风，2—3米/秒，晴。今日全天晴，东南风，下午挟带吹雪，量小，风速最大为5—7米/秒，感觉甚冷。午餐时气温为-37℃。今天的温度是自出发以来的又一个新纪录，达到-46℃。

　　目前，我们正好位于穿越路线中海拔最高地带（海拔3560米）。这也是我们遇到低温的主要原因。

　　昨夜，圭三也感到较冷。早晨，水壶内的水结成坚硬冰块。

　　今日行进48.5公里，上午26公里，下午25公里。到79号标杆后又行进约0.5公里宿营。

　　在76号标杆处，拖拉机放有6箱饲料。维尔拍了照片，然后每个狗橇拿了1箱，继续前进到宿营地。剩余的3箱狗食则拉到78号标杆处存放。昨天维克多与拖拉机通话时知道，元月28日在110号标杆处我们将与拖拉机会面，并在车内吃晚餐。

　　又听说，在东方站休息期间，我们6人使用卫星通信（海事遇难卫星）的费用（电话与电传）达2300美元。当然，我给郭主任、钦珂电话用了37分钟也包括在内。最后10分钟通话效果不佳，钦珂听不大清楚。苏联的卫星通信便宜，价格为45美元/分钟。

在东方站，使用卫星通信的最佳时间为下午4时到午夜，其余时间信号不好，因为苏联通信卫星并未在东方站上空，而是从偏斜方向穿过，因此不能24小时使用。

今天我全天用绳子系在腰间，跟在狗橇后约15米滑雪行进。这种滑雪方式很不自由，又受绳子牵制，须精力集中，稍不慎就会摔跟头。我今天已比昨天大有进步，但拖拉机车印内今天多有吹雪，滑行不如昨天容易。

1990年1月27日 (第185天)　　　星期六

晨5：50，维克多报告：-44℃，西南风，2—3米/秒。今日全天刮东南风，并伴吹雪，能见度1.5—2公里，下午转多云，风速加大到4—5米/秒，能见度小于1公里，吹雪是能见度降低的主要原因。午餐时气温为-36℃，宿营时为-34℃。傍晚约9时，风速很小，天转晴。

今日行进44.5公里，上午23公里，下午21.5公里。宿营地为94号标杆处。

近几天气温下降，一般气温在-45℃至-35℃。如果不刮风感觉还可以。如果刮风，感觉甚冷。如昨天与今天全天我的手指一直很冷。由于天气冷，并刮风，狗也小有毛病。杰夫队中的索达帕卜的一条腿有问题，走路一瘸一拐的；圭三队中的库卡不思饮食，亦不能走动，今天下午只好坐在狗橇上；杰夫队的罗丹正在脱毛（不是时节），看来感到很冷……

今日又忆起在东方站与里宾科夫一块儿参观他的低温室（室温-11℃左右），看到他的冰切片，质量很高。他谈到冰晶晶体的准晶界问题，认为一个晶粒分解为几个晶粒时，先形成准晶界，但由于准晶界上的自由能还不够大，故还不能算是晶界。认为准晶界"是晶体分裂过程中的某一阶段"。这一段谈话在录音带中没有记录，特此记录。

1990年1月28日 (第186天)　　星期日

晨5：50，维克多报告：-46℃，静风，晴，有少量云。上午东风转西南风1—2米/秒，中午风速为2—3米/秒。下午静风，晴天，阳光照射，十分温暖。

今日行进45公里，上午22公里，下午23公里。宿营地为标杆109号。拖拉机在等候我们光临。

在苏联拖拉机车内与苏联队员5人共进晚餐。第1道为苏式汤（相当于中国人的饺子），第2道为烤鸡和炸土豆条，最后为咖啡。苏5人拖拉机队共驾驶两辆拖拉机，一节拖车为油料，另一节为东方站的冰芯和我们穿越考察队之物资。5人中有1名无线电报务员，1名气象观测员兼炊事员，2名机械师兼驾驶员，另1名不详。这两辆拖拉机将随我们一块儿到达和平站。

又听说由11辆拖拉机组成的苏联车队已经走完了和平站到东方站路程的一半，将在共青团站附近与我们相会。

明晨须从拖拉机拖车上取狗食及食物。

全天雪面平坦，冰盖表层为"风板"（厚2—5厘米），雪质松软。下午，我们又在拖拉机车印内前进。因为今天静风，新的车印内无吹雪，狗橇行进十分顺利，杰夫的狗橇几乎是小跑前进，快极了！

晚餐后，拖拉机内的苏联考察队员又邀大家喝酒，我因不舒服未去，圭三去了。

杰夫队中的索达帕卜和舟津圭三队中的库卡拟离队乘拖拉机前往共青团站，然后飞往和平站。索达帕卜的腿部严重冻伤，库卡不思饮食已数日，昨、今两日都是乘狗橇前进的。

1990年1月29日（第187天）　　　星期一

晨6：00，维克多报告：-49℃，静风。

维克多又发现，他使用的温度计与苏联考察车气象观测人员使用的温度计之间温度相差3度（低3摄氏度）。下午，他已改用新的温度计，宿营时气温为-25℃。

今日行进42公里，上午19公里，下午23公里。

伴同我们前进的苏联拖拉机上的队员们清早邀我们去喝咖啡。我和圭三是早餐后才去的。喝完咖啡后我们又从拖车上拿了狗食及食品。上午出发时已比往日为晚，维尔又要拍照片等。故上午仅行进19公里。

午餐时，拖拉机从后边追上我们，并与我们在一块午餐。午餐后分手。拖拉机将比我们早1天到达共青团站，还说好要为我们准备桑拿浴。

1990年1月30日（第188天）　　　星期二

晨5：50，维克多报告：-43.5℃（新温度计测得），多云，微风（西南）。今日全天多云，转晴。微弱西南风，午后增强，2—3米/秒，并伴吹雪，在车印内积有2—5厘米厚的积雪，不利于狗橇滑行。

今日行进50公里，上午25.5公里，下午24.5公里，是新的日行进最高纪录。昨夜宿营处路标杆为123号。今天宿营处为139号以北2公里处。

我和圭三的炉子4天前因管道堵塞，经维克多修理后勉强使用。但昨天起又不好使用。昨夜圭三修理无效，今天早餐几乎连水都烧不开。早上出发前告知维尔，维尔说他有1个备用的新喷油管，我们可以用。晚上宿营后，维克多为我们换了新的管子，立竿见影，我和圭三在8：45左右做成晚餐，帐篷内也因火炉燃烧好，十分温暖和舒适。

下午在离宿营地1公里处看到一路标，上边写有：距和平站1000公里。我们今天宿营地距终点和平站为999公里。

1990年1月31日（第189天）　　　星期三

晨5：50，维克多报告：-41℃，晴天，西南风，3—4米/秒。今日全天晴，中午以后，西方极远处和西北方有云，极高。全天刮西南风，感觉甚冷，估计风速同清晨。

今日行进48公里，上午24.5公里，下午23.5公里。宿营地位于标杆155号的2/3处。

今日在155号标杆处收到2箱狗的饲料，是为我们护航的拖拉机放在此地的。

和圭三闲聊中知，日本国立极地研究所前所长（生物学家，已退休，去年曾乘"双水獭"式飞机经中国南极长城站去日本南极的昭和站）对记者说："中国和苏联政府派出的是高水平的科学家参加穿越考察南极探险活动，有特殊意义。"估计圭三是从接到的信中知道的。

全天西南风，感觉甚冷。拖拉机车印内，迎风的一道内已被吹雪堆满，而下风一侧的车印内积雪不多。今日午餐前不久，我们可以在车印内滑雪行进，速度提高了不少。下午，我在后滑雪，杰夫跟在狗橇后行进。目前，我们距共青团站约65公里。该站目前有5人，加上拖拉机上的5人，我们6人，后天中午我们抵达时那里定将十分热闹。

安-28型飞机今日又在飞行。飞机已停飞2天。听说伊尔-14型飞机已完成元月份的飞行任务，到2月份才飞行。

1990年2月1日（第190天）　　　星期四

晨5：50，维克多报告：-44℃，西南风，3—4米/秒，晴天。今日全天晴，上午北方远处有云，四周有雾，中午时西南风加大为4—6米/秒，甚冷。下午风停，雾散，天气似好转。

今日行进50公里，上午25公里，下午25公里。宿营地点是标杆172

号以北1公里处（172—173号的1/3）。我们距共青团站还有32公里，预计明天午后1个半小时可以抵达。计划在共青团站休息1天半，2月4日继续向北行进。

上午，维尔的狗橇落后约20分钟，我们只好等待。让·路易说东方站站长萨沙明天飞抵共青团站，同时给我们带来两封英文的电传，均来自凯茜迪·莫尔。让·路易又讲到按目前速度，我们可以比以前预定的3月3日抵达和平站的计划早一周左右。但具体何时到达和平站，尚不能确定。

1990年2月3日（第192天）　　　星期六

首先补记昨天的情况。

昨日晨维克多报告：-46℃，晴天。除上午短暂有几朵云外，全天晴，十分晴朗，几乎为静风（0—1米/秒，西南风），故感觉十分"温暖"。上午行进25公里，午餐后，继续行进约7公里，于下午2：30左右，安全顺利抵达共青团站。

这里海拔与东方站相差不大，站长说，比东方站只高70米左右，但这里的氧气含量却相当于海拔5300米的中纬高山区的含氧量，气候比东方站更恶劣。因此，这里仅为夏季站，每年开放约3个月。主要为来往于和平站与东方站之间的飞机与拖拉机车队服务。

站很小，共3栋建筑物，2栋在地面上的为发电房附带桑拿浴室，无线电通信房与餐厅。另1栋是宿舍，已被雪掩埋，有6张床铺供队员休息使用，并附带电影房。

发电房内共2部电机，每台均为16瓦。站长说（站长又是发电房负责人），由于海拔高缺氧，16瓦只能达到60%—70%的效率。

今年夏季该站共6人，1名报务员，1名气象观测员，2名地球物理观测员（地磁），2名技工，主要负责发电、车辆，等等。最大的52岁，最小30岁，都超过了共青团员的年龄。

在我们抵达前夕，全站人员均到站以南约200米处欢迎我们，并放焰火和烟雾等。在简单地喝茶之后，我们依次洗了桑拿浴。晚7时，全站人员为我们到达举行宴会。好客的主人准备了烧土豆炖肉、咸鱼以及鱿鱼片等，并备有"伏特加"烈性酒、自制的烈性酒以及白葡萄酒等。晚上10时许，我们纷纷离去，主人与维克多等喝酒聊天，直到今天清晨2时。站上人员大部分都醉了。

1名年轻的地磁科技人员与我交换，他住帐篷，我睡他的床铺。次日，双方均表示满意。后来听说，维克多教他们使用火炉等，但忘记告诉他们帐篷为双层门以及小便如何处理。半夜当他要小便时，不知使用塑料瓶子。外出时，因醉酒糊糊涂涂，当打开第一道门后，另一道门不知如何打开，于是只好从我们倒小便的帐篷底部的洞口钻了出去。这一笑话逗得大家乐不可支！

我睡在他的铺上，虽然温度只有20℃，但感觉很热，整夜身上发烧，处于半睡眠状态。

今天全天休息。天气转阴云，因和平站为暴风雪，今日无飞机，大家一直睡到上午9：40才起床。

早餐与午餐同时进行，午餐后我整理雪样。

1. 将21瓶Q雪样装入绿色袋内；

2. 将8瓶NH雪样装入硬纸盒内；

3. 从绿袋（103—204号）内取雪样瓶，供取Q样之用。

由于考虑到新闻记者的宣传作用，让·路易和维尔均认为我们应当，而且必须先于德国登山探险家梅斯纳到达麦克默多站之前到达终点和平站，虽然我们穿越的不是一条路线，情况也殊不相同。为此，昨天他们拟了电报给凯茜和史蒂夫，讲我们将于2月24日或之前抵达和平站，并询问梅斯纳目前的位置。自共青团站到和平站共860公里，我们希望用17—20天到达终点。据维克多与和平站通话知，"索莫夫教授"号船将于2月24日到达和平站。法国摄影组乘此船到和平站。记者将于

2月24日前后乘飞机从和平站到青年站。

今晨共青团站气象站测得气温为-49℃，这是目前我们经历的最低温记录。

我们将很快结束永昼生活。昨天夜里12时许，我看到太阳非常低，只有1人高，估计1周之内，我们将有"夜生活"。

1990年2月4日（第193天）　　星期日

晨6：05，维克多报告：-39℃，多云，静风。今日全天为静风。晴间多云，但云层很薄、很高，似雾一般。由于多云，气温较高，未出现昨日晨的-49℃之低温。昨天和今天上午均有小雪。今日行进27.9英里，上午14.0英里，下午13.9英里。自共青团站向和平站方向，标杆几乎全部倒了（共青团站为183号，距东方站550公里）。故今日杰夫重新启用里程计，出发时读数为2231.2英里，宿营时读数为2259.1英里。

今日自共青团站出发向和平站前进。我们计划2月24日或之前到达终点，估计要用17—19天。

昨天和东方站通了话，决定留1辆拖拉机在共青团站等待萨沙，另1辆比我们早半小时从共青团站出发。

中午12：45与从和平站往东方站运送货物的苏联车队相遇。车队共有8辆拖拉机与拖车组成，满载燃料、器材、食品等从和平站前往东方站。车队每一列车与前后车首尾相连，浩浩荡荡，像一长列火车似的，十分壮观。这是我遇到的南极洲最大的车队。车队中有专供睡觉之用的卧车，还有炊事车。炊事车可同时容纳15—18人吃饭。车队队长约50岁出头，很瘦，但精明强悍。他说这是第45次跑此条路线，他的多半生为南极洲这条重要的物资补给线运输服务。队长请我们在餐车吃午餐，内容为罐头鱼、肉、面包及伏特加酒。

杰夫将狗帕卜放在护航的拖拉机车上（因腿、爪冻伤），这样他的队伍中只剩下7只狗。目前我们3架狗橇共有24只狗，杰夫7只、维尔8只、圭三9只。

1990年2月5日（第194天）　　　　星期一

晨5：50，维克多报告：-44℃，晴，静风。今日上午有云，主要分布在北边，午后晴微风（南风），感觉冷。由于是晴天，下午太阳照射强烈。

今日行进28.4英里，上午13.3英里，下午15.1英里，里程计读数为2287.5英里。只有1辆拖拉机在前边行进，估计停在离我们宿营地不远之前方，另一辆拖拉机在共青团站等待萨沙。今天有1架伊尔-14型飞机从我们头上掠过，飞返和平站。但未见到此飞机飞往东方站。

1990年2月6日（第195天）　　　　星期二

晨5：50，维克多报告：-47.5℃，晴，静风。今日全天晴，无云，上午静风，午餐后极弱南风或东南风（<1米/秒）。午餐时气温为-33℃。

今日行进27.8英里，上午14.3英里，下午13.5英里，里程计读数为2315.3英里。下午5：20与拖拉机会合，遂停止前进。7：00在拖拉机内吃晚餐。

雪层剖面显示1米内的冰盖表层雪较硬，铁锹难以挖动。这种现象在抵达共青团站之前一站已出现，并且越来越严重。维克多介绍说，从东方1号站以北起，这种现象将会更加明显。冰盖表面仍无雪丘发育。已能感到高度在逐步下降，但高程的下降为波浪式，即冰盖表面以波状起伏之状态逐步下降。今日宿营地的高程比共青团站低100—150米。

听到几则新闻：

1. 外电传，我穿越队已失败，正在从原路返回。

2. 外电传，我们已"弹尽粮绝"，只好吃狗的食物，维克多吃了狗食后，全身抽搐不止。

今日在拖拉机车内吃晚餐，有土豆烤牛肉（俄式），并有伏特加和啤酒。苏联东方站去年的站长萨沙（新站长最近刚刚抵达东方站）昨天自东方站飞抵共青团站，今日已乘在共青团站等他的拖拉机追上我们，与我们会合。他是此次拖拉机车队的负责人，且为"索莫夫教授"号船下一航次的考察队负责人。我们计划乘此船到新西兰转乘飞机到美国。

1990年2月7日（第196天）　　星期三

晨5：50，维克多报告：-44℃，东南风，2—3米/秒，天气正在变化之中。上午9时以后，天气渐渐变坏。全天东南风，6—8米/秒，伴随低温（午餐时为-35℃）和吹雪，能见度约200米，下午则降低到小于100米。宿营后云覆盖，从下午6时约70%，迅速增加到90%左右，风不止，帐篷内很冷。

今日行进29.0英里，上午13.6英里，下午15.4英里，里程计读数为2344.3英里。

雪坑雪层剖面内的雪较硬。由于天气不好，反差极差，薄冰壳看不清，只可观察到约45厘米深处有一层坚硬的薄冰壳。

昨天晚上和东方站通话时收到凯茜迪·莫尔的电传，是由东方站的人读给让·路易的。我们提出的2月24日抵达和平站的方案不能接受，仍要求我们于3月3日下午6时抵达终点。摄影组将于2月16日到达和平站，他们将飞往少先队站与我们会合。"UAP"号船已改道直奔新西兰等待我们。德国人梅斯纳于3天前抵达81°S，距终点仅300多公里，等等。

今日早上7：45在拖拉机车内喝咖啡时决定，我们将放弃不久前的时间表，仍按3月3日到达和平站行动。从明早起，出发时间推迟半个小时，每天仅行进40公里左右。

据拖拉机上的苏联队员证实，2月4日首次看到日落，我们的永昼生活已结束。

1990年2月8日（第197天）　　　　星期四

今日起床推迟了1个小时，出发亦推迟1个小时。因为我们不能在2月24日或此日期之前抵达和平站，没有必要早起晚睡。我们必须而且只能在3月3日下午6时抵达和平站。今日清晨维克多未来通报天气。中午时杰夫讲，早上的气温为−31℃。今日全天多云阴，气温较高，东南风，1—3米/秒，吹雪比昨天弱，午餐时气温为−24℃。

今日行进25.1英里，上午13.1英里，下午12.0英里，里程计读数为2369.4英里。

雪面坚硬，便于雪橇行进。

午餐后不久，杰夫狗橇滑板上的高强度、高分子塑料板与滑板上的木板分离，我俩只好推翻雪橇，用细绳将塑料板加固，继续前进。杰夫说他在晚上休息时再收拾。

共青团站到东方1号站之间的距离为226公里。今日宿营地距东方1号站3—4公里。

从昨天上午起雪面出现雪丘，雪丘高度一般为3—8厘米，个别高达10—15厘米，延伸方向为东南向，与我们前进方向正交。估计这一延伸方向为此地区的盛行风向。昨、今两日刮风，感到风来自右侧（东风）或右侧后方（东南风）。

1990年2月9日（第198天）　　　星期五

今日起床比往日推迟半小时。维克多未报告天气。

晨气温-29℃，午餐时-26℃，宿营地为-24℃。今日全天阴多云，云层较低，气温较高。昨天夜间和今日上午有间断小雪，但量甚微。晨，东南风，1—2米/秒。

今日行进27.9英里，上午14.6英里，下午13.3英里，里程计读数为2397.3英里。

昨天下午5：20左右我们经过一地点，那里有四五根铁杆出露，且有几个生锈的瓦斯罐子露出雪面。杰夫当时就说，这可能就是东方1号站。今日上午证实，那里确系东方1号站，距昨天的宿营地约3公里。

1990年2月10日（第199天）　　　星期六

今日起床时间同昨日。

晨8：00，气温-36℃，午餐时-28℃，宿营时-24℃。天气阴转晴，到下午5时许已放晴。上午静风，下午起风，宿营后为2—4米/秒，东南风。

今日行进24.7英里，上午14.2英里，下午10.5英里，里程计读数为2422.0英里。

下午5时与拖拉机会合，遂宿营，并从拖拉机拖车上拿到5天的食品、饲料等。在拖拉机上与苏队员共进晚餐，大家喝了伏特加酒1瓶、饮料若干瓶。晚餐时，维尔建议每行进10天休息1天。下次休息日定于2月14日。

又，今天是自1989年7月26日到达海豹岩（本次穿越的起点）起的第200天。在拖拉机车内的晚餐实际上是庆祝穿越南极200天，苏联队员在餐车内挂的横幅上用英文写道"200 days, over 5000km, Across Antarctica, it is not fancy, it is fact"（"穿越南极洲200天，行进

5000公里，这并非幻想，而是事实"）。

1990年2月11日（第200天） 星期日

晨气温-38℃，午餐时-30℃。全天东南风，2—4米/秒，晴，有时多云，昨天宿营地点处海拔3061米，今日宿营地点处为3017米，明天可望住在低于海拔3000米的地方。

今日行进25.8英里，上午12.8英里，下午13.0英里，里程计读数为2447.8英里。

晨8：45在拖拉机车内喝咖啡时维尔通知大家，每天的出发时间改为上午9：10。又听维尔和让·路易商量，试图联系苏联飞机在我们的活动结束后，乘飞机从苏联青年站飞往莫斯科，时间为3月7日。但苏方的明确答复可能需要一些时间。

1990年2月12日（第201天） 星期一

晨气温-41℃，东南风，3—4米/秒，甚寒冷。午餐时气温-31℃。全天晴间多云。仍为持续缓慢的下坡地形，但表现为一上一下、下坡多于上坡。估计今天的宿营地已低于海拔3000米。

今日行进28.1英里，上午14.5英里，下午13.6英里，里程计读数为2475.9英里。

和圭三谈到维尔的生活习惯问题，均认为与他同居一帐篷实在困难。圭三庆幸此次未与他同住一帐篷。杰夫讲，此次穿越最大的挑战是与维尔同居一帐篷，他的生活习惯真是与众不同，记录下来足可以写一本书。队上多数队员对他是这样评价的。这是一个人的个人生活习惯，谁也管不了，也无须去管，关键在于管好自己。

1990年2月13日（第202天）　　星期二

晨气温–39℃，多云，上午10时以后，转晴，天空无云。全天东南风，2—4米/秒，下午略弱，挟少量吹雪。今日行进27.0英里，上午15.2英里，下午11.8英里，里程计读数2502.9英里。宿营地高程约为2700米，这是拖拉机上的苏联队员提供的数据。

下午5点多与拖拉机会合，遂安营。拟明日在此地休息1天。今天晚餐在拖拉机上吃的，明日全天在拖拉机上吃饭。

昨天晚上维克多与和平站通话得知，苏联南极考察队的伊尔-76大型喷气式飞机已安抵青年站。法国摄影组人员近日即将转乘伊尔-14型飞机抵达和平站，并尽快与我们会合。目前，我们仍作3月3日到达和平站的打算，3月5日乘船离开和平站返回，17日到达新西兰首都惠灵顿。听维克多讲，他们今晚将再次与和平站通话，方可知较多消息。

青年站系苏联在南极洲的第一大站，其冰上机场因为元月份天气热、冰质跑道太软而关闭外，其余11个月均可起降飞机。近日抵达青年站的伊尔-76型飞机是今年的首班飞机，它自莫斯科起飞，经西亚的南部、也门等地直达青年站。和平站是苏联在南极洲的第二大站，每年夏季达150人，越冬人员60人左右，除了其本身的工作外，和平站还担负为内陆东方站运输、中转、飞行等工作与任务。东方站的面包都是和平站的厨房烤制后用飞机运去的，因为东方站海拔高，气温低，面都发不起来，不能烤面包。这些面包内都掺有酒或酒精，据说可以保鲜，保存较长的时间。从和平站到东方站之间飞行的飞机主要有安-28型（今年才开始）和伊尔-14型两种飞机。飞行高度很低，沿着拖拉机车印飞行，中途还需在共青团站停留加油。为安全起见，在少先队站以南约60公里处，还有一简易冰上跑道，供紧急情况下使用。该简易跑道距此地仅14公里。

1990年2月14日 （第203天）　　　星期三

今日全天休息。已明确此地距少先队站60公里。

晨，拖拉机上的气象观测人员测得气温为-37℃，东南风，10—12米/秒，挟吹雪。今日全天晴天。唯风速自昨夜加大，全天均较强。由于刮风，狗感到寒冷。杰夫和圭三两人分别为他们队中的狗堵了一道雪墙，以避风。让·路易和维克多则将维尔的狗转移到拖拉机车避风的一侧，并保持阳光照射。经过这些处理，似好了一点儿。但真正的解决方法仍是尽快前进，到达接近和平站的地区，那儿海拔低，接近海岸线，气温高，气温在-20℃——10℃才能解决问题。

上午9：30在拖拉机车内吃早餐。下午4：00在拖拉机上用晚餐，晚餐为鱼汤、通心粉面条和肉丸子，据讲是典型的俄国式晚餐。让·路易下午做了一盘水果馅的甜点心。晚8：00，全体共12人在拖拉机上喝咖啡、吃甜点心、聊天。

1990年2月15日 （第204天）　　　星期四

晨8：00，气温-38℃，东南风，14—16米/秒，吹雪。这一场暴风雪已经持续了整整一夜，今天又持续了一整天。估计最大风速达18—20米/秒，能见度仅20—50米。这是自塞尔山脉以来遇到的第一次暴风雪。下午宿营时，气温为-37℃。据杰夫讲，清晨7：00时的气温为-44℃。

由于暴风雪，加上低温，对狗威胁很大。今日宿营后，可以听到不少狗在哭泣；它们不喜欢吹雪，低温加暴风雪是它们最不喜欢的天气。200多天的长途跋涉，肥壮的狗几乎都缩小了一圈，身上的脂肪已消耗尽，当然感到冷。杰夫为他的狗筑了雪墙，他称之为"Great Wall"（长城）；圭三也仿着为个别狗筑了雪墙。不过，有些狗并不欣赏，它们卧在雪墙旁边，而不去后边。

今日行进29.7英里，上午14.8英里，下午14.9英里，里程计读数为2532.6英里。

1990年2月16日（第205天）　　　星期五

晨8时许，气温-40℃，东南风，10—12米/秒，挟吹雪。暴风雪未止，但较昨天为弱，近地面能见度较昨日为好，为100—200米。

今日仅行进数英里。上午约11时，到达苏联从和平站到东方站打排钻取冰芯并进行冰川地球物理测量的打钻地点，遂安营休息。计划今、明两天在此地休息。

打钻队伍共14人，有3辆拖拉机及钻机、炊事兼宿舍和油罐车等。他们元月19日自和平站出发迄今已近一个月。冰川学打钻计划为5年，已经进行了3年，到1992年，即还有两年方可完成。拟在和平站到东方站之间打10个钻，每个钻为150米深，提取冰芯存放在东方站，供冰川学研究之用。打钻由苏方进行，而样品分析则由法、苏合作，主要在法国进行。据打钻负责人介绍，苏联南北极研究所无质谱仪，而法国格勒诺布尔的质谱分析又居世界首位，故由法国冰川学家为主分析样品。10个钻孔分布在和平站到东方站之间，此地是少先队站，距和平站376公里，为第7个钻孔。其余3个位于少先队站到东方站之间。钻孔点分布不均匀的原因是，自此地到东方站冰盖上部150米的冰体相当稳定，故仅3个钻孔。所有的钻孔处均有标记，并提取冰芯后保存了钻孔。150米深的钻孔不充液体，为干钻孔保存。此地的钻孔系12年前打过的钻孔，约700米深。上部350米变形很小。他们只做了地球物理探测，并测量了钻孔变形。150米冰芯分析的主要内容有δO、β活化度、Be、火山灰及微粒分析，等等。打钻队伍中共有4名冰川学家，均来自列宁格勒的南北极研究所。

今日上午11时到达后，受到打钻队全体人员的热情欢迎。我们在避风处安好帐篷及狗后，在与我们同行的拖拉机内，打钻队备了伏特加酒为我们洗尘。下午2时许，打钻队在发电房内为我们准备了桑拿浴，我第一个，然后圭三、让·路易、维尔和维克多。杰夫未去，他说他不感兴趣！下午4时，打钻队邀我们在他们的宿舍兼炊事房内吃晚餐，是传统的俄罗斯水饺和炸土豆条。我只吃了一大碗水饺，肉馅味道不错。

当我和圭三洗澡时，维尔在车内喝伏特加酒。估计为空肚子，又喝得过快，结果喝得酩酊大醉。他洗澡时，让·路易和维克多不得不在那里看护，以免出问题。他洗完，维克多又将他安置在发电房内休息后才来到打钻队队员宿舍，与我们共进晚餐。晚餐仅我们5人，但打钻队队长却拿出三四瓶伏特加，和打钻队全体队员一起为我们祝酒。晚餐后，维尔醉醺醺地来到打钻队宿舍，因为站立不稳，未脱鞋便倒在床上。不久，便外出呕吐，约7时，可能感到好一点了，才坐到桌边与苏方人员交谈。此时，杰夫、让·路易、圭三均已离开，我也感到疲乏，便离开宿舍回帐篷休息了。

自从离开共青团站以来，我几乎每天都穿全部衣服，包括厚、薄绒衣睡觉，但每日晨4时便被冻醒。近日发现原因乃是睡袋太湿，里边全是冰碴子。2天前曾将睡袋放在拖拉机内，以便烘干。但10个小时后，用手摸时仍可感到里边有冰碴子。故今日决定携睡袋到拖拉机车（3号）内睡觉。拟用24小时时间来干燥睡袋，看究竟能不能使其干燥。

1990年2月18日（第207天）　　星期日

晨8时，气温-32℃，暴风雪，西南风。我们自苏联打钻队所在地少先队站（距和平站736公里）出发。下午宿营时气温为-24℃。全天暴风雪，能见度100—200米，有时仅10—20米。不感到冷，但感觉到空气略湿润。风向为南东东，风速10—15米/秒，午餐时气温-23℃。

今日行进25.7英里，上午12.2英里，下午13.5英里，里程计启程时读数为2538.3英里，宿营时读数为2564.1英里。

全天阴、云、吹雪，雪面不平整，多雪丘，反差很小，看不清冰面，很难行进。我摔倒20—30次，没有一点儿办法。维克多在前边开路，非常困难，也摔倒若干次，而且速度较慢。我们一行3架狗橇，首尾相连前进，几乎每英里停4—6次，在此条件下，能行进25.7英里，实属不易。

因风大，午餐时支起了维尔的帐篷。维克多则抓紧时间与苏联"祖波夫教授"号船及我们的拖拉机联系。得知明天若天气好，摄影组将乘直升机于上午8时起飞，抵达距和平站250公里处。拖拉机上的人员接应他们，然后返回40公里与我们会合。若天气不好不能飞行，摄影组只能在距和平站100米处与我们见面。"祖波夫教授"号明天将驶往青年站接各国新闻记者，3月1日前返回和平站，5日载我们一行前往新西兰，预计3月16日到达新西兰。皮尔斯、杰基以及日本记者近藤幸夫已到达苏联和平站。

昨天全天在打钻地点休息。全天暴风雪。晨，气温下降到−35℃，刮风，挟大量吹雪，非常冷。打钻地为少先队站，这里已偏离自东方站到和平站的拖拉机路线3—5公里。

打钻队从少先队站到和平站重新安置了标杆，每2公里一个。今天我们沿此标杆跟在拖拉机后边前进。维尔的狗队今天总是穿标杆而过，维尔不得不停下来，拔掉标杆，把狗群整理成队形后再前进。圭三讲他看到至少有3次。

1990年2月19日（第208天）　　　星期一

全天暴风雪，原地未动。中午时气温−26℃。

上午8时，和圭三吃完早餐正准备收拾东西外出时，维克多来通知说，因天气原因原地待命。圭三外出看狗，见到吹雪强烈，能见度小于10米，隐约可见维尔的帐篷（约5米远），看不到杰夫的帐篷。下午5时许，圭三又外出喂狗，回来后说，能见度好于上午，但吹雪仍很严重。

今天是杰夫40岁生日，原准备在拖拉机上庆祝，但因我们原地未动未能庆祝。直到晚上我与圭三也未接到邀请。估计过几天补上吧！

拖拉机在我们前方（北）60公里处，那里天气也不好，情况同此地。但和平站和共青团站天气很好。据杰夫讲，若明天天气仍如此，拖拉机将返回此地与我们会合。我和圭三的食品可维持三四天，燃料可维持5天，但狗食仅可维持1天。杰夫带的狗食分给圭三的狗1天的饲料，杰夫也从我们这里拿了一些燃料。

下午2—5时睡觉，此地休息得十分充分。

1990年2月20日（第209天）　星期二

昨天晚上9：50睡觉。钻进睡袋约半小时后，维克多来到我们帐篷，通知说今天"如同往日出发时间"。圭三理解为8：30外出，9：10出发。因此，今日中午出发前夕，我和圭三十分紧张。另维克多还通知说，今晨要采集我俩的小便标本。

今日全天暴风雪，上午尤甚，能见度仅10—20米，行进十分困难。维克多上午在前边开路时完全步行，不能滑雪。上午，拖拉机车印被吹雪掩埋较多，多次不能发现车印，耽误了不少时间。下午约3时，车印又变得清晰，加之云层转为较薄，能见度达50—100米，维克多开始滑雪带路，下午行进速度甚快。

今日行进26.6英里，上午11.1英里，下午15.5英里，里程计读数为2590.7英里。

1990年2月21日（第210天）　　星期三

今日上午9：10出发。中午1时与拖拉机会合。拖拉机在此地已停了3天，均为暴风雪天气。车的西北侧形成巨大的吹雪垅（照片）。我们与拖拉机会合后即安营。今日行进15.1英里，里程计读数为2605.8英里。

下午3时，我们13人在拖拉机车内（拖拉机上已有7人）庆祝杰夫的40岁生日（实际为40岁零2天）。拖拉机上的苏联人做了准备，有香槟、伏特加酒和啤酒、烤鸡等，在南极洲野外这已相当丰盛。杰夫的生日为2月19日。苏联人在此地立了块木牌，用英、俄两种文字写了杰夫的生日庆祝等字样。维克多照例写了长篇庆贺生日的贺词，并赠送生日手表1块，每名队员生日礼物均有苏制24小时机械手表1块，表的背面刻有每个人的姓名及出生日期等。

上午约12时，安-28型飞机飞经我们上空前往南方去救援伊尔-14型飞机。伊尔-14型飞机前天从东方站飞返和平站途中因一引擎故障，迫降在共青团站以南数百公里处。除机组人员外，还有5名乘客都是东方站的苏考察队员。但我们听说安-28型飞机未能发现伊尔-14型飞机的迫降地点。苏方拟于明天继续飞行。听说迫降地点处的气温已下降到-50℃左右，不知他们是怎样度过这几天的！

摄影组可能明天到达，离此地45公里处，今晚拖拉机将驶往该地。此地离和平站275公里。如顺利，我们明天可以与摄影组会合。

今日宿营地高程为2400米。

1990年2月22日（第211天）　　星期四

晨8时，气温-26℃，13—15米/秒，东南风，吹雪严重，能见度50—100米。下午6时许，气温-20℃。上午阴云，云覆盖达70%。下午6时以后，晴天，吹雪停止，风速亦减到2—4米/秒。

今日行进24.5英里，上午19英里，下午5.5英里，里程计读数为2630.3英里。

雪面坚硬。上午最后3—5英里段内，吹雪将雪面抛光，雪面呈现像冰一样的反射光线。像在冰上行走一般，我们雪橇行进速度十分快。上午行进了19.0英里，创上半天行进最高纪录。下午约3：30，与拖拉机会合，遂安营。

与苏拖拉机会合后，听到说昨天的安-28未能发现因故障迫降的伊尔-14飞机。今日下午另一架伊尔-14和一架直升机将继续救援。约5：40，直升机在此地降落并加油后继续南飞。如果直升机及伊尔-14飞机能发现迫降的飞机，明天我们将继续前进。如不能发现，我们则在此地待命，此地将成为直升机的中转站。直升机机组人员请我们6人签名留念。还告诉我们说，此地以北地区今日为晴天，晴空万里。但愿我们在剩下的日子里为好天气！

由于吹雪，杰夫的狗毛内结冰，有4只狗的腿被冻伤。今日宿营后，杰夫将它们放入拖拉机内"烘干"。杰夫认为，这是自出发以来，他的狗队最困难的时期。苏联的大型拖拉机车为500马力，车内带有一台约15瓦的发电机，还有厕所。发电机发电时的热量被用来取暖，车内非常暖和。

1990年2月23日（第212天）　　星期五

晨8：00，拖拉机气象员测温-26.5℃。全天晴，下降风，5—10米/秒，风向东南。吹雪时大时小，能见度1—2公里。

今日行进31.3英里，上午18.2英里，下午13.1英里，里程计读数为2661.6英里。

全天冰面坚硬，约1/2段内冰面被"抛光"，易于滑行，雪丘仍发育，同前几天相似，高度5—10厘米，极大者高20—30厘米，但数量很少。由于冰面坚硬，加上下降风作用，旧的拖拉机车印已基本消失。

昨天的直升机已找到因机械故障迫降的伊尔-14飞机。

下午5时抵达宿营地，摄影组一行4人已到。杰基和近藤幸夫也随安-28飞机到达这里，短时间逗留后即随飞机飞返和平站。苏方负责我们考察队后勤事务的1988年度和平站站长也随机到达，会面后也飞返和平站。晚餐与摄影组人员共12人在拖拉机车内吃。

收到钦珂来信若干封，非常高兴！这些信是寄往美国总部的，真不知道总部的小姐们怎么想办法给转到和平站又送到我手中的！

1990年2月24日（第213天）　　星期六

晨8：00，拖拉机气象员测温-24℃。晨约7时，圭三用我们的温度计测得气温为-30℃。傍晚宿营时气温-20℃。上午西南风，下午宿营地点处风很小。全天晴，无云覆盖。

今日行进29.2英里，上午17.0英里，下午12.2英里，里程计读数为2690.8英里。

上午出发时，摄影组拍了许多我们在大风大雪中艰苦行进的镜头。之后，我们继续前进，而摄影组则乘拖拉机前进，直到宿营地。

维克多介绍，这里距海岸线150—300公里，是强烈下降风地带，几乎全天刮风，全年刮风。今日宿营地点处距和平站仅147公里，位于下降风带边缘，故宿营时风已很小。

看到午餐地有自动气象站（AWS）一个，不知属于苏联还是属于澳大利亚。

1990年2月25日（第214天）　　星期日

晨7时，圭三报告气温-32℃。晨9时，拖拉机气象员测温为-25℃。

全天晴，风速1—2米/秒，风向东南，无吹雪。宿营时气温-15℃。

今日行进25.5英里，上午15.0英里，下午10.5英里，里程计读数为2716.3英里。

雪面仍较硬，雪丘较发育。地形已开始明显地以波状起伏的方式逐渐下降。昨天宿营地海拔为1650米，今天估计仅1500米。今日宿营地距和平站约93公里。1米雪坑内雪层剖面显示，雪的硬度较昨天为软。

今天风速很小，加上晴空万里，太阳照耀，狗的情绪大大好转。杰夫队中除图利因2天前右后腿冻伤仍居留在拖拉机车上外，其余的狗尽管多有冻伤，但今天均有好转，情绪高昂。看来我们的活动已近尾声，越距海洋近，气温也越高，不会再出现低温冻伤等不利情况。

圭三在摄影组到达后也收到若干来信。其中有3封信是日本少女来信，提出与他交朋友。有一女子还附照片1张。还有一日本女子是美国某航空公司波音727货运飞机的驾驶员。圭三颇感头痛！另外，圭三从其他来信中得知，5月1—6日在日本大阪将举行的"南极节"是由日本外务省主办的，各国使馆均出资赞助。庆祝活动在"UAP"号船停泊的港口和市中区商业中心两地举行。

今日午餐后，刚开始行进便有1只贼鸥在我们的队伍上空盘旋，并不断低空从我们队员和狗的头上擦过，甚至还落在狗旁边找狗食吃。此地离海岸100公里（距和平站110公里左右）。这是几个月以来第一次看到飞鸟，使我们足足议论了半天。杰夫讲，有人曾在南极点见到过贼鸥，可见贼鸥是可以飞进大陆内部很远的鸟类。但我们在内陆未见到任何飞鸟。

1990年2月26日（第215天）　星期一

今日上午休息。刚才（12：40）维克多通知，下午2：00在拖拉机上用午餐，下午3时从此地出发，拟仅前进30公里。摄影组计划在我们宿营时，利用夕阳西下的时间拍一组镜头。

今日上午6时30分，气温为-26℃，风速7—8米/秒。

昨天晚上9：00—10：00，圭三到让·路易帐篷与在和平站的日本记者近藤幸夫通了话，归来时高兴得很。听到自己故乡来的声音和消息该是多么激动、多么兴奋啊！今日上午圭三在给日本小朋友写信，计划今晚通话时告诉日本记者，随即发回日本本土发表。昨晚圭三还报告下列新闻（在和平站的ABC公司的记者鲍勃与维尔通话时告知的最新消息）：

1. 美国办公室正在设法将秦的妻子和儿子在3月23日前接到美国的明尼阿波利斯市（详情不知）。

2. 澳大利亚悉尼市官方已正式邀请我考察队和"UAP"号船访问该市。因此，我们乘坐的"祖波夫教授"号将前往澳大利亚的霍巴特港，然后转乘飞机飞往悉尼市小住。

3. 美国总统布什会见我们的可能性为90%。

4. 苏伊尔-76飞机仍滞留津巴布韦首都哈拉雷，在等待好天气飞往苏联南极青年站。青年站的伊尔-14飞机已备好，一俟伊尔-76到达即可飞往和平站。到和平站来的有美国ABC、苏、法、日本、澳大利亚和意大利等六国的电视记者。维克多的妻子娜塔莎亦乘伊尔-76和伊尔-14飞机来和平站，并随队到澳、法、美等国访问。

5. 今日晚上我们可收到抵达和平站及以后的活动计划。

（以上记于12：50）

2月23日摄影组抵达时，日本朝日新闻社记者近藤幸夫亦随机到达，小住后随机飞返和平站。当时他告知我说，"秦大河在日本极地所十分出名，渡边兴亚教授（日本极地所冰川室主任）十分兴奋"，并托他代问候我。日本极地所的专家认为，"秦大河作为一名科学家，能徒步6000公里穿越南极大陆，并进行冰川学考察，实在不简单"。并欢迎我任何时候访问该所。

又接到郭琨主任在我们抵达东方站后的贺电（发往美国）及詹妮弗的信，她告知我们抵达极点后中国总理李鹏发来了贺电。此信已交维克多，维尔要求他设法复印几份，每个队员人手1份。

1990年2月27日（第216天）　　星期二

昨天下午2时在拖拉机车内用午餐，3时许出发，前进33公里后宿营。此地距和平站60公里。今日全天在此地又休息1天。

昨天行进到距和平站约70公里处看到了海洋、冰山。大海是黑色的（不是蓝色），冰山是白色的，每个人都兴奋不已。这是自去年7月下旬从海豹岩出发以来，首次看到大海。去年7月26日我们告别了大西洋，今天我们看到了印度洋。这意味着我们穿越南极洲活动即将结束。到宿营地点，即距和平站60公里处，大海和漂浮在海面上的座座冰山更清楚地展现在我们的眼前，海鸟（贼鸥等）在我们营地上空盘旋飞翔，空气中充满了海洋的气味，令人心爽。我们都很兴奋！

昨天的33公里路程均为下坡、上坡地形，但整个趋势为下降，宿营地点处海拔为900—1000米。傍晚天气转阴，多云。气温-17℃到-20℃。

昨天傍晚法国摄影组又拍了若干组电影镜头。

今天午餐时我帮苏联拖拉机人员削土豆，下午5时全体人员在拖拉机上用晚餐。晚7时，杰夫又做了圣诞节布丁和爆玉米花。布丁是他14个月以前在英国就做好的，杰夫从南极点带到此地，庆祝即将来到的胜利。

今日全天阴、降雪，新雪厚度为10—15厘米。气温为-20℃——15℃，潮湿。感觉很"温暖"。

1990年2月28日（第217天）　　　星期三

晨气温-15℃，东南风，挟少量吹雪。晴天。傍晚风减弱，但转多云，云来自东边，云层很高，宿营时（晚约8：00）气温为-19℃。

今日行进37公里（自距和平站63公里处到距和平站26公里处。订正：昨天宿营地距和平站为63公里）。中午2时出帐篷，摄影组拍摄，照相。下午6时许小停，在拖拉机车内休息，等待日落时好让摄影师拍镜头。然后继续前进，摄影组拍摄日落时考察队行进的镜头。

晚上在拖拉机车内用晚餐。

晚10时，维克多又与和平站通话，得知皮尔斯、鲍勃、杰基、近藤幸夫及几只狗昨天傍晚乘苏联和平站的雪上车出来找我们，欲与我们会见。但当他们行至18公里处，因能见度转坏，找不到车印而返回。

因天气不好，苏伊尔-76运载的14名新闻记者（包括电视新闻记者）及维克多的夫人等仍滞留在苏青年站。他们能否于3月3日准时抵达和平站尚不得而知。

1990年3月1日（第218天）　　　星期四

晨10时许才起床。外边刮风并吹雪，我们称之为"Whiteout"。这是南极洲的一种极坏的天气，出现这种天气时室外一片混沌，景物全部消失，天地不分，极易造成人员丢失，甚至人身伤亡事故。气温-5℃，风速为10—12米/秒。湿雪。

苏联和平站的雪上车仍不能前来与我们会合。

维克多昨晚与和平站通话后，得知我们的安排大约如下：3月3日下午7时许抵达和平站，然后有1个半小时的休息、洗澡及换衣服等。晚9时接受记者采访，要一直持续到3月4日。我们将在和平站住四五天，然后乘船到澳大利亚。在船上待七八天。

　　下午风速加大，能见度更差，成为暴风雪。此时发现舟津圭三失踪，全体人员动员搜索到近午夜，仍未能找到其人。

　　经过如下：下午1时许，我前往拖拉机如厕。在此之前，维克多通知说，因外边风速加大，能见度很差，我们将在此地过夜，并通知说1：30在拖拉机车内喝茶，圭三答复说不去喝茶。当我从厕所出来时，圭三、让·路易等却都在拖拉机车内。圭三讲，他听说拖拉机（2号车）将前往7公里处，想托拖拉机上的人将他写的对6人采访的记录转交给近藤幸夫。不久，杰夫、摄影组等均来到2号车午餐。午餐后，圭三、杰夫和我3人打扫卫生洗碗、杯等，然后杰夫返回帐篷写信。约4：00，萨沙自3号车（摄影组来时又开来一列车，定名为3号）返回，圭三询问有无新闻，答复无。我听到新闻，即穿衣后返回帐篷，此时约为4：20。

　　我从2号车出来时吹雪很大，不能戴眼镜。只好拿在手中，站立3—5分钟，直到能看到杰夫的帐篷后，才离开拖拉机车避风处，一口气跑回帐篷。回到帐篷坐定，看表为4：30，随即开始做晚餐。

　　约5：40，维克多来通知说6：00在拖拉机车晚餐。此时我的晚餐已好，故讲不去了。

　　约6：30，维克多又来帐篷，问圭三是否返回。告知未返回。维克多讲，可能在杰夫帐篷内。7：00，维克多又询问，虽然他已到处查看，未见到圭三，此时方知圭三不在自己帐篷内，遂组织搜索。7：20许，让·路易和维尔拿绳索，询问维克多住处，我问是否我可外出，答复不可外出，在帐篷内待着。晚10：25，杰夫与我简单说了几句。希望圭三不出意外，圭三在某处待着，只想和我们开个玩笑。并再次叮咛让我待在帐篷内，不准外出。他在帐篷口守看绳索绳头，其他人用绳连接，再搜索圭三。此时天已黑。12时许，外边探照灯亮了3—5次。自下午6时起，风速加大，能见度极差，仅两三米。

圭三失踪时的暴风雪天气

在暴风雪天气圭三失踪 6 小时，获救场面（补拍）

1990年3月2日（第219天）　　星期五

全天暴风雪。下午减弱。但能见度仍差，为5—10米，偶可达20—30米。

晨5时许，继续搜索圭三。终于在6时许，在绳索终端的杰夫找到了圭三，其位置在拖拉机的东南方向上风处30—40米。幸运的是，圭三手脚均好，未冻伤，人也安然。只是经过一夜（13小时）与暴风雪的搏斗，人显得疲惫，脸色也表现出未休息好的样子。经查，一切均好，唯右脚两趾发白，很快恢复正常。

据圭三讲，他约在下午5时外出，准备回帐篷喂狗。不料，走出没几步，便迷失方向，既看不到帐篷，又看不到拖拉机，经过努力，逆风走了很远，并看到拖拉机车印，知自己在上风方向。但无法顺车印追踪，因为车印很快消失（被吹雪掩盖）。便用仅有的钳子，按逆风方向挖掩体，深约1米。但吹雪十分强烈，不断涌入掩体内，身体感到很冷。只能整夜不停地挖、运动、用脚踢雪等。但自己感到可以坚持2天。

昨天晚上测风速22—24米/秒，估计最大风速达30米/秒或略高。吹雪十分严重。但幸运的是气温很高，今日凌晨为-7℃。如果温度是-20℃，圭三则万分危险。

圭三讲，自己的生命不仅仅属于自己，他关系到父母、未婚妻秋本恭江，因此，努力搏斗，终于在今天上午6时左右，听到"圭三"的呼喊声，便急忙爬出雪坑，终于获救。

圭三脚上没穿鞋，只穿一双毛袜子和一双高－特克斯袜子。衣裤也为高－特克斯。他讲，高－特克斯看来的确解决问题，非常管用。

1990年3月5日（第222天）　　星期一

首先补记前两天的情况。

3月3日：

晨6时起床，8时出帐篷，收拾毕后即出发。这是我们考察队穿越南极洲的最后一天，最后的26公里。天气阴、多云，能见度1公里左右。走走停停，因为我们只能在下午7：10—7：15到达终点和平站。

上午10时许，天气渐渐好转，能见度亦好转。在距终点约14公里处已可看到位于海岸边的苏联和平站、对面的小岛以及座座飘浮的冰山。下午2时许，2号拖拉机及萨沙等3人先行前往和平站，摄影组及美国摄影师佩尔等亦离开。3号拖拉机及我们12人在站外约4公里处停留待命，直到下午6：15，才开始行进。

下午7时10分，北京时间3月3日下午8时10分，我们终于到达终点和平站，完成了人类历史上第一次按最长路径穿越南极洲的科学探险活动！

在距终点100米处，木牌上写有"100 meters to FINISH"（前方100米为终点）。终点处挂有大号横幅"FINISH"（终点），后边并排排列有六国国旗迎风飘扬。高音喇叭播放着进行曲，和平站站长、队员、各国记者等欢迎我们胜利抵达终点。电视记者将这镜头摄下，并使用卫星通信将图像送到莫斯科，然后再转播到其他国家。

抵达终点时走在最前边的仍是维克多，然后是杰夫的狗队，维尔的狗队及圭三的狗队。

3日下午约3时，伊尔-14型飞机安全到达和平站，法、美、日、意大利和苏联记者亦同机到达。飞机上还有维克多的妻子娜塔莎。飞机在我们狗队上空盘旋很久，估计在拍摄等。约4时，一部小型雪上

抵达和平站终点

抵达终点和平站集体照

和平站的欢迎晚宴

车将娜塔莎送来与维克多团圆，在众目睽睽之下，表演了一场娜塔莎万里寻夫大团圆的场面。摄影记者们及时拍下了这精彩镜头。

抵达终点后合影、拍摄、采访持续了一段时间。不过，重点是维尔、让·路易、维克多和圭三他们的国家都派有记者前来采访，几乎将他们"霸占"了。我和杰夫则格外"逍遥"，因为中、英两国无记者在此地采访报道，各国记者当然要优先照顾自己的同胞。完全可以理解！

晚8时半，桑拿浴。

晚9时40分，在站上举行了正式欢迎仪式。站长给每个队员赠了一枚勋章和刻有穿越路线的南极洲模型，以及纪念信封等。模型是手工做的，很精致，在南极点处还插有我们六国的国旗，很有纪念意义。之后，电视直播采访，直到晚上12时许，我、杰夫、维克多才离去，而维尔、让·路易、圭三3人则持续了一整夜。

午夜约1时许，到电台和国内通话，未成功。几条线路都被新闻记者占用，在播发他们千言万语道不尽的新闻。苏联电台的人叫我清晨再来一试。

据杰夫计算，我们共用220天（1989年7月27日至1990年3月3日），行进5896公里（3663.7英里），6名队员及23只狗到达终点。

3月4日：

早餐后即前往电台与国内通话。南极办主任郭琨、副主任贾根整的家中均无人接电话。冰川所谢自楚所长不在国内，钦珂亦不在家中。只与冰川所党委副书记孙作哲通了话。我扼要介绍了我们抵达的情况及天数、里程等等，电话费很贵，只能从简。孙作哲书记谈话主要内容如下：

穿越南极成功作用很大。代表全所职工及所领导表示祝贺。希望调整好身体，早日恢复健康。国内盼望着好消息，记者们都等待见面，所里专门成立了接待小组，孙书记负责。院领导十分关心，周光召院长拟亲到机场欢迎，孙本人也到京欢迎。此行为中国科学院、甘肃省、兰州市及冰川所争了光，甘肃省省长及书记也十分关心，春节还专门到冰川所慰问。等等。

由于南极办电话打不通，已委托孙书记尽快将我电话告知的情况，转告南极办郭主任及新华通讯社。上午到拖拉机拖车上整理雪样。自南极点到和平站的全部雪样，包括4种类型800多个雪样，以及东方站冰川学家赠送我们6人的2000米深处冰芯冰样标本，均装入东方站冰芯专用的铁箱内。下午从和平站站长处借来邮章，将全部信封盖章完毕。下午约4时许，又被叫去拍摄照片若干张，包括每个队员持各自国家国旗、所有的赞助商需要的照片，等等。另，苏中央电视台进行了电视直播采访。记者对每个人作了介绍（每个人自己简单介绍自己），最后问了一个问题："谁是你们考察队的队长——真正的队长？只能确定一个。"让·路易和维尔、杰夫等回答此问题，说来说去，仍未能明确谁是"第一把手"！

晚上到电台试图再与郭琨主任、钦珂通话，未成功。

今天清晨起床后，与杰夫提前吃了早饭，即前往电台与国内通话。郭主任办公室电话无人接，后只得打到计划处。陶丽娜同志接的电话，她说南极办已在清早接到冰川所的电话，详情已知。昨天为全民义务植树节，郭、贾等办公室领导家中均无人。昨天晚上中央台电视新闻中已播放我们到达和平站的消息。郭主任谈话主要内容如下：

已知我们抵达的情况。望在乘"祖波夫教授"号离开和平站返航前告诉他。我们的日程安排他已知道。3日晚上一直在等待我们的消息，未收到，后给美国办公室打了电话询问情况。代表办公室全体同志向我表示祝贺，并请转达对全体队员的祝贺。昨晚已从电视上看到我们在和平站的图像。李鹏总理已给我考察队发来贺电。望告知我们考察队五月份访华之细节，告知"UAP"号船的具体情况，以便发出正式邀请。国内已成立专门班子，组织安排接待活动，人们都在等待考察队抵达中国访问、听考察队的报告等。

自我们抵达和平站后，考察队已收到美国总统布什和夫人芭芭拉，法国总统密特朗的贺电。中国总理李鹏的贺电尚未到达此地，估计已到达美国明尼阿波利斯总部办公室。似乎苏联政府也有贺电，但不是戈尔巴乔夫的。舟津圭三说，就缺日本和英国政府的贺电了。

上午与钦珂也通了话。钦珂已知道我的基本情况。她将与东东一道前往美国与我会面，听后十分高兴。今日上午南极办外事处副处长李占生已电话告知钦珂，拟定于3月20日飞往明尼阿波利斯。东东告知他在2月份兰州市高三毕业班理科诊断考试中成绩为579分，全班第7，年级第13—15名，虽不十分理想，也已不容易。他可带部分功课，利用闲暇、乘飞机的时间阅读学习，约耽误半个月的功课，回来后可以补上。已告诉钦珂旧金山转飞机、办理出关手续，然后转乘飞机前往目的地。最好与杰夫的妹妹露易斯联系，一旦确定机票后，即告知她，请她在旧金山机场接送。另外，带三四瓶白酒，包装要好看的，小礼品以丝织品为主。

今日与郭主任和钦珂通话达40—50分钟（包括给南极办通话无人接在内的时间）。鲍勃说每分钟18美元（东方站仅4美元/分钟）。考察队掏钱吧！

2月4日我们在接近共青团站附近见到的苏联拖拉机车队一行，在抵达东方站完成运输任务后，已于今日中午返回和平站。站上举行欢迎仪式，献上面包和盐，这是俄罗斯传统的欢迎仪式，记者们纷纷采访，我也拍了照片（第47卷）。

"祖波夫教授"号船已于昨天下午抵达此地。今日晚餐时知，我们可能明天上船，动身前往新西兰的惠灵顿。

钦珂告知，新华社记者张继民专程到兰州采访家属、父母亲、李吉均教授以及冰川所。张继民希望我能尽早将南极点到和平站段内的情况写信告诉他，还希望写一篇文章，说说我参加此项活动后的感想。

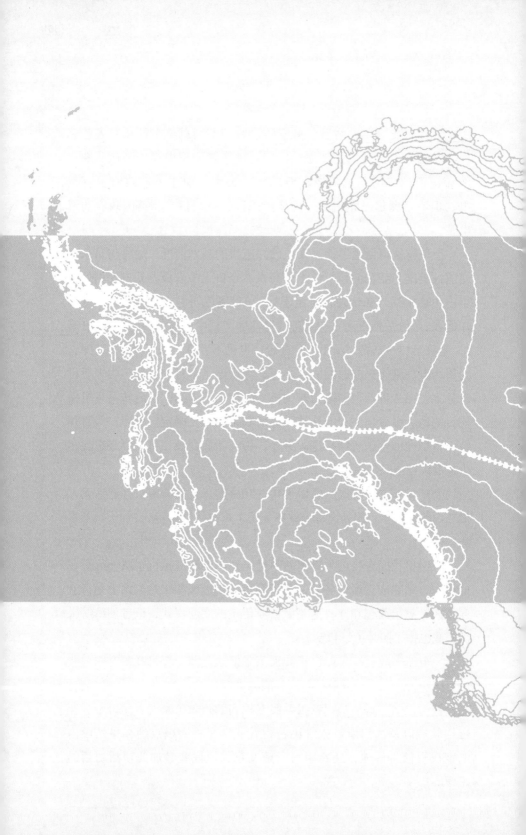

成功

1990 年 3 月 6 日
—
1990 年 6 月 22 日

1990年3月6日　　　　　　星期二

全天暴风雪。原计划今日上船，清晨即开始装运物资、狗等，因风很大，夹吹雪，小艇不能靠岸，计划只好告吹。"祖波夫教授"号在5日下午因有大批浮冰及冰山向和平站海域集中，已启航驶往安全地带。

因为暂时无事，故现将一些资料作一整理。

去年12月份，当我们抵达极点时，法国电影摄制组的摄影师洛宏带来长城站弟兄们给我的一盘录音带，现将内容笔录如下：

曹冲：大河，你好！今天是1989年12月2日，星期四。最近法国人来长城站，他们来站上拍电影，住了一段时间，所以对你的情况比较了解。知道你在那儿各种情况也比较好，大家也比较放心。最近，大家都很关心你们的情况。因为前一段时间看到天气不好，你们前进途中比较困难，所以大家都很担心。现在已知道你身体比较好，大家也就放心了。希望你自己多保重，特别是到南极大陆以后，天气更冷，各方面如保暖等都要注意。每个月我和我爱人通话时，她也总问到你。昨天通话时，她也问到你。她说，最近从中央电视台看到穿越的电视报道，看到你们在风雪中路也找不到，看也看不清楚，而且他们还看到你的"光辉形象"。听他们说，最近你比较瘦，希望在饮食方面多多注意，能够把身体搞好。我们这个月就要回国了。原来说15日"极地"号船到达长城站，现在船推迟到20号左右。可能明、后天船到达智利港口瓦尔帕莱索，3—4天后驶往长城站，估计20号船可到达。越冬队打算分两批走，我是第一批，因为李果走不成，我原来拟定第二批，现改为第一批走。第一批可能在18号乘智利空军的飞机走。第二批在船到达后2—3天，有巴西飞机的话则乘巴西飞机走。如果没有巴西飞机，到28号才能走。这样，新年后才能回到北京。估计有巴西飞机的话，两批人员都乘巴西飞机。另外一种方案是，都等到28号一块儿走。现在尚未最后确定。船到瓦尔帕莱索后再决定怎么搞。最近国内情况比较好。你家中情况也比较好，你爱人身体情况也比较好。上次南极办专门打了电话问你家中情况，所以你放心好了。另外，大家很关心你们穿越的情况。最近我们也通不了话，许多情况也不能及时反映到国内去。此次拍电影若返回与你们见面后，如有时间，不妨写一点东西，如时间短也可用录音的方式，然后托他们带回来一些信息。如果可能的话，我准备在回国后专门写一篇报道，先把第一阶段从南极半岛跑到南极点写一长篇报道，把你们艰苦卓绝的奋斗精神，途中遇到的主要艰险困难，所受的苦，所表现出来的英雄气概，好好写一篇"吹捧吹捧"。你要有什么资料的话，不妨给我提供一些素材。《中国科学报》已约稿，让我写写这方面的情况。希望大力支持。此外王自盘和我通了两次话，他也很关心你，让我代为问好。大家的心情都是一样的，希望你能够平安地、顺利地返回，多注意自己的身体。

吴一鸣：老秦，我是吴一鸣。一路上辛苦了，我们非常想念你！祝你通过你的努力能够获得成功。我们多么想把长城站吃的、好的东西都能够带到你那里。但现在看来是"屡遭劫机"！希望你能保重身体，祝你一路平安，胜利回家。好了！

李华林：秦大河，你好，我是李华林，向你问好，你辛苦了！我们在12月20日左右就要离开长城站了。在我们相处的时间里，你给我们留下了深刻的印象。你这次穿越南极为我们国家作出了巨大的贡献。我个人向你表示感谢！并祝你圆满地完成全部穿越任务。祝你顺利地返回国内。

许大夫：老秦，你好，我是许大夫。自从你从长城站出发后，大家对你们的安全及路途都十分关心。现在不知道你的病情如何？走时你讲的那几种病是否有复发？或者药品是否够？大家对你的整个路程一直十分关心，尤其在安全方面。希望你能保重自己，完成国家对你的嘱托，完成越冬队员的希望，安全到达终点。我们12月就要回国了。在此期间或以后，如果你在医药上有任何需求的话，或问题，或要求，请及时与长城站联系。我热切地希望你到达终点，安全地返回祖国。与祖国人民，你的家人团聚，和我们再见！

　　李果：大河，你好，我代表长城站14位兄弟向你问好！办公室领导也十分关心你的情况，郭主任多次打电话来，让我代表他向你表示问候！你放心，办公室已照顾好你家中。知道你脸部有冻伤，大家都非常关心。曾给你带过两次食品，但都被飞机截留，很抱歉！这一次我们托法国记者给你带一盘磁带，在你孤独的时候，你可以听到长城站14位兄弟的声音。祝你一路顺风！好了，我就讲这么多。再见！

　　（以上为1989年12月11日抵达南极点时，洛宏带来的长城站14位弟兄的讲话录音带部分内容）。

1990年3月10日　　　　星期六

　　"祖波夫教授"号船已离开和平站约34个小时，目前，船正航行在60°S南极幅合带内。现在是早晨8时，刚刚吃完早饭。外边阴天，降雪，大海沉着脸，波涛汹涌。

　　3月9日凌晨6时，"祖波夫教授"号起锚离开和平站。不久即感到胃部开始不舒服，是晕船的前兆。9日早餐后即睡觉。似乎只有当头部稳定时，不适感、恶心和眩晕感才渐渐消失。午餐只能放弃。下午茶和晚餐勉强前往，只是喝了大量的茶和果汁。晚餐后即上床入睡，直到晨7时才醒来。今天起床后，不适感已大大减轻。已可以坐下来写东西，故补写近几天的情况如下。

3月7日：

全天暴风雪，但已比6日为好。到傍晚暴风雪已基本停止，但仍然阴天，多云。全天休息。部分记者等共计12人乘伊尔-14飞往青年站。

晚10时，摄影组在其房间内举行宴会。我们都被邀请。除杰夫外，余5人均参加。参加宴会的人不多，有苏联和平站食堂的大师傅、安-28飞机的飞行员、娜塔莎。后来住在同一栋楼中的日本人也来参加。摄影组演唱了他们的新作"穿越南极之歌"，洛宏演唱，大家合唱非常成功，获得喝彩。只好再来一遍，我们都录了音（第14号磁带）。

下午约8时圭三接到日本来的长途电话，告知日本首相海部俊树将给我们发贺电，并邀请我们5月份访问日本时到他官邸作客。至此，我们已接到美国总统夫妇、法国总理、中国总理和日本首相的贺电。另接凯茜的电传，澳大利亚总理霍克拟于我们到达悉尼后接见我们，在悉尼将举行第一次记者招待会。

晚上，让·路易、维克多与"祖波夫教授"号船长通了话。船将于3月8日晨8时许抵达和平站海湾。

3月8日：

"祖波夫教授"号船按时到达和平站。这里气温-7℃，风速9米/秒。晨约7时，让·路易通知早餐为7：15，之后装船，全体人员，包括记者、摄影组等均参加。全部物资于9时许运到了站西约2公里的地方。10时，来自大船上的小船经几次尝试后，不能靠岸，遂告失败。于是，只好在站东侧发电房处又找到一地点，经努力后将全部物资又从站西运到此地。两条小船往返于这里和大船之间，直到半夜12时，才将全部物资和狗运到船上。这时，外边风力加大。"祖波夫教授"号随即开船驶离和平站海湾。

只好在站东侧发电房处又找到一地点，经努力后将全部物资又从站西运到此地

在返回澳大利亚的船上（1）

在返回澳大利亚的船上（2）

站东的渡口从下午4时起摆渡。我乘第二次摆渡船，下午7时许上到大船上。苏联地球物理学家维克多·索诺夫已在2小时前上到大船上，告诉我我的船舱号为320，我和杰夫同住一舱。维尔和让·路易住322号，舟津圭三和近藤幸夫住324号，维克夫妇住330号。维尔比我晚2个小时上船。杰夫则等到最后上船。

3月9日 全天睡觉（晕船）。

关于苏联和平站。1957年与苏青年站同年建站。1957年，即国际地球物理年期间，苏联第一次南极考察队开赴南极，在目前的两组主建筑物之间的低凹地处建成了苏联和平站（目前此站已位于冰下约6米处）。苏联当时最大的破冰船"鄂毕"号是苏联第一次南极考察队海上运输、破冰的主力舰只。

和平站目前的建筑物主要分两组，分别建筑在两块裸露的基岩上。基岩以北数十米处，是陡立的绝壁海岸。目前西侧一组建筑主要有3栋，即通信房和宿舍、行政办公室和餐厅，以及化学分析实验大楼（内有少量宿舍），都是2层式建筑物。另有1栋为食品库房。东侧一组建筑物有2栋，即高层大气物理电离层研究室及宿舍，为2层楼建筑，另1栋为发电房。两组建筑物相距800米，由一列电杆连接并附绳索，以保证人员来往安全。除了两组建筑物外，还有若干小型建筑物，如地震台、地磁台、气象站等等。另有机场1座和冰上跑道800米。

全站越冬人员一般为60人，度夏人员100—200人不等。夏季，这里是联结内陆高原东方站的唯一口岸，担负着繁重的向内陆东方站运送物资、人员的任务。因此夏季站上人员较多，亦包括从东方站撤到这里在此等候飞机或船只回国的队员。和平站为苏联在南极洲仅次于青年站的第二大站。

在陆地，每年都有由若干辆拖拉机组成的车队往东方站运送物资。不定期地还组织自和平站到多姆C或其他地点的陆上科考活动。在空中，这里每年夏季有伊尔-14飞机飞往东方站，在共青团站降落并加油。伊尔-14飞机还飞往苏青年站等地。今年，安-28型飞机首次来这里执行飞行任务。1989—1990年夏季，和平站共有2架伊尔-14和1架安-28飞机执行飞行任务。

　　和平站主要科考学科有气象、地震、地磁、高层大气物理、南极光、地球化学与分析化学，等等。在我们居住的楼的2层为化学实验室。该实验室研究人员是1989—1990年（苏34次南极考察队）和平站越冬人员。他们邀请我到宿舍（实验室隔壁）讨论冰、雪化学分析的问题。据介绍，他们在此地进行"降雪内的化学成分分析"，此课题已持续约10年之久。采样地点在距离和平站约10公里以外的内陆雪面上，那儿有专门划定的一块区域，每周（月）采样1次，拿回站上进行实验室分析。分析的项目主要有K、Na、Ca、Mg、Al、NO、SO……约10种元素及酸根。分析精度为ppb量级。其目的是了解这些元素在南极洲洁净环境中的本底值及其季节变化规律，并用来和欧亚内陆山区降雪的化学分析结果进行对比。遗憾的是苏联这方面的工作进行已达10年之久，但仅用俄文发表了部分结果，未能发表英文的著作，故不能了解他们工作的详细情况。交谈者本人有良好的英语交流能力，但他的另外两名同事则需要翻译。苏方对我们中国雪冰化学研究的情况也十分感兴趣，对我们的实验室，尤其是对我们实验室内的各种仪器很感兴趣。我们的实验室与苏联实验室相比仍较差，尤其在南极洲考察站，我们几乎为零。

　　今日中午船的位置为59°S，82°E附近。气温0℃。

1990年3月11日　　　　　　星期日

今天午餐时广播说我们船的位置为55°S，88°E附近。

昨天下午5时30分，船长及二副在餐厅与大家会面。船长讲了以下几点：

1. 船拟前往澳大利亚的霍巴特港。但迄今为止未能得到准许入港的明确答复。将继续努力，争取停靠在霍巴特港。如最后不得允许，船将驶往新西兰惠灵顿。到惠灵顿还需要10天左右。

2. 关于船上的吸烟区规定，以及救生船，请二副介绍。

吸烟仅限于自己房间和后甲板两地。餐厅门口一角落有防火装置，亦可吸烟。除此之外，船上任何地点不准吸烟。我等21名外国人均被分在4条救生船上。我和杰夫为4号船。

今天早上醒来时已是10时，故未能赶上早餐，11时半与杰夫等共用午餐。

下午又得知，我们的船将前往澳大利亚西部的珀斯市。预计3月16日晚或17日晨抵达。我们的船离开和平站后，本可直奔霍巴特。但因为途中有暴风，达30米/秒，故昨晚船折向西北，今晨起才折向东北。这样一折腾已消耗了1.5天时间。如继续驶往霍巴特，可能在3月19日才能到达。故今天下午决定驶往珀斯。

1990年3月12日　　　　星期一

关于和平站的发电房。发电房位于站东头基岩上，是1栋1层楼建筑，与其他建筑物保持约50米的距离。发电房内有5台电机，均为320千瓦发电机。其中仅1台工作，供应全站生活、科研、照明等用电。和平站用电量很大，炊事几乎100%为电炊，供应很多人吃饭。菜和咖啡一般除吃饭时间外，均用电壶在自己房间内烧。这里的确没有"电老虎"威胁大家。桑拿浴亦设在发电房内，时常开放供大家洗澡。和平站发电房之整洁令人难以置信，所有的东西整齐排列，从地面机器到房顶，一尘不染，洁净异常，有的地方擦得锃光明亮，像镜子一样。和长城站比较真是天地之别。

午餐时广播目前之位置：51°S，92°E。船速15海里/小时。

今天天气为多云转晴。下午杰基和近藤幸夫分别采访了我。

1990年3月13日　　　　　　　　星期二

天气已转晴，海面也较平静，气温亦升高。我们已经进入40°S范围内航行，船的摇晃程度比前4天好多了。我因使用抗晕船的药，这是一块直径约1厘米的圆塑料纸，粘在右耳后部无毛发处，加上海况好转，目前已无晕船的感觉。

午餐时报告船目前的位置为46°S，100°E。预计3月16日晨，或许3月15日晚我们可抵达珀斯。珀斯的纬度为32°S，听说前几天气温高达37℃。

下午5时在餐厅与船上的全体工作人员会面，回答他们提出的各种问题。他们的问题很多，例如：

· 你们抵达东方站和和平站后，每个人的印象是什么？

· 考察队业已结束，你们每个人对今后作何打算？

· 考察队狗的饲料是什么东西做成的？

· 谁是该考察队的主要赞助者？

等等。随后放映了考察队的电影片段。最后，签名留念。

1990年3月15日　　　　　　　　星期四

"祖波夫教授"号今天中午位置为36°30′S，106°E附近。预计明天中午到达澳大利亚西部珀斯。

上午11时，让·路易组织圭三、杰夫和我4人参观了"祖波夫教授"号的轮机部分，轮机长亲自介绍。"祖波夫教授"号建于1967年，是一艘客船，排水量为5000吨，功率为8000马力，双螺旋桨推动前进。在船的前后两侧对称部位有"双翅"，其功能系使船保持水平，减少摇晃的程度。船上铁甲厚10毫米。轮机长介绍时说，"费德洛夫院士"号的铁甲为20毫米。我们"UAP"号船的铁甲为25毫米。船上共有6台发电机，每台均为500千瓦。参观后在轮机长房中喝啤酒。

昨天晚上在114号舱被邀请参加宴会，啤酒、伏特加和软饮料甚多。听说前天晚上苏联南极俄罗斯站风很大，为45米/秒，而在那里的"索莫夫教授"号船上的两架直升机被大风吹到海中。

1990年3月21日　　　　　星期三

现在是3月21日上午10时（系新加坡时间），现在我在法国UTA航空公司的班机上。飞机已从新加坡起飞8个小时，前往巴黎。自3月16日下午，我们乘坐的"祖波夫教授"号抵达弗里曼特尔以后（珀斯市旁边的一座小城市，系海港），顿时繁忙起来，未能记活动情况。现将经过简记如下。

3月16日：

下午5时，"祖波夫教授"号终于停泊在弗里曼特尔港口。到港口来欢迎我们的有凯茜迪·莫尔、斯蒂夫、朱迪（从墨尔本来，是为"UAP"号船和我考察队工作的澳大利亚人），以及赫依先生（珀斯市的著名人士、医生）和挪威医生等。海关及移民局的人上船办手续。我此时收到国内为我办的新护照，上边已签有澳大利亚、法国的签证。由于我出发前在芝加哥已办妥去澳大利亚签证，澳移民局将新护照上的签证注销。晚7时许，住到弗里曼特尔港口附近的一家三星半级旅馆——贸易风旅馆，和杰夫同住一房间，条件很好。晚上给郭主任家中打电话，接话人是一男子，讲郭不在家，到东北训练基地去了。请他转告郭主任我已到澳大利亚，并询问长城站将我的衣箱带到了何处，我现在连穿的衣服都没有。同时与居住在珀斯的安地·马丁取得联系，约好17日上午10时他到旅馆接我。安地是1984年我在凯西站越冬时的朋友，是站上的水暖工。晚上与圭三和日本TPS电视台到和平站采访的2名记者及近藤幸夫共5人到附近的"来来往往"中餐馆吃晚餐，狼吞虎咽，吃了15盘。

3月17日：

上午8—10时，在旅馆117号房间开会，凯茜迪·莫尔讲解自17日到27日在澳大利亚、法国、英国和美国的日程安排及注意事项，尤其是有关会见各国领导人和新闻记者招待会的注意事项。10时30分，与到旅馆来接的安地离开此旅馆，到他家中、岳母家中、朋友家中小坐和拜访。然后在安地家午餐后，驱车游览珀斯市和皇家公园，在小山顶上观看珀斯市全景。安地的夫人和儿子到野外度周末，未能见到，他们的小女儿因为窗户上的玻璃将腿割破（伤口长25厘米，缝50多针）在家中休息，与我们一同游览。下午4：15返回到旅馆。5时整，全体人员应邀到珀斯市中心希尔顿酒店宴会厅参加西澳总理（女，42岁，称为博士，姓名不详）主持的欢迎宴会。苏联船长、南北极研究所副所长以及萨沙等亦参加。宴会上认识了戴维和高登，他们均在凯西站越过冬，高登还在莫森站越过冬，并且也是狗橇驭手，2人现为西澳南极协会的主席及秘书长。晚7时，海伊先生邀我们全体到他家中晚餐，海伊先生和夫人、女儿3人热情招待。晚9时半，杰夫的哥哥柯瑞斯·萨莫斯自昆士兰乘飞机抵达，并带来蛋糕欢迎我们。晚11时回到旅馆，接到钦珂自北京打来的长途，告知美国使馆拒发签证，原因是我们全家在美可能不回中国。而辛西娅来的长途（从美国打来的）中说美方无问题，是中方不放行。钦珂讲，中方的手续均办齐。午夜找到凯茜告知此事，甚为生气（对美使馆不给签证，不是对凯茜或辛西娅），凯茜讲已知此事，辛西娅将与明尼苏达州州长、美外交部及美驻华使馆直接联系。

3月18日：

上午10时离开贸易风旅馆前，在旅馆大厅与挪威医生谈话。挪威医生是欧洲航天中心派来的医生，与我们每人个别谈话，提出的问题古怪且难以回答。据讲这是我们考察队在穿越南极洲时每周采小便样、血样及回答问题的继续。下午5时自珀斯乘TAA（澳大利亚一航空公司）飞机飞往墨尔本。10时半抵达。在机场与乔·杰克通了话（家中），我只有澳大利亚冰川室办公室电话，乔·杰克的电话号码是下午在珀斯机场从柯瑞斯处拿到的。约11时，住进墨尔本希尔顿酒店，与杰夫同室。先后与伊恩·艾利森、尼尔·杨、李军、王伟利等通了话，他们的电话号码均是与乔·杰克联系后得到的。都很高兴！尼尔问到了我的样品，建议冰雪化学、微粒的样品送到丹麦哥本哈根分析，并给了我哥本哈根实验室有关人员的姓名、地址。与李军通了话，得知王伟利已到澳大利亚1个月整，生活费用紧张（仅李军1人的生活费能维持，找工作亦难），目前在墨尔本的中国人达好几万。知高向群仍在原处住，李军又给了"极地"号船的电话号码，我与高钦泉副主任通了话。"极地"号船在此地装货，周三回国，16日领事馆为"极地"号船举行招待会，请了尼尔、乔、伊恩、廖增强等参加。

3月19日：

晨8:40乘车前往机场，在机场见到高向群、李军及王伟利，都很高兴。照了相。知谢自楚所长现在长城站，将在4月中旬访问了阿根廷等国后回国。他们为我带来了一大沓《人民日报》。高向群叮咛希望能给他写信，详谈关于极地所事宜。另李军说，"极地"号船上的所有人都讲，秦大河回国后即转往极地所工作，问我是否有此事。18日晚尼尔亦询问此事，并询问工作性质，云云。9时乘飞机前往悉尼，虽与李军等见面讲话时间很短，但都很高兴！给3人每人一枚信封，又留4个给李军，转给伊恩、尼尔、乔和廖先生。约11时半抵达悉尼市中区的悉尼希尔顿酒店，住3921号房，即拨电话给钦珂，南极办说钦珂、东言已由占生陪同前往美国使馆办签证。下午2时，在希尔顿酒店小宴会厅内举行记者招待会，中国新闻社、中国国际电台等3记者亦参加。下午4时，使馆科技参赞袁中利、悉尼总领馆科技参赞沈光耀2人来接（2人下午亦到机场迎接）我去悉尼中国总领馆作报告，之后在使馆吃饭。中国大使张再及夫人、总领事李锡慈（大使级）及袁、沈二位同席。报告1个小时，吃饭1个小时，中国菜十分地道，吃得很多，中国菜太香了！晚7时，到市中区某宴会厅参加欢迎会。澳大利亚外交部部长，中、苏、法驻澳大利亚大使，美、英、日总领事均应邀参加。张大使亲自和美总领事谈了钦珂及东言签证遇阻事，美总领事记下了钦珂、东言的名字，答应尽快打电话给北京美国使馆，请给予签证。理查德·思韦茨亦应邀参加宴会。但因应酬很多，很难与他多谈，只好在结束后去一酒吧小坐，到12时才由理查德送我回酒店。宴会后与理查德一块儿到船上去拿到了我的衣箱。晚上给郭琨主任打电话，知当天钦珂、东言的签证仍未办下来，郭琨讲明天继续办，尽量争取。午夜后，又与罗文·巴特勒打了电话问候。比尔·鲁宾逊已搬家数次，最新地址处的人告知，他已于3周前搬走，未能联系上。今天中午在酒店房间接到澳广中文部龙先生电话，说廖先生想采访，约好晚上9：30，但因我未归来，廖先生留了他办公室电话号码，但因已过午夜，未能联系上。

3月20日：

　　晨8：30，廖来电话采访，约15分钟。后又简谈，说参加"极地"号船招待会时，高副主任答应，以后有机会的话，可请他乘中国船一道去中国南极长城站。廖先生讲，他母亲及外甥已来澳大利亚。11时，澳大利亚的《星岛日报》记者夏小姐来访，系中国新闻社联系并通知的。还联系有"新报"采访，因我昨夜不在，未能采访。张大使指示，不要有求必应，随自己的时间安排，亦可不见，不要搞得太累了。他看我也确实太疲乏，很关心我的休息与健康。10：30，与南极办通话，巧极，占生、钦珂、东言均在。占生告知，他们即将去使馆最后一试，但可能只能办到钦珂一个人的签证。东儿已拿到学校、医院、冰川所的证件等。钦珂一行在美国转飞机和终点处均有人接应。国内正在安排较大的欢迎。武主任、孙院长等拟到机场欢迎。安排国家主席、总理或委员长接见。人大会堂报告会、住民族饭店、安心恢复身体，享受祖国给予的欢迎。12：15，集体乘车前往机场。下午约3：40，乘QF5航班从澳大利亚前往新加坡。飞行7个半小时后，当地时间9：30抵达新加坡国际机场。3个小时后，当地时间午夜0：30，转乘法国UTA公司飞机离新加坡前往巴黎。（以上记于飞往巴黎的飞机上）

1990年4月4日　　　　　　　　星期三

现在我和钦珂正在联合航空公司53航班飞往东京的飞机上。飞机于美国西部时间4月4日上午12：40起飞，将于4月5日下午3：30（东京时间）到达东京。我们将在成田机场转乘中国国际航空公司CA952航班返回北京。到京的时间为晚上10：00。

自从3月21日以来，十几天中忙得晕头转向，未能握笔。现将前段活动回忆如下。

3月22日：

晨约7：30到达巴黎机场。入贵宾室休息，移民局人员到贵宾室为我们办理入境手续，甚捷。随即开始一天的紧张活动。抵达机场约20分钟后，法方组织人员将队员送往法国科学博物馆，刮脸、换衣服等。上午9时，在科学博物馆举行记者招待会。6名队员及凯茜和1名法国负责人（女，似为博物馆高级管理人员）在讲台上就座，发言时配有英、法语同声翻译。前来采访的有150—180人，其中包括新华社驻

在法国总统府

巴黎记者王运久和1名新华社记者,《光明日报》驻巴黎记者站主任记者李国庆,以及法国欧洲电台中文部记者1人。记者招待会持续1小时30分。之后欧洲电台记者采访约5分钟,其余3位中国记者几乎跟随我全天,插空隙采访。上午11:30,由两名法国总统府警卫驾摩托车开路,6名队员及凯茜迪·莫尔和史蒂文及前述科学博物馆高管(女)、我们的狗——塞姆、维克多的妻子、让·路易女友等,分乘3辆车,前往香榭丽舍大街附近的法国总统府,11时45分准时到达。总统府面积不大,内有一栋三层楼建筑,密特朗总统当时正在开会。工作人员将我等9人请到楼后面的草坪上等待。塞姆显得特别听话,让干什么就干什么,老老实实,也不乱叫,可能它也知道要见总统吧! 中午12:10,密特朗走下楼来,来到草坪,与每位队员一一握手,但谈话主要和让·路易一人,因为讲的是法语。与此同时,约20名记者获准进入草坪一侧,拍摄照片及电影。约5分钟后,总统将大家让入客厅就座,侍者端出香槟酒和软饮料,并有小点心等,在客厅围坐一圈谈话。在总统左右就座的是让·路易和维尔。让·路易谈话占整个时间的70%。维尔小谈。坐下不久,总统就问到科学研究,我被让到总统身边作了简单介绍,主要是南极冰川考察。让·路易用法语译给他听。总统说到南极科学研究十分重要,需要国际合作,云云。约20分钟后,座谈结束。总统将大家送出大楼,这时让·路易将自己穿越南极时戴过的手表送给了总统。总统看上去很高兴,说他收到过许多礼物,这件礼物的意义很大,并致谢。临别时密特朗总统还和娜塔莎、西尔维(让·路易的女友)一一握手。在楼外台阶上告别时,记者们拍摄了不少照片及电影。接见的整个过程为30—35分钟。

返回科学博物馆后,立即用午餐并短休息。下午2:30起,不断地在科学博物馆展厅内特制的舞台上"亮相"。出场时从后台进入,并从安置在台上的帐篷后门入、前门出。每次登台均是为某电视台,或某一赞助商,或孩子们拍摄,并须化妆。

直到下午6时前,新华社两名记者尾随,并插空采访。此时我已感到疲乏之极！科学博物馆接待处谭惠珍女士当天正值休息，但当她听到有中国队员时，便放弃休息，专门前来祝贺和帮忙，帮我背了一天的提包和相机，直到晚上10时才告别。我允诺给她寄纪念封一枚。

6时，在科学博物馆贵宾室举行酒会。请了六国大使，但中国大使未到，文化参赞吴春德代表大使参加，他说大使未来，回去后向大使汇报，云云。吴春德仅待了20分钟左右，即离开返回。

7时，在厅内举行大型酒会，招待各界人士、赞助人、朋友等，有数百人参加。我已十分疲乏！约10时，与杰夫和他的女友波拉一同乘车返回旅馆。我们住的旅馆为"协和旅馆"，1889年创建，似离香榭丽舍大街不远，离美使馆步行约15分钟。

科学博物馆赠送的礼品为1块天然紫石英晶体。可惜让我打碎了。

我们在博物馆高级接待员（可讲英、法、西班牙、俄语的接待处负责人）的陪同下，观看了大圆球建筑物内的立体电影约10分钟，内容为太空旅行。

上午8时到博物馆时，杰夫的父母专程从英国赶来，我们都被介绍见面。让·路易的父母亦参加了今天全天的活动。杰夫的父亲年近80岁，是一位医生。而让·路易的父亲是裁缝。他们都非常兴奋，杰夫的父母显得文质彬彬。

3月23日：

晨8：00，与凯茜、维克多夫妇前往美国使馆办理去美国的签证。等待约1小时，均顺利拿到签证。在填写去美的事由时，凯茜填的是"3月27日到白宫会见布什总统"。

上午10时到UAP公司总部参加小型酒会，UAP公司总裁出席，并赠送每人1件小礼品，1支粗大的玻璃钢笔模型。参加人员很少，都是UAP公司的高级职员。

12时返回旅馆。午餐与圭三、维尔和凯茜等同席，与杰夫的父母因不在一席，我主动上前去交谈。杰夫的父亲和杰夫一样，不健谈，今年已83岁，身体还很好，但杰夫的母亲却十分健谈。下午3时，《光明日报》记者李国庆来接。我到他家中吃晚餐，带香槟酒1瓶作礼物。李国庆详细询问了考察队情况，他拟写专访寄回国内。其夫人关晶做的饭。夫妇二人十分热情。李国庆及夫人在5月份回国探亲。晚9：30，李国庆先生开车送我回旅馆。

晚11：00，给徐广存先生打电话，致歉不能拜访，因为时间安排得太满了。徐讲，他已从电视中见到我，看到我十分健康很高兴。并说UAP公司欲在6月26日，再次邀请去年"UAP"号船下水典礼时来的六国儿童和六名队员相聚。

3月24日：

晨7时集合，前往机场。乘8时美国西北航空公司班机起飞，1小时后，到达伦敦国际机场。有专人引导我们，到西北航空公司职员休息室小坐。杰夫的诸多朋友，其中包括帮助做了狗橇的一位英国朋友也来欢迎，询问了杰夫的狗橇效果如何、好不好用等等。告知很好用，唯底部高分子塑料的滑板在最后300公里处部分脱落，他表示很遗憾。

10时许，在机场大厅内举行记者招待会。儿童很多。新华社伦敦分社记者张明德和香港《文汇报》驻欧记者黄锡豪来访，回答了他们提出的一些问题。

12时，乘西北航空公司班机从伦敦飞往波士顿。约下午5时许（当地时间）到达波士顿。通过移民局查验后，转乘飞机飞向明尼阿波利斯，约于下午7时（当地时间）到达明尼阿波利斯国际机场，欢迎的人很多，维尔的父母、皮尔斯、鲍勃及其妻、约翰·斯坦德森、戴维以及高夫人，共约数百人在机场欢迎。钦珂在李诚和陈明湘夫妇陪同下也在迎候。当然圭三的未婚妻秋本恭江也到机场与圭三团圆。

在机场举行记者招待会，约1小时。

欢迎的人群中打着各种标语，但"欢迎回家"最令人注意。我们去年7月16日离开此地，开始了为期220天的远征。

回到美国

李诚夫妇驾车并载行李，先拉我们到一中餐厅吃饭，然后送钦珂和我到位于圣保罗市市中心的圣保罗酒店的房间。李教授夫妇祝我们夫妇团圆后告别。我与钦珂团圆，非常高兴，两人聊了几乎一夜。我因时差未能睡觉，钦珂仅睡2—3个小时。

3月24日[*]：

在圣保罗市参加各种活动。晨8：00早餐后李诚夫妇来接。10时，到市中心州议会大厦广场前集合，步行穿过人群到主席台"就站"，参加欢迎大会。行走时，不时听到有中国人喊"秦大河"，并握手或签名等等。其中一男子拉住我的手喊道："秦大河，我是二次队队员！"人太多，无法停留，甚至连名字也未能询问，很遗憾。著名黑人音乐家格雷夫·华盛顿亦到场助兴。明尼苏达州参议员杜伦伯格先生和我们一道合影，明尼苏达州州长夫妇参加了欢迎仪式。李诚夫妇、钦珂在来宾席就座。

欢迎仪式结束后，我们即乘车前往ABC电视台，为制作节目而作准备和练习整整一个下午。钦珂则由陈明湘陪同。

晚7时，在一大旅馆宴会厅参加欢迎宴会，近千人参加。非常正式，钦珂穿旗袍显得光彩动人，被人称为"阿基诺夫人"。我由于昨天未睡觉，很疲乏。宴会中，被请到台上就座，被灯光照耀后，两眼不住地要合到一起，困极了。圭三、杰夫都和我一样。晚10时，李诚夫妇送我们回旅馆，我将当天参加欢迎仪式时穿的高－特克斯上衣赠送给李博文（李之子），李诚夫妇很高兴。

3月25日：

早餐后，又到ABC电视台接受训练近2个小时。上午11时，到队部办公室开会。凯茜嘱咐我向国内南极办问清下列事宜：

◆ 5月1—6日全体队员携夫人到日本大阪（秦大河夫妇的机票自购，到东京由考察队报销）。

---

[*] 因旅行跨过日期变更线，所以有第二个3月24日。编者注

◆5月7日，东京，日本首相海部俊树接见。

◆5月7日晚6时以后直到8日期间的任何时候全体人员飞往北京。

◆5月9—11日访问北京。

◆5月14日，国际电话采访每位队员，请告知圣保罗市总部每个人当天的确切地点及电话号码，以便采访。

◆9月份，全体队员及夫人访问沙特阿拉伯。

◆12月份考察队电影首映仪式在巴黎市举行。

◆考察队急需在北京的日程安排（9—11日）。

请秦与中国方面联系，考察队办公室需从中方了解的问题如下：

◆到哪些学校作报告？可否做一些穿越南极的宣传品带到中国？

◆同声翻译问题。秦的行李丢失怎么办？

◆周钦珂的签证办理由中方负责，机票及国外费用由考察队负责。

◆中方已表示可负担全队人员从东京到北京的机票，是否包括从北京返回各自国家的机票？考察队希望能负担8名队员和办公室3人的机票。发邀请时，请考虑每位的夫人（或女友）。外国队员怎样才能在东京得到机票？

会议结束时，沙特阿拉伯科学家依卜拉赫姆·阿阿兰散发手写备忘录（复印件），对前一阶段的活动中无沙特阿拉伯的国旗提出抗议。让·路易、维尔、辛西娅和凯茜等与他详谈。

从考察队借到蓝提包1个，到日本时奉还。亦收到部分幻灯片，未能详看，估计不是全部幻灯片。接受电视台录像。

下午3时，再到ABC电视台正式录像，钦珂及李教授夫妇在观众席就座。

下午5时，李教授夫妇告辞。帕特丽斯接替他们照顾我和钦珂。在昨天晚宴上赠送莫扎特的磁带2盘。下午5时，她驱车带我们先到"北京园"聚餐。许多美籍华人都参加，见到原兰州大学物理系教师何先生（1980年移民到美国）。6：30，前往机场去华盛顿。

晚12时抵达美国首都华盛顿。住圣·詹姆斯酒店大套间，条件很好。

3月26日：

晨6时，3辆大奔驰车接我们到ABC电视台录制"早安！美国人"节目，实况转播。8时返回后，集体前往"美国国家新闻记者俱乐部"。先在小厅内酒会，见到《国家地理》杂志编辑，对方主动提出将来可寄杂志给我。又见到美国航天署的1名科学家，希望能尽早看到我的科研成果发表。还有1名美国国家科学基金会极地局官员，希望我将来能到美国的南极考察站工作。国家新闻记者俱乐部举行正式午餐会，随后为记者招待会，中国方面竟无记者参加，不知何故？唯一的华人为《中国时报》记者傅建中。他一眼看出我是中国人，因为钦珂穿的是旗袍，他说，这是他第二次在此俱乐部见到穿旗袍的妇女，第一位为李光耀夫人。

随后访问美国国会。众议院（或国会）共和党领袖鲍勃·迈克尔接见全体人员并合影。他向我和维克多展示了他访中、苏时两国领导人送给他的礼物。

接着到参议院听取参议院关于"将国际穿越南极考察队的事迹载入美国史册"的辩论。经过"激烈"的辩论，最后一致通过。我们被邀请到参议院的客厅与议员见面，接受大家的祝贺。

在国会大厦内马丁·路德·金的塑像下合影。

回旅馆，吃意大利烤饼，即为晚餐。每个人都疲乏不堪。

3月27日：

晨与钦珂外出早餐。上午11时乘车前往白宫，会见布什总统及夫人。接见在白宫玫瑰园（白宫西侧）进行，我们的狗——塞姆亦前往，上午我们还给塞姆洗了澡。

接见时合影位置是，前排自左向右为维尔、布什、布什夫人、让·路易；后排从左向右为杜伦伯格、维克多、杰夫、圭三和我。每个人的名卡已由白宫工作人员写好放在白宫西厅门口台阶上，我们只是"按卡就位"而已。我们的背后为白宫西厅，大家站在台阶上，面对玫

应邀访问白宫，在玫瑰园

瑰园。白宫玫瑰园颇有名气，真是所谓玫瑰园，仅是个篮球场大小的草坪，四周都有低矮的玫瑰花而已。

布什和夫人出来后，经杜伦伯格介绍，与6人一一握手，然后20余名记者从记者出入的门进入草坪拍照。布什和维尔谈话后，转过身来，用中文对我说："今天天气很好！"并与我握手。我甚感惊奇，随即用中文讲："您的中文讲得真好。""好久不讲了，词汇量已减了不少。""讲得很好……"布什的中国话基本上是普通话，发音也挺好。布什对维尔说："在南极进行国际合作很好……"维尔还请他在《拯救地球》一书的扉页上签了名。在摄影时，维尔和让·路易将写有各自姓名的考察队队旗赠送给布什夫妇。接见结束时，我将自己的名卡拾起。维尔则抢了布什及夫人的名卡，后被我拿走布什夫人的名卡。布什夫妇专门和高夫人及凯茜迪·莫尔又说了一会儿。整个接见共20分钟左右。告别时，布什又将白宫领带赠送给我们每人1条，精制但并不豪华，小盒外有乔治·布什签字的手迹。

从白宫出来后，即回旅馆，拿东西后，我们集体乘小巴士前往离费城不远的高－特克斯总部，开车需2个小时。先到高夫人（老太太）家中休息，然后去高－特克斯总部，在一大厅内与当地公众见面。

晚上到达费城，住旅馆后集体到一意大利餐馆吃晚餐，约翰·斯坦德森负责安排一切。

1990年4月7日　　　　　星期六

早上8：10小徐来车接，往海洋局外事接待厅作报告，并放幻灯40张，听报告者为国家南极考察委员会全体委员，只可惜由于录音机故障，只录了一半。

会后被若干记者包围，郭琨主任决定9日（星期一）下午举行记者招待会，回答记者提出的问题。

新华社摄影记者戴纪明答应给我们一套在机场拍的照片，但尚未兑现。中央电视台一记者采访5分钟。

6：15小徐来接我和钦珂去人大会堂餐厅参加海洋局招待晚饭。在座者有武衡、孙鸿烈、郭琨、孙作哲等各级领导。席间几位领导都谈到要发扬南极精神，大力宣传南极，对青年人是很好的具体教育，他们也可接受。武主任和孙院长都谈到这次穿越南极，在科学上的成就中国是第一，并让我在报告中多谈长城站在穿越南极工作中所做的工作。已定10日在政协礼堂作报告并录像，然后播出。

餐后回到宾馆给东儿打了电话，东儿说他在兰州市预考中考了全校第15名，全市第32名（总分580分），我们都很高兴。

1990年4月8日　　　　　星期日

上午去科学报社接受李存富及张亚光的采访。中午12：00饭店曹总经理和小张经理请我和钦珂共进午餐。晚7点许《解放日报》的2位记者来采访。中央办公厅秘书处处长卫金木同志来访。

1990年4月9日　　　　　星期一

上午去美国大使馆送给李培小姐穿越南极纪念信封，然后去西苑医院看吴锦。

14：00在中国记协举行中外记者招待会，6名队员均参加，办公室主任郭琨也参加。

1990年4月10日　　　　　　　　星期二

上午8：00去南极办汇报工作，钦珂帮我整理下午的发言提纲。下午政协礼堂作报告。会前，受到国务委员宋健、人大副委员长严济慈、政协副主席马文瑞、民革中央名誉主席屈武、中顾委委员武衡等领导的接见。放幻灯本来可以大大提高演讲效果，结果因幻灯机准备得不好，只能暂时中断，真是不应该。

晚上吴锦全家来访。

1990年4月11日　　　　　　　　星期三

上午刘书燕、北京蜂王浆厂的小韩等几位来访，说要给各位队员送一些礼品。13：00去铁道部党校，然后即去北京大学作报告。下午6点多去小陶家吃晚餐，还有刘耕年、朱克佳夫妇及小刘的同事等，多为年轻人，气氛十分欢快。科学出版社三编室来电话，望提供南极的录像带，加上我出发前及回国后的录像带。关于出书的表格已寄往兰州。晚上南极办老严夫妇来访，外交部黄进平同志来访。

1990年4月12日　　　　　　　　星期四

早7：30，《人民画报》社王健拿走10张幻灯片，今晚归还（已还）。

1990年4月13日　　　　星期五

（1）上午8：10去基金委汇报工作，刘耕年帮钦珂收拾东西，11时回到宾馆收拾好，一块儿去海洋局，中午贾根整副主任和我们共进午餐。下午1：30从南极办出发，贾主任、李占生、孙书记（同回兰州）、李存富、张亚光、陈永申到机场送行。

（2）飞机晚点到下午6：30才起飞，到兰州8：30左右，受到甘肃省副省长张吾乐、省政府副秘书长魏庆同、宣传部副部长罗祖孝、中科院兰州分院院长等人欢迎。一下飞机便被记者包围，较乱，钦珂、东东被挤散。少先队员因飞机晚点等候，天气冷，冻坏了！从飞机场出来，警车前面开道，在兰州饭店与领导进餐。席间谈到队员来兰访问事宜，魏秘书长欢迎，并谈到授予兰州市荣誉市民称号的可能性。关于钦珂考勤，魏秘书长认为不应当成为问题。在中川机场，没有想到会有那么热烈的欢迎场面。当飞机停稳在停机坪上后，我看到少先队员的鼓乐队，赶快整理衣服，和钦珂最后走下飞机。东东站在舷梯下，一头扑进我的怀中，又和妈妈拥抱到一块。在机场的记者们一拥而上，抢拍镜头和录音，结果把省里的几位领导都挤散了，我是在别人的携扶下，才"冲破包围"，上了汽车。钦珂也找不见了，不知被挤到什么地方。在上汽车的路上，有记者问我做何感想，我回答说，脚踏在养育我的黄土地上，站在黄河岸边，我回到家了。永远不会忘记养育我的黄河，也不会忘记今天晚上如此热烈的场面。

1990年4月14日　　　　星期六

早上很冷。起床后，冰川所周幼吾副所长、王自俊副所长、党委副书记孙作哲等全来了，还有陈小梅、刘琛等送来行李。

约9：30，去分院招待所，兰州分院董杰老院长、李谙书记、魏宝文院长及几位副院长、冰川所周、王两位副所长、孙书记等人座谈，之后又合影留念。董老院长很高兴，激动。

钦珂接到电话，兰州大学地理系副系主任石生仁谈到，校领导要来家看望，要求作报告（全校）。

下午3时，省领导会见，地点是宁卧庄宾馆南平房会议室。参加会见的省领导同志有李子奇、贾志杰、葛士英、吴坚、邢安民。参加会见的部门领导同志有省委宣传部副部长张炳玉、罗祖孝，省政府副秘书长魏庆同，省科协党组书记、第一副主席赵养廷，省科委主任薛克琛、副主任刘长缨，中科院兰州分院党组书记李谘、院长魏宝文，中科院兰州冰川冻土所党委副书记孙作哲、副所长王自俊。会见时在座的还有许多新闻界的朋友们。我介绍了此次穿越活动的概况，并向省上领导赠送了考察队6名队员在南极点的彩色照片等。省委书记李子奇、省长贾志杰都讲话并赞扬和勉励。在门口合影时，向贾省长谈到考察队希望甘肃省政府能邀请他们在访问北京之后来兰州访问的事情。贾省长表示欢迎并请魏秘书长、外办以及宣传部等办理。晚饭在宁卧庄宾馆吃饭，李书记、贾省长均在。

1990年4月15日　　　　　　　星期日

今早起床后前往小西湖姐姐住所，姐夫已派车去接爸爸和小妹妹一家，全家团聚分外高兴，特别是妈妈，高兴得直流眼泪。

下午7点前往师大附中见杨世桢全家、张主任、邢校长，但未能见到东东班主任岳老师。

1990年4月16日　　　　　　　星期一

感冒病重，开始打针。早上去科学院卫生所看病，下午去所作报告。晚上丁谊夫妇、马欣、王健军来访并共进餐。统战部副部长吴迁富来访，送给他南极石头留念。

1990年4月18日　　　　星期三

上午8：30去省委宣传部参加记者招待会。中午在家吃饭，下午王鸿志来联系去农大作报告事宜。下午5：00王铁汉来接我们去宁卧庄，市上领导柯茂盛、王金堂等宴请我们。

甘肃人民出版社少儿出版社总编胡亚权来电话，联系出版有关我的小传一书事宜，允应。

1990年4月19日　　　　星期四

上午去科协作报告，中午回家，下午我和钦珂去省人民医院作报告，会后尹院长谈到钦珂的考勤问题，说一定能让我们满意。

1990年4月20日　　　　星期五

上午去党校作报告。下午去兰州大学作报告，之后被省少儿出版社总编胡亚权接到家中录音，录音将被整理成约6万字的书《我是秦大河》出版。提问、录音持续到清晨约4时，疲乏之极。因时间太晚，晚上未回家，住在胡亚权家中。钦珂转告，晚上孙作哲、石庆生来家商议搬家事宜，因时间太仓促，来不及整理，故未答应。

伍光和老师来电话问候。刘阳光夫妇来访并慰问。

下午去兰州大学作报告受到热烈欢迎。先到学校体育馆内见校领导、党委书记刘众语以及校有关部门领导。地理系魏晋贤老教授、朱俊杰先生都在，魏先生见到我时，我们拥抱在一起。教师是多么期望学生成长、成才啊！简谈后在体育馆门前合影，之后去礼堂作报告。礼堂里座无虚席，连过道也挤满了人，我尽力放大声音讲，很激动。兰州大学还赠送我一幅字画，上边写道"莽莽南荒，科学拓疆。大河斯人，兰大之光"。

1990年4月21日　　　　　　　星期六

清早我尚未归家，畜牧厅杨琦全家来接我到甘肃省种鸡场作报告。昨日接穿越队电传参加"国际地球日"活动。故先去省政府礼堂，用20分钟参加此项活动，并宣读了我考察队"地球日"宣言。

下午2：20，农大刘副校长来家接我和钦珂同去农大作报告，妈妈精神好，亦坐在主席台上，之后又坐在前排听我的报告。

1990年4月23日　　　　　　　星期一

早上刚起床，《光明日报》记者刘树国同志来访。

健康基金会中国代表皮尔斯先生电话说，他下月9日左右可能去北京并住京伦饭店。已告知他穿越南极考察队访华的日程和将住首都宾馆及电话号码等。

甘肃少儿出版社汪小军借去19张照片（借条在新影集本中），供《我是秦大河》一书之用。

1990年4月24日　　　　　　星期二

通知上午9点省上来人颁奖，授予甘肃省特级劳模及优秀专家的称号。

下午2：30去省政府礼堂给省直机关作报告，钦珂在家收拾东西，接电话。

《展望》杂志社来访，并拍照。

1990年4月27日　　　　　　星期五

上午去所里，钦珂在家洗头收拾东西。

宣传部罗祖孝副部长来辞行，董处长等和我共同商议了南极考察队一行下个月来兰州的活动安排等。

1990年5月1日　　　　　　星期二

4月28日与钦珂乘CA2111航班自兰州飞往北京。尤生福同志驾车、俞昕治陪同送往机场。东东在第三节课后在校门口等待，亦到机场送行。当日下午3：00，抵达北京首都机场。

谢自楚所长到机场见面，十分高兴。中国科学院陈永申、《中国科学报》李存福及张亚光3人、《科学》杂志社的委托人（《地理天地》杂志社）、南极办刘书燕及徐建中同志均到机场迎接。

随谢自楚所长到他母亲家中看望谢妈，到家后方知谢妈已于4月27日晨因脑溢血住进新街口附近的积水潭医院。谢妈今年80岁，一直挂念我的安危。

住进国务院事务管理局第二招待所3207房间。晚上《中国科学报》

张亚光来访，8时许结束。托张将李刚同志译出的有关"格陵兰冰钻计划之二"的译稿交给《中国科学报》发出。但张指出，作为科学新闻，要由知名人士报告才具说服力。商定将以"李刚从南极归来的秦大河处获悉……"之形式发出。但要打电话告知李刚、王文悌或贾文之任何一人说明。

4月29日上午到南极办，与贾主任、龚天祯、李占生等商谈考察队访问中国事宜。已拿到南极办安排的考察队在北京访问计划（中、英文对照）。龚天祯同志要求尽早知道我们哪个人去北京、兰州或两地都去，何时返回，或一块儿返苏联等安排细节。随后，刘处长派海洋局小杨开车，小陶帮忙，一同到城里几处为钦珂买风衣，下午4：30返回，北京第四药厂厂长张桂华、《人民日报》记者、新华社记者、《经济日报》记者等在等候，已达2小时。简谈后，张桂华厂长执意到外边去吃晚饭，约7：40返回国务院二招。晚8时，张之非主任携子来访，赠6人合影并签字照片一幅，另托带一张照片给唐敖庆主任。

4月30日上午到南极办拿护照和机票后，和小徐开车到西单购衣。从中午直到深夜一直在下雨，气温低。晚8：30，收拾东西时发现缺出境证明。急忙给小朱打电话。小朱询问了李占生和刘书燕后又找车将徐曙光从家中接到办公室，才开出证明。小朱随即来电话，此时已约晚上11：30。

今日晨7时，徐建中、刘书燕开车到旅馆并带来出境证明等。8：40到达机场。发现我们的机票因为是日方寄来的，无机场费，急忙外出，向小徐借40元人民币（当即告知老刘给小徐40元），才办理了出境手续。9时许乘CA921从北京出发，经上海，于下午1：50到达大阪国际机场。一路顺利。北京夏令时与日本东京、大阪的地方时一样。

下午5时，圭三和恭江来访。近藤幸夫亦来访，并给我有关我考察队的新闻报道的报纸。一块到外边吃饭，近藤幸夫做东。

圭三帮助我给长尾朝子打了电话，告知我们到达。长尾等可能于6日到大阪，并带我们去附近旅游观光。圭三讲，考察队为我和钦珂专备一名中文翻译，明日抵达。

晚上见到了穆斯塔发，他患肾结石，昨天排出火柴头大的一块石子。他住5086号房间，我们住7083和7084两间房（因双人客房已客满，只好给我和钦珂两间单人客房）。

1990年5月2日　　　　　　　星期三

早餐后见到依卜拉赫姆、詹妮弗·金布尔·加斯佩里尼、Mishier等。我和钦珂的翻译陈美燕亦抵达。她现住东京，是新加坡华人，为我们服务到5月8日。她告知可称她Mindy小姐。我将访北京和兰州一个计划（前我从南极办带来的，有计划表，后者是我前次在兰州冰川所商议的）给了穆斯塔发。

圭三告知，日本方面仅负担旅馆费用和在旅馆餐厅吃饭的饭钱。在外边食宿等自付，国际电话和传真等亦自付。

上午带钦珂在旅馆附近小游，午餐在旅馆吃份饭，每份1000日元外加一瓶啤酒（6000日元）。

下午2：40长尾朝子来电话，讲日语双方不能沟通。约15分钟后，旅馆工作人员来电话用英语转告，长尾朝子欲知我们在东京的活动安排，希望能在东京见到我们。

晚8：15，日方活动组织负责人奥村胜之先生召开会议。我们在日本的日程安排如下：

5月3—5日为正式活动。日方准备有中、法、美、俄语翻译，可以帮助各位工作。

5月3日上午9：00出发，上午8：50在酒店大厅集合。上午欢迎式，下午6：00在大阪市府宴会。

5月4日下午1：30，秦大河、维克多、依卜拉赫姆、穆斯塔发4人参加科学讲座。欲听科学讲座的人很多，但房子很小，不能满足需要。

会后签名。

5月5日考察队员介绍经验等，再次签名。

5月6日为自由活动。

6名队员5月4日早上6时去电视台，5：30在大厅集合。

奥村胜之先生代表日方接待组告诉我们，许多记者希望能采访各位，请大家做好准备。日方只付房间和早、午、晚饭及机票等，其他自己负责。

1990年5月3日　　　　　　　星期四

上午9：00乘车去港口参加庆祝会。天较冷，港口风大，但所有的妇女却穿着单裙，没有怕冷的迹象，我们照了相并参观了"UAP"号船，受到船上全体人员的热情接待。天下雨，台下人不多，除了与我们有关的人员及新闻记者外，来宾不多。也许是下雨的原因吧。我们几个人都有英、俄、法、中文的翻译，我和钦珂的翻译陈美燕小姐是新加坡人，来日本学日本语。天在下雨，两位日本小姐（奈良的钢琴教员）虽不相识，却把伞借给钦珂用。12时在附近大厅内吃盒饭，餐后又是签字。下午3时左右回到庆祝场。晚6时许到达大阪市国际大厦，参加大阪市官方举行的欢迎会。饭后负责人给每位队员颁了一枚纪念章，上面是大阪市的两种市花。

晚8时结束回旅馆，维尔已抵达，与所有人相见，很高兴。钦珂回房休息，我和队员们商议去北京事宜。收到北京传真，连夜起草传真文稿，将所有去北京的名单发出，睡得很晚。

1990年5月5日　　　　　　　星期六

早饭时与美国《国家地理》杂志编辑共进早餐，谈穿越南极的事情。

约10点出发到昨天去的港口签字。天下雨，我们没带雨具。来宾很少。

下午1：30，我、维克多、依卜拉欣姆和穆斯塔发4人参加"穿越南极活动报告会"的科学报告。见到渡边兴亚教授，会议由他主持，他先详细介绍了南极洲，之后我们每人简短回答听众提出的问题。渡边兴亚教授是日本国立极地所冰川学教授，1980年开始数度到中国天山、西昆仑山考察冰川，又是日本南极冰川研究的元老人物，很早就认识，见面后很高兴。他邀我参加多姆F（南极洲）冰钻计划工作。

下午3时作穿越南极的报告（6人）。

休息期间见到了岩田修二教授，他专程从三重市赶来听报告和见面。

下午4：30许，去地下商店卖穿越南极纪念品处签名。

下午7：00下雨，所有日方工作人员和考察队员、家属以及工作人员在小餐馆聚餐，大家玩得很开心。圭三宣布他和恭江将结婚，让·路易唱歌，我也唱歌了，但把词忘了。回来后维尔余兴未止，又邀大家在旅馆的地下餐厅喝咖啡，直到近午夜关门才回房休息。

早上10时去大阪北港开会和签字。1点午餐。3点又去签字，钦珂回旅馆休息。

晚餐后圭三和恭江带杰夫、波捡、钦珂和我去逛市场，玩了游戏机和开车的游戏。

回来后收到北京发来的传真，包括考察队访问兰州期间活动的详细安排，辛西娅很满意，她看上去很累。

听陈美燕说，我们的"UAP"号船出事了。

连夜赶写发往北京的传真，内容主要是关于各队员回程的计划安排。

1990年5月6日　　　　　　　星期日

　　早上6：00起床到服务台，发现昨晚给北京南极办发的传真（其实已是今日凌晨2点多），因南极办传真机未打开而未能接收。我只好给郭琨打电话，后来换了一个传真号才打过去。

　　我们急忙吃早饭，然后去奈良与久保田及长尾夫妇会面。9：00才赶到（原约好8：30到）。大家见面非常高兴，他们带我、钦珂、美燕去奈良著名的东大寺参观，里面保存有古代释迦牟尼佛像等，很不错。午餐在东大寺附近一间素食餐馆吃，人很多需要排队。下午1：30乘特快地铁去京都，在京都乘旅游车参观了金阁寺、银阁寺和清水寺，在清水寺喝了山泉水，很好喝，当地传说此水喝后会变聪明，于是我们每人都喝了一些。下午5时乘车到三道街一家日本餐馆，看来长尾夫妇已定了席位，菜肴十分丰盛，造型很美，一个很大的蚌壳做盘子，还专门为钦珂点了一条熟鱼。各种菜肴味道鲜美，席间大家都很高兴，他们送钦珂许多东西，我们也从兰州专门给长尾夫妇和久保田先生带了两大包礼物。饭后我们乘地铁回到了大阪。

　　回来后即收拾行李，并接通知明日早5：30在大厅集合，乘车去新大阪，然后转乘新干线去东京。要求穿戴整齐，因一下车就可能受到日本首相海部俊树的接见。

1990年5月7日　　　　　　　星期一

　　清晨4时便起床收拾。5：30在大厅集合后乘出租车去新大阪，转乘新干线于6：10开车赴东京。9：05到，随即乘车前往旅馆。11：00时去见海部首相。海部俊树在其官邸接见了全体队员，并交谈。他说在他任教育大臣时，日本南极研究属教育部管理。他到过日本的南极科学考察站昭和站，也去过南极点，即阿蒙森－斯科特基地，还去过澳大利亚的莫森站。他还记得在莫森站学开雪上摩托的情景。海部首相多次谈到南极洲的科学研究、环境保护问题。几乎都是海部在讲话，我们很少讲话，这是海部的特点。此次会见时有日本外务省科学技术审议官太田博在座。下午1：00的宴会，中国大使杨振亚先生应邀出席。会上圭三和恭江两人订婚，双方父母都参加了，还宣读了郭琨主任给圭三和恭江的贺电：新婚志喜，白头偕老。圭三和恭江很高兴。

下午5时左右回旅馆，6：15去餐馆吃饭。饭馆不大，里面有3位乐师（2把提琴，1架电子琴），还有一位唱歌的小姐，唱的全是西方古典乐曲，很好听，受到大家的欢迎。

1990年5月8日　　　　　星期二

起床后即给郭琨主任发传真，询问4位秘书机票的问题。后来因维克多签证、沙特阿拉伯国旗以及6国大使的事宜又专门给北京打了长途电话。

11：00离开旅馆前往成田机场，乘CA926航班回京。飞机于下午3：30左右起飞，7：00左右到达首都机场，在飞机上每位队员给中国人民都写了几句话，都换了衣服，让·路易在座位上换衣服，用布把自己围了起来。

每位队员写给中国人民的话都很热情，表达了他们到达中国前的心情。

日本队员舟津圭三写道："亲爱的中国人民，非常感谢你们对国际穿越南极大陆考察队的关心和支持。在穿越南极的日子里，我与秦大河在一个帐篷里共同生活了一个半月。通过他，我了解到了中国的悠久文化和历史。"

法国队员让·路易·艾迪安写道："亲爱的友好的中国人民，如果没有中国人民参加，国际穿越南极考察队就不可能达到预期目的。在这次艰苦的科学考察活动中，我们从秦大河的身上看到了中国人民的勇气和胆略。我们考察队的成功将有益于人类建设一个更加美好的未来！"

苏联队员维克多·巴雅斯基写道："亲爱的中国朋友，巨大的白色南极大陆是世界上最大的和平区。在这里不同肤色、种族的人的合作，不受政治、护照和签证的影响。我和中国队员秦大河的科学考察工作，将使各国科学家得到更多有关南极气候和环境变化的资料。"

美国队员维尔·斯蒂格写道："我一踏上中国的热土，即感到极大的荣幸！中国人民的精神鼓励，一直伴随着我徒步穿越南极大陆。"

英国队员杰夫·萨莫斯写道："我和其他队员一样，非常希望能到中国访问。"

我写了一句话："衷心祝愿我的祖国繁荣昌盛，人民幸福！"

下午7时到机场，受到武衡、郭琨等领导的热烈欢迎，许多记者拍照录像。并在贵宾室发表讲话。后驱车前往首都宾馆，受到宾馆经理和服务人员的热情接待。考察队所有的人都非常兴奋和高兴。在宾馆用晚餐。

1990年5月9日　　　　　　　　　星期三

早餐后8：30前往政协礼堂参加欢迎大会，北京市市长主持并讲了话，会场气氛热烈，凯茜和辛西娅说她们激动得都快哭了，一辈子没见过这么热烈的场面。

11：00—11：30，杨尚昆主席在人民大会堂接见考察队员、家属和工作人员并合影。接见共约半小时，合影后落座。杨主席打开话匣子，一口气讲了17分钟没有中断，谈话内容主要为南极洲、科学考察、保护环境等等。他还说中国老一辈革命家都参加过二万五千里长征，中国有句古话，叫作"不到长城非好汉"。现在可以说，不到南、北极非好汉！考察队给杨尚昆主席赠送了一件绣有他名字（中、英文）的考察队队服，杨主席高兴地穿在身上，并风趣地说："我也成了考察队队员了。"考察队还给杨主席赠送一本考察队影集，两名沙特阿拉伯科学家给杨主席赠送了礼品。我拿纸和笔请杨主席题字，他问我题什么好，我立即给他一张草拟好的题词稿，他写了"为南极科学考察事业，努力奋斗。杨尚昆，1990年5月9日"。

下午2：00，全体队员前往西交民巷50号中国记协参加中外记者招待会。中国记协常务书记杨立羽、中国记协国际部副主任张治平参加了招待会。郭琨主任参加了记者招待会。

1990年5月10日　　　　星期四

上午8：30—10：40参观故宫博物院。

11：00—11：40参观北京动物园熊猫馆，动物园园长等亲自接待。

12：00—下午1：00参观北京第四制药厂，气氛热烈，厂长张桂华向队员赠送蜂王浆。

时间紧张，每人吃了一个汉堡包便驱车前往北京市实验二小，小朋友的热烈欢迎，英文讲话及踊跃签字，并赠送自己做的礼物等，令人难忘。

下午3：00—5：00在北京大学，凯茜闹了大笑话，大学生们鼓掌不止。

下午6：30在颐和园听鹂馆参加自然科学基金会主持的晚宴。基金委主任唐敖庆教授主持宴会，常务副主任胡兆森教授以及国际工作局、地学部的领导出席。基金委的英语翻译（女）译得很漂亮，发音也很好，大家很赞赏。席间大家争着发言并唱歌，在场人都很高兴，詹妮弗和依卜拉赫姆各买了一套清朝样式的女缎服。

1990年5月11日 　　　　星期五

早上7：30出发去长城，大家在长城玩得很开心，钦珂因体力不支未登到顶，其余都到顶了。长城脚下人们拥挤不堪。各国游客、国内的游客成群结队，步登长城。南极办郭琨主任爬得很快，在烽火台上郭琨主任和每位队员都合了影。全体队员、夫人们和考察队随员以及南极办陪同的几位同志，共同打开考察队队旗合影留念。从长城下来，又到十三陵地下宫殿参观。

晚上6：30在北京饭店，中国科学探险协会请我们吃晚餐，探险协会会长刘东生教授讲话，并授予每位队员名誉会员称号和证书。探险协会顾问孙鸿烈副院长、副主任郭琨、登山协会副主席周正等也出席了晚宴。维尔因有约好的事情已于5月10日离京返回美国，凯茜代表他领取了证书。

回到宾馆后立即和其他人商议去兰州事宜。

1990年5月12日 　　　　星期六

今天乘飞机前往兰州。共有5名队员（维尔已返回美国）和两名沙特阿拉伯队员，美国考察队办公室的凯茜、詹妮弗和辛西娅，以及南极办外事处副处长李占生同志。圭三和让·路易的妻子、维克多的儿子，以及钦珂同机到达。飞机晚点约3个小时。中川机场由省政府魏庆同副秘书长迎接。在金城宾馆门口受到少先队员们的热烈欢迎，让·路易等建议，和小朋友们合影。

在旅馆收拾停当后，贾志杰省长接见全体人员并宴请。在吃饭中，电视上已播出考察队抵达兰州的新闻，令我的外国朋友大惊，一致称赞甘肃电视台新闻报道的神速，赞叹不已。

下飞机时胡亚权在机场等候，已将《我是秦大河》一书清样交我审阅。连夜与钦珂在旅馆分头审阅，并改动。

考察队游览长城

考察队员看望秦大河的父母 右起秦大山（哥），父亲，母亲，大河

1990年5月13日   星期日

上午在兰州市副市长杨良琦先生陪同下，先来到白塔山公园，登上白塔，欣赏兰州市容。然后下到半山处，每名队员都种了一种象征友谊、合作与和平的常青树。下山后又直奔兰山公园——皋兰山顶，摄影留念。在三台阁，公园的主人请杨副市长和全体人员品尝三炮台盖碗茶，众皆感兴趣，沙特阿拉伯队员还要了几包小袋茶和冰糖、桂圆带回去喝。

下午参观甘肃省博物馆。

晚上观看舞剧《丝路花雨》，大家都说音乐动人、优美，舞台布置逼真，很新鲜，也能理解剧情。

1990年5月14日   星期一

早餐后，省党政负责人李子奇、贾志杰、葛士英、张学忠和兰州市市长柯茂盛在金城宾馆接见了全体人员，并合影留念。考察队则向省市领导赠送了有6名队员签名的穿越南极队T恤衫。

接见结束后，即前往省政府礼堂参加省政府举行的欢迎大会，副省长张学忠讲了话。柯茂盛市长向让·路易、维克多、杰夫、圭三4名队员和2名沙特阿拉伯队员颁发了"兰州市荣誉市民"证书。这是兰州市第一次向外国人授予荣誉市民称号，大家都很激动。每名队员都发表了热情洋溢的讲话。

下午先到省艺校，观看该校"敦煌舞"班的练功表演，艺校的教师、学生还表演了唢呐独奏等节目。东方文艺的瑰宝，优美的舞蹈和音乐，令大伙儿陶醉。

之后，紧接着再赴兰州大学，礼堂里人山人海，欢乐无比！党委书记刘众语主持欢迎大会，副校长周芹香致欢迎词，她代表兰州大学

12 000名教职员工、学生，对考察队访问我的母校——兰州大学表示热烈欢迎，并称赞6名队员是真正的英雄。兰州大学的学生给我们献了花，还赠送了兰州大学的校徽。大批的青年学生准备让每位考察队员签名留念，但因为人太多，学校方面只好将我们从后门带出礼堂，快步走到物理楼前上车离开。望着车外那么多因未能签到字而失望的青年人的面庞，凯茜、詹妮弗和辛西娅都流出了眼泪。

汽车直奔农大爸爸、妈妈的家中。车停在了爸爸、妈妈住的楼侧，哥哥、姐姐、姐夫、妹妹、妹夫以及孩子们都在楼下等候，一一介绍。哥哥很快与圭三用日语攀谈起来。小娜娜打扮得漂漂亮亮，家中喜气洋洋，因为不仅有尊敬的客人来访，我们也为妈妈过81岁大寿。爸爸用英语、俄语、法语、日语分别向每位客人表示欢迎，而且赠送了小礼品，妈妈则不断地让我大声讲给她听。准备了许多食品。结果兰州拉面做的凉面最受欢迎。杰夫不知从何处变出瓶苏格兰威士忌酒送给爸爸，把他穿越南极期间一直挂在身上的瑞士小军刀送给了东东，沙特阿拉伯队员还赠送了T恤衫，辛西娅给妈妈送了一个小珍珠做的项链（人造的）。随后农大又宴请，胡校长以及爸爸的老同事、兽医系的老教授都应邀参加。

匆匆吃过晚饭，大雨中又乘车返回宾馆。只有很短的时间准备，便匆匆登上西去的244次火车前往嘉峪关和敦煌。李占生未去农大，经与办公室领导商议，他也陪同去敦煌。维克多父子、让·路易因国内有事，不能前往。省外办的赵处长、刘根法等同志陪同前往。赵处长的翻译是滴水不漏，令人佩服。今天一天异常紧张，现在可松口气了！

1990年5月15日　　　星期二

下午6时，火车安抵嘉峪关车站。住新建的嘉峪关酒店，很不错。

火车上，我、钦珂、圭三和恭江合用一个软卧包厢，不干净，圭三都不好意思说，怕我太难为情。行李架上竟有半公分厚的尘土，还有烟头、纸屑，行李只好放到床下边。秋本恭江连外衣都懒得脱掉，因为不干净，还不如让外套脏算了。

1990年5月16日　　　　　　　　星期三

上午参观嘉峪关城楼和长城。今天天气晴朗，游客不多。我们一行站在嘉峪关城楼上，北边为茫茫戈壁，南边为冰峰林立的祁连雪山，关外一片荒凉，关内是一座新型的钢铁城市。这种景色在世界上也不多见，3位女秘书高兴至极，圭三了解中国文化，在尽情欣赏，两位沙特阿拉伯科学家也争着拍照留念。李占生更高兴，多年的都市生活后，能在大西北领略大自然与古代文化的风采对他也很难得。

午餐后，集体乘车前往敦煌。

1990年5月18日　　　　　　　　星期五

2天来参观了鸣沙山、莫高窟和敦煌研究院、沙洲古城等名胜。敦煌市委书记杨利民会见了大家，并请一名副市长陪同。

在莫高窟，敦煌研究院院长段文杰接见了大家。段老先生一生钻研敦煌艺术，将毕生精力献给了敦煌。如今他70多岁，老伴长眠在鸣沙山下，老先生仍默默地在这里工作，他是我们的榜样，是中华民族的骄傲！我深深地钦佩他！由于不懂艺术，尤其不懂古代佛教艺术，通过参观和讲解员讲解，略有所知，但离了解尚差之甚远。

1990年5月20日　　　　星期日

昨天下午乘飞机从敦煌飞回兰州。今晨，3位女秘书和圭三夫妇到家中小坐。中午，考察队一行离兰州返回北京。省府副秘书长魏庆同、科委主任薛克琛等领导到机场送行。行前在西站的友谊饭店薛克琛主任设宴欢送。

1990年6月8日　　　　星期五

到清华大学作报告，是由研究生会组织（上午10：40乘2117航班到达北京）。

到清华大学与陈飏延教授谈使用单原子测量技术测试雪冰样内超微量重金属元素含量的合作问题。4月4日各部委的许多专家已来此实验室讨论实验室研究方向等问题。已确定为资源与环境、南极雪冰化学测试、材料科学三大方向。此次会议南极办未参加。此实验室是69个国家开放实验室之一。我给陈飏延教授谈到样品分析的重要性和紧迫性，以及许多部门实验室都在争取做这批样品的分析工作。

1990年6月9日　　　　星期六

上午去南极办公室，见到郭琨、贾根整、高钦泉3位主任。

下午1：30到中央电视台，参加"正大综艺"节目，约5：00结束。我和钦珂回答3个问题：菲律宾乡村一地，村外插有树叶何用？（系避邪之用）；菲某地风味小吃，但啤酒极便宜，问一大杯（约2升）价值多少比索（菲）？（225比索）；新西兰2月5日，早上5：30日出，问日落的时间（下午8：35）。我回答第2个问题时说25比索，第3个问题说约晚上9：00。

1990年6月12日 　　　　　　　　星期二

到科委社会发展司资源环境处唐兴信处长处，谈我需科研费以完成穿越南极的样品资料分析研究。打报告申请70万元人民币，附计划书，并给宋健同志写一封信，同时附报告等。主要内容为该项研究的目的、意义、立项的意义、进度安排、预期成果、经费概算等。

1990年6月14日 　　　　　　　　星期四

下午2时，李占生及建忠二位从旅馆接我们夫妇去机场，下午4：20，乘CA909前往莫斯科。李占生告知下列事项：

1. 已给驻苏使馆电传，告知我们抵达的航班及日期，使馆有人接。亦告知苏方和维克多我们的航班号和日期等。

2. 美方将付杰夫的从北京返回时的机票款，苏方两张机票款亦要收回。

3. 如返程机票有问题，可电话告知，以便南极办公室在北京订票，我们在苏联取票。

此次在京期间给一些人赠送了《我是秦大河》一书。昨天夜里卫处长来电话谈到已一口气将此书读完，有同龄人的感慨，认为写得朴实无华，真实。但亦提出内中文字、时间等有不少错误。如学习雷锋应为1963年。待返回后请他列出错误之处，以便更正。

今晨新华社孙国维来电话，感谢寄信给他。谈到他正在写一本关于南极的书，内中需加写的章节如秦大河、吴宝玲等，每人约写1万字。

希望能在访苏返回时见面，在轻松气氛中聊半天左右。并希能在我个人的著作写作过程中给予帮助。我告诉孙国维同志，希望在打发完眼下的几桩急事后，定下心来先作科学总结。个人的事情可以深思，冷静几年后写一本书，当有一定的深度和力度，届时会请他帮助。并望能长期保持联系和友谊。

晚上7：30抵达莫斯科机场。机场乱糟糟地找不到出关单。过了很久，康斯坦丁才来接我们出机场。使馆科技一秘刘吾民先生来接。住到乌克兰大酒店404房间。全体队员、高夫人、美国办公室的3位女秘书等均已到达。

1990年6月15日　　　　星期五

上午9：00集体在旅馆吃早餐。

10：00—12：00，在苏联"水文气象和自然环境监督委员会"大楼5楼会议室举行报告会，苏方该委员会的干部参加，约100人。齐林格洛夫主持会议。安-28型飞机机长、北极单人探险家弗拉基米尔、东方站前站长萨沙等均参加。另外，苏联一些老朋友，以及在东方站、和平站和出发前夕相处的朋友亦在场。

上午11：30左右，给使馆刘吾民电话，请他给南极办电话汇报下列几件事：

1. 苏方的安排计划：今天10：00—12：00访问水文气象和自然监督委员会；12：30—下午1：30访问《真理报》社；下午1：30—5：00，参观苏联太空训练中心。明天安排戈尔巴乔夫或（和）谢瓦尔德纳泽接见。16日傍晚去列宁格勒。18日晚返回莫斯科。21日乘中国民航回国。去列宁格勒往返均乘火车（单程约8个小时）。

2. 请订2张6月21日自莫斯科回北京的CA910航班机票。

3. 请告知美元及人民币的比值，以便美国人付我、钦珂的自北京到莫斯科，以及维克多父子上月从北京返回莫斯科的机票钱。

中午12：40—下午2：00，到《真理报》社访问。

主持人询问一些问题，但都不是什么大问题。对科学问题提得很少。

下午3：00—6：00访问苏联宇航中心（乘车约1个半小时）。参观了第一个乘飞船进入太空的苏联宇航员加加林办公室，并在贵宾留言本上签名题字。又参观了正在装配中、不久即将升空的"和平号"轨道站的3个舱体，拍了不少照片。还请负责接待我们的曾于1965年、1972年两次在苏"联盟号"空间站当指令长的阿列克谢·列昂诺夫在笔记本上签了名。

晚上乘快艇游览莫斯科河，欣赏两岸风景，在河中小岛野餐。夜12时返回宾馆。

1990年6月16日　　　　星期六

晨7：30，使馆刘吾民同志来电话，约8：30来访。

11：00，苏联外交部部长谢瓦尔德纳泽在外交部会见我们。他说原定上午11：00的戈尔巴乔夫的接见，因生病由他来代替。他说戈尔巴乔夫十分关心考察队，委托他向全体队员问候，并致歉意。谢瓦尔德纳泽说，他在电视里已看到考察队的活动，抵达极点、抵达和平站的情景，认为考察队的活动有利于保护南极，造福于后代。希望南极洲是无核区、和平区。他希望我们每人能简介自己以便能与各位分享喜悦和成果。

维克多用俄语简介考察队及队员后，谢瓦尔德纳泽又说，当他年轻时，曾多次参加野营活动，同伴试图从哈萨克斯坦徒步到苏联东部，长达6000公里，但他未参加。当时正值十月革命40周年活动。但他参加了庆祝此行成功的活动。

15：00，苏联最高苏维埃主席团主席、苏联副总统卢基扬诺夫在克里姆林宫会见全体队员。他说，欢迎你们到莫斯科来作客。戈尔巴乔夫生病，委托他欢迎和接待我们。他也翻越过不少冰山。自1955年以来，先后到过天山等高山地区，因而深知野外探险之艰难。他和戈尔巴乔夫谈到穿越南极队时都认为，第一，来自不同国家的人能在十分困难危险的条件下工作、生活，意义已超过了探险本身。他坦率地说，维克多代表的是苏联。他曾访问过上述5国家……第二，全体苏联人热爱合作和平。戈尔巴乔夫最近会晤了布什、撒切尔夫人和密特朗就是例证。他最近与中国总理、日本首相也谈到了上述问题。第三，他接触到的多数人，包括苏联探险家及其他人都希望南极的未来较为理想。他希望南极洲成为世界实验室，为科学、为全人类服务。

在我们几位讲了话以后，卢基扬诺夫又说，谢谢我们的讲话、获得的资料及科考结果，祝贺我们的考察队和考察活动。希望此活动有利于子孙后代。此活动涉及的7个国家及南极教育活动，意义重大。人类面临核军备竞争和生态破坏的状况能尽快改善。所庆幸的是，你们有考察计划、赞助计划、科考计划，而无军备计划（笑）！苏联将组织一支北极考察队，因为迄今为止，北极尚未限制核试验和军备。

晚7：00—9：00，观看苏联大马戏团精彩表演。其中1个节目是1个人驯服十几只西伯利亚老虎，真是惊心动魄。苏联人很有礼貌，几千人观看马戏，秩序井然，人们都服饰整洁，彬彬有礼，吸烟的人都自动离场到大门外边去。

半夜11：55乘快车头等车厢赴列宁格勒。

1990年6月19日　　　　　星期二

6月17日晨8：30抵达列宁格勒车站。南北极研究所负责接待。
住在列宁格勒"苏维埃大酒店"1409号房间。此旅店住的几乎都是来苏联的游客，餐厅供应很差，房间和陈设都很简单，没有服务。但房间和床铺很干净，很舒适。

17日中午，访问列宁格勒博物馆，即沙皇时期的冬宫，有导游讲解，但英语发音很别扭，讲解过程有录音（小录音机）。冬宫内部装饰得很好，但外面却显得十分陈旧，需要粉刷或装饰。

下午5时，外出参观了彼得大帝时期列宁格勒的一座教堂。教堂坐落在一个小岛上，内部正在维修，无任何宗教活动，仅供游人参观。

晚7：15，到位于列宁格勒近郊森林中的维克多家访问。维克多说，此房是其妻子娜塔莎的祖父（詹妮弗·金布尔·加斯佩里尼说他是苏联党政高级官员，照片上看是军人）1947年修建的。很小，但舒适。现被娜塔莎继承，和丈夫、儿子住在这里。娜塔莎的母亲、维克多的妹妹及他的朋友们在帮助招待。晚餐茶点招待，有三明治、咖啡等。在外边围绕湖泊散步后，又返回吃蛋糕等。备有香槟（外边买不到，詹妮弗估计是南北极研究所供给的）和伏特加。我送两瓶北京二锅头给维克多。

18日上午访问苏联南北极研究所，欢迎大会由所长主持，副所长也参加了。简单介绍了穿越队的情况后，回答问题，只有一个问题涉及我的科考。问我的科考内容是什么，何时何种文字发表成果，欠科学气氛。还有一个问题问维尔是否打算与一俄国女子结婚，维尔未置可否。会后他说，他可不愿与俄国女人结婚，以免招致麻烦。

下午3：00—4：00，列宁格勒市市长在市府大厅客厅内接见。他长时间介绍列宁格勒市的情况（有录音），看来介绍得多了，背得烂熟，包括许许多多数字。会后，当地电视台采访每位队员。

下午5：00—7：00，游览市容并采购——无物可买。书店很多。

晚9：55，乘火车返回莫斯科。

19日晨6：30到达莫斯科。仍住原旅馆、原房间。我们在列宁格勒共2天（火车上2夜，住1夜），但在莫斯科的旅馆未退房，伙伴们均感奇怪，不可理解。维克多解释说，房间很难订，如果退掉回来就住不上了。

去列宁格勒乘头等车厢，2人一间，非常舒适、安静、干净。返回时乘的是二等，4人一房。和圭三夫妇同住，不如头等车厢，但比中国的头等车软卧要好，很干净、安静。

在列宁格勒18日上午去极地所时，看到离极地所不远的码头停泊着苏联的核动力破冰船"沃依卡"号。船的上部为乳白色，下部黑色。这是苏联新建造的核动力破冰船。

南北极研究所所长简介该所时亦有录音记录。

苏联是一个资源丰富和环境优美的大国。人口也少。但是人民的生活水平很低，食品及轻工制品匮乏，商店里几乎没什么可买的东西。尤其食品店内货架空空，很令人惊讶。商店里到处排队，人们很自觉，秩序很好。面包店周末开门，进去看了看，感到价格太便宜，面包大小、质量不一，最便宜的才13个戈比，最贵的70多戈比。是一个重工业发达的国家。人们的文化素质高，街上很少见到流里流气的痞子。

记事：

1. 一中学校长希望能与中国教育部门共同组织青少年探险考察队，并留有一张地址通信录，希望联系。

2. 考察队在日本的负责人奥村胜之先生希望能与他保持联系，如果我需要任何科学仪器装备自己的实验室的话。如果需要光学显微镜，可赠送一台给我，望能告知何时何地怎样通过海关事项。如果需要尼康公司的产品，包括我那只穿越南极时搞坏了的尼康变焦镜头（35—105毫米变焦头）亦可赠送或修理。

3. 维尔希望中国最高科技领导能致电感谢沙特阿拉伯的科学资助，详情芭芭拉过些日子电告。

4. 维尔拟组织1994年"穿越北极考察队"。中、日、沙特等国可以参加科学考察，在北极浮冰漂流站共同考察。望我能详细准备，并草拟科考大纲，11月份在访问沙特阿拉伯会面时协商讨论。

奥村胜之先生是一家广告公司的老板，45岁。该公司主要负责教授其他公司的人怎样做商业广告。奥村胜之先生的父亲是一位日本著名画家（一幅画最高可卖到100万美元），奥村胜之的妻子亦为画家，毕业于日本最著名的美术学院。有2个女儿，分别为18岁和15岁。其妻的祖父村田省三（已故）是周恩来总理的朋友。其岳父亲叫村田震一，现年65岁，健在。村田省三以前在天津住过，从1949年起与中国官方往来。

6月19日中午去苏联电视台接受采访。由于杰夫已于6月18日晨2时离开列宁格勒去美国，让·路易也已返回欧洲，故接受采访的队员仅维克多、维尔、圭三和我4人，以及沙特阿拉伯2人，高夫人和杰克逊。采访是在电视台录像室内进行，电视台记者尤拉（他曾在3月3日到和平站采访过考察队）主持，我们6人则围成半圆形，尤拉与每个人谈话。谈话共1小时，主要和维克多和维尔谈。问我的问题是关于科考的内容与项目细节，以及样品分析之内容。问圭三仍为丢失的趣事。问高夫人和杰克逊的是关于高－特克斯公司的产品及资助问题，问沙特阿拉伯人的是海洋科考问题。

杰克逊介绍说，他们高－特克斯的产品主要分为4大类：医学方面的产品，如心导管、人工心脏瓣膜等；宇航服装，包括美国宇航员及登月队员的服装面料；防风、防雨及透气性能良好的材料，可以制造各类野外防寒服装；（第四项记不清了）。

下午5：00到达苏联"白桦树"女子滑雪探险队队部访问。该队以白桦树命名。1988—1989年野外夏季，该女子队从苏联和平站出发，滑雪到达了苏联东方站，但其中在"管状地带"（下降风地带）内，因风大而乘坐拖拉机前进。她们计划1990—1991年夏季，从东方站滑雪到达南极点。今年夏季的队员共11人，其中9名是苏联女子队员、2名美国女子队员。准备工作正在进行之中。

在队部设苏式便宴欢迎，姑娘们自上午11时就等待我们抵达。宴后，到附近的一片小树林里看望"穿越队员的树"。她们为我们每人种了一棵西伯利亚松，挂了牌子，写了我们的名字。据说这种树长得很慢，要等到10年后才能长大。目前树仅20—30厘米高。我们每人将自己树下的铝牌带回留念。我和钦珂在"秦大河树"旁合影留念。

下午8：00回到乌克兰大酒店参加齐林格洛夫主持的欢迎、欢送宴会。赠每人一件小礼品，队员们每人2本书，1本为莫斯科风光，1本克里姆林宫画册。夜12时返回。

1990年6月20日　　　　　　　星期三

队员们今天已开始返回。

上午9：00，与刘吾民同志前往苏联民航售票处取返程机票。9：30到达，前边有3个人，但直到10：45才拿到机票。售票员慢慢吞吞，效率极差。等得不耐烦，刘吾民同志只好拿出外交证件，请小姐们帮忙，说我们实在没时间等待。但售票小姐回答说，我们一天工作12小时，其他人的事也推到她头上，只能这样干！

随后，到书店买唱片19张，均为古典音乐及少量流行音乐，非常喜欢。一张大密级立体声唱片才4卢布。

下午3：30到中国驻苏联使馆。于宏亮大使和夫人袁淑英、张震公使及政务参赞夕照民、科技参赞潘自远和刘吾民一秘接待。先到使馆电影厅作报告2小时，效果不错。幻灯机亦由刘吾民同志准备，幻灯效果也很好。随后，大使、公使、大使夫人、科技参赞、政务参赞、刘一秘等请在使馆吃饭，饭菜质量很好。

今日上午8时许，发觉钦珂的一条珍珠项链找不到了。我清楚记得原来放在我的黑公文包内，近几天未用，亦未注意。几天中，此包曾多次留放在旅馆内。到今天夜里仍找不到。

1990年6月21日　　　　　　　星期四

下午2：30，康斯坦丁依约来旅馆，商定下午7：00离开旅馆去机场。一同到楼下餐厅吃午餐。

康斯坦丁谈到旅馆内不安全。6月13日，杰夫抵达的当天，仅出门一会儿工夫，回到房间后，即发现所带的现金、驾驶执照、机票及个人身份材料均丢失。杰夫在6月18日离开苏联时，系苏方在查验了他购票的存根单据等之后，才放行的。因此，康斯坦丁特别告诉高太太，希望她注意安全。在这种情况下，我告诉了康斯坦丁，说我们丢失了钦珂的珍珠项链。6月15日我们访问苏联宇航训练中心返回旅馆后，去莫斯科河游览之前，是最后一次见到此项链。直到6月20日晨用时，才发现不见了。6月20日晚再次寻找，均无结果。而丢失的地点只有在莫斯科和列宁格勒的旅馆内。康斯坦丁说他再去两旅馆询问，如能找到即电告。希望极小！

下午7：20，康斯坦丁和一苏驾驶员开车送我们到机场。由于康斯坦丁手中持有我们一行人员的名单及返程航班日期的文件，文件又说我等系苏联卢基扬诺夫副总统的客人，因此从贵宾通道登机，非常顺利。8：30左右，潘志远参赞夫妇、刘吾民一秘到机场贵宾室为我们送行。

飞机自莫斯科到北京的空中飞行时间为7小时30分钟。预计抵达北京的时间为上午10：30。

康斯坦丁转交沙特依卜拉赫姆的500美元，请我帮助购买丝绸，在11月份访沙特阿拉伯时带给他。真不知道500美元能买几箱子绸缎！

1990年6月22日　　　星期五

飞机于北京时间上午10：30降落在北京首都机场，地面温度27℃。陶丽娜同志与徐建中同志来机场接。住首都宾馆1005号房间。下午睡觉。约好明天上午8：30到南极办公室办理报销的手续。下午1：30到南极办公室汇报苏联之行。

录音带日记整理：

1989年8月27日（录音带1号）　　星期日

今天8月27日是维尔的生日，庆祝生日的宴会正在进行。刚刚大家向他祝贺生日，送生日卡，然后大家合唱了维克多写的《穿越南极考察队之歌》。用的是苏联的一首民歌的曲子，现在大家正在唱《莫斯科郊外的晚上》。与此同时，法国摄影组正在外面拍摄电影。我们刚喝完一瓶白兰地，又在喝威士忌，同时准备好要喝上海红葡萄酒，还有一瓶中国酒在等待着大家，看来大家要一醉方休。维尔的生日正好是我们正式开始穿越南极一个月的日子，也是我们考察队6个队员的第一个生日。我们6个人的生日全部将在野外度过。除了10月份没有人过生日外，其他每个月都有。下个生日9月16日是维克多的，然后11月11日是舟津圭三，12月是让·路易，元月份是我，2月份是杰夫。摄影组已经拍完电影，正在进入帐篷。现在帐篷里面一共有9个人，共同庆祝维尔生日。维尔拿出一支雪茄烟，整个帐篷里面烟雾缭绕。维尔的杯子里倒满了水，上海红葡萄酒连瓶子在队员手中传递，一个接一个，一人一口地喝。现在要求每人非唱一支歌不可，我唱了《十五的月亮》，记不起词，只好哼曲子。晚上9：24维尔的生日宴会结束。

1989年11月11日（录音8号）　　星期六

早上7：10，外面温度-22℃，西南风，整整一夜的风吹雪，能见度5英里左右，不会影响行进。最近几天虽然说休息，但非常非常忙。我们是7号晚上7点钟到达爱国者丘陵国际南极探险网航空公司的营地的，当时飞机还没有到达。我们6个人和这个营地的4个人吃了一顿非常轻松、非常愉快的晚饭，每个人都吃得很多。但只睡了两个小时，飞机就到了。飞机一到，大批记者也来了，所以人很多。非常遗憾的是这是一架非常破旧的DC-6飞机，机翼是黑的。因为要到此地来的人很多，所以我们的装备和补给品未能运来，既没有衣服，也没有新鲜食品补充，令人沮丧。两天时间里休息的时间很少，主要忙于整理装备，整理东西准备出发。我们计划10号清晨出发。10号清晨，我们起床已比预定时间晚了一个小时，然而厨房还没有开始做饭！吃完饭九十点了，然后整理东西。飞机带来了一些狗，换狗，等等，乱七八糟，弄完后都快中午了。所以昨天仅仅走了15英里。法国摄影组也来了，摄影组3个人，除了洛宏以外，伯纳德和戴维都没有来。伯纳德因夫人生小孩，戴维因从摄影助理升成摄影师，工资也增加了，到另外一个摄影组去了，为了不影响他的前途，洛宏还是同意了。所以摄影组新来的两个人是初次见面。约翰等4个人为摄影组开雪上摩托车，昨天跟我们一块儿出发，大概要跟我们一同行进几天拍电影。由于用雪上摩托车，速度比狗橇快，看来此次拍电影对我们的行进不会有大的影响。另外还有那位提出和我们比赛的德国登山名将梅斯纳及其伙伴也同机到达了爱国者丘陵营地。探险网公司的飞机准备把他送到罗尼冰架，他们俩将从那个地方滑雪直奔南极点，然后返回到麦克默多站结束。我和他接触不多，维尔和他接触多。梅斯纳曾登上了世界所有8000米以上的山峰，登珠峰时也未带氧气，被认为是世界上的登山名将，名气很大。

　　昨天拴狗时维尔扭伤了腰，疼了一晚上。他说今天早上4点才睡着，这两天他非常非常忙，我看主要忙着打电话、录音。考察队认为DC-6飞机很不安全，没有人愿意乘坐这种破飞机，让·路易建议换成DC-4飞机。但是昨天晚上通信时得知，近一个礼拜之内没有飞机，DC-4似乎也换不成。所以我们的装备、食品、新鲜肉等等都不能按时运到，还有一个严重的问题，就是如果要保证安全、保证供给的话，需要80桶汽油才能够保证我们从极点到达苏联东方站。现在爱国者丘陵营地只有27桶汽油，如果大飞机不来，小飞机则缺燃料不能飞行。小飞机不能飞行，则我们的救援就成问题。目前这27桶汽油仅够我们到达南极点，以后的情况怎么样不得而知。维尔说凯茜和法国办公室将努力工作，促成这件事，但究竟结果怎样不得而知。总而言之，在爱国者丘陵营地时有很多很多事情，一时也记不全。

我写了两封信，一封给钦珂，一封给科学报总编辑室副主任李存富。昨天让洛宏带到美国去发，现在看来因无飞机，信在一个礼拜之内走不了。

1989年11月13日（录音8号）　　星期一

下午6：45，所有的人聚集在我和维尔的帐篷里面喝酒，今天摄影组坐飞机离开，我们又剩下6个人了！

1989年11月14日（录音9号）　　星期二

现在是早上7：25，准备出发。今天早上天气和前两天比较差。前两天天气非常晴朗，风比较大，今天早上的风速0.5米/秒，温度−21℃。温度计可能有问题，估计气温为−30℃或低于−30℃。现在又剩了我们6个人，准备快速前进，前往南极点。现在维尔的狗队有10只狗，而且都非常强壮，其他的两个雪橇都是9只狗。雪橇很轻，狗较多，狗也很结实，雪丘很低矮，雪面比较硬。总而言之，估计现在的条件要比南极半岛的时候强得多。我估计每天平均走24英里问题不大。我们将全力以赴直奔南极点。

维尔和让·路易决定从加拿大调DC-4代替那架破旧不堪的DC-6飞

机来南美洲做运输工作，看能不能办到，这是第一点；第二点是现在我们的行期已经拖后，到东方站时估计温度很低，狗能不能承受得住，如果狗承受不住的话，把狗和橇都放到拖拉机上，人滑雪前进，那将非常困难！关于飞机一事，请苏联人派飞机来似乎时间太紧，智利人似乎不大愿意帮忙，因此只好从加拿大调DC-4。另外，昨天开会时我才知道酝酿已久的另一个方案，即若我们的行期拖延得太晚，考察队在抵达南极点后就转向，直奔麦克默多站结束，放弃经南极高原的东方站到和平站结束的计划。究竟怎么，将取决于到达南极点的时间和飞机汽油的运输补给情况。

1989年11月17日（录音9号） 星期五

现在是清晨7：20，我们正在准备出发。今天我们将继续南下。昨天冰面比较平坦，个别地段有雪丘，不少地段的雪丘很高大，行走不便。昨天我和杰夫的雪橇翻倒一次，我和杰夫、让·路易三个人很快就翻弄过来。前面开路的维克多，昨天摔了很多个跟头。昨天只走了24.2英里。今天我们将继续努力走24英里，如果雪面反差好问题不大，如果反差不好仍比较困难。

今天早上维克多报告一个好消息，说苏联的伊尔-76飞机可能将在12月5—10日把80桶汽油送到南极点。为保证我们安全到达东方站，负责救援的飞机需要汽油70桶。这是今天早上得到的有关飞机和后勤补给的又一个新消息。

晚上9点，刚刚吃完晚饭。今天又是阴天，这是连续第四个阴天，能见度还可以，但是由于没有阳光照射，冰面没有反差，使视力大减，给行进带来很大困难。今日行进仅22英里，冰面雪丘很多，有的高达1米，给滑雪带来很大的困难。

1989年11月19日（录音9号）　　　　**星期日**

　　现在早上7：20，我们正在准备出发，外面多云，温度−20℃，风速10米/秒，南风，能见度比较好，冰面虽然起伏不平，雪丘非常多，但是由于能见度好，所以我今天心情比较好。昨天晚上休息得还不错，今天早上精神也较好。昨天全天阴天，是连续第五个阴天，能见度比较差，特别是反差比较差，所以行进非常困难，整整一个上午才走了9英里，下午走了10多英里，一共走了22英里。关于飞机补给问题，今早维克多在报告天气时告知，南极国际探险网航空公司决定使用DC-4飞机来支援我们。这个公司利用德国人付的30万美元和我们预付的20多万美元买了一架DC-6飞机，想扩大公司的生意，不料是一架破飞机。应该公司不能按合同履行任务，我们可能要暂停向该公司拨款，而美国ABC广播公司原来准备拨25万美元，现在由于探险网公司不能履行合同按时运送记者和摄影组人员，所以ABC广播公司决定放弃去南极点的采访，这样在南极点采访、摄影等应付给该公司的25万美元也就没有了。该公司累计要损失100万美元左右。看来要发展一个公司是非常不容易的！

　　晚上舟津圭三的生日宴会。圭三的生日宴会不知不觉地变成了考察队工作会议。大家议论了今后的安排，到南极点之前汽油能否从乔治王岛转运到极点，以利于我们从极点到东方站的活动；DC-4型飞机能不能来到南美洲为我们工作，等等。还是维克多聪明，总算把话题转移到圭三的生日庆祝活动上来。只有一小瓶酒，还是我偷偷保存下来的，约有200克，只好轮流一人一口地喝。维克多照例又朗诵诗一首，赠给圭三，还赠送了一块刻有圭三姓名、生日时间的苏制机械手表（24小时制式），代表苏联南极考察队向圭三致意和祝贺。

1989年12月9日（录音9号）　　　　星期六

晚上9：15，我们位于89°20′S，90°W，距离南极点还有两天的路程。现在我们在让·路易的帐篷里面庆祝他的生日。虽然凯茜等为我们写了抵达南极点时的宣言，但不令人满意。在宴会中，认真地逐字逐句地讨论了让·路易和维尔起草的宣言，并作了改动，最后一致通过。还讨论了收到的南极点非官方消息（使用电台传来），告诉我们南极点受命于美国国家科学基金会，官方不能接待我们，等等。

1989年12月13日（录音10号）　　　　星期三

彭塔时间1989年12月13日，南极点时间12月14日，用飞机送回长城站一批样品。送回的样品共81瓶，由克瑞克特负责，在我们离开南极点以后用船从长城站运往和平站。嘱咐一定要保持冻结状态，放到"UAP"号船上冻起来。

1989年12月14日（录音10号）　　　　星期四

现在是彭塔时间1989年12月14日晚上11：50。我们将继续使用彭塔时间，一直到接近苏联东方站。明天清晨我们就要出发了，今天赶着写了一些信。信写给下列人员：科学报李存富，南极办郭琨主任，科学院孙鸿烈副院长，兰大李吉均、谢自楚、孙作哲、爸爸还有钦珂，另外还有一封给德贝，她是考察队最热心的义务工作者，一共9封信。还有34张明信片。

附　录

圣保罗市荣誉市民证书

　　鉴于中华人民共和国公民秦大河先生对增进国际合作和相互了解所作出的贡献，我很荣幸地以圣保罗市市长的名义授予秦大河先生美国明尼苏达州圣保罗市荣誉市民的称号，此证。

1989 年 7 月 13 日

美国明尼苏达州圣保罗市市长

乔治・拉蒂莫（签名）

从起点到南极点之间食物存放地点清单

地名	位置	物资供应人数	食品箱（只）	饲料箱（只）	20升装煤油（桶）	10升装煤油（桶）	物资总重量（千克）	存放地之间距离（千米）	计划抵达的日期（1989年）	实际抵达的日期（1989年）	拿到物资（√）丢失物资（×）	食品可维持的天数（天）
海豹岩	65°11'S 59°58'W	10	9	20	5	5	970	241	8月1日	7月26日	√	23
教堂山	66°20'S 63°10'W	10	9	20	5	5	970	241	8月15日	8月11日	√	22
三片山	68°12'S 63°59'W	10	5	13	3	2	800	180	8月26日	8月20日	×	19
沃雅豪斯冰川	69°10'S 65°18'W	10	7	17	4	5	570	185	9月4日	8月31日	×	18
莱恩丘陵	70°50'S 64°44'W	6	6	20	3	3	810	338	9月11日	9月14日	√	22
萨文岩	73°50'S 68°02'W	6	5	17	2	2	660	257	9月23日		×	20
雷克斯山	74°54'S 76°00'W	6	3	12	2	2	480	257	10月1日	10月2日	√	10
赛普尔站	76°43'S 84°00'W	6	3	12	2	2	480	265	10月8日	10月20日	√	11
埃尔斯沃思山	77°43'S 87°26'W	6	7	28	3	0	1030	870	10月16日	10月28日	√	34
西尔山脉	85°04'S 90°00'W	6	8	30	4	0	1140	500	11月9日	11月26日	√	24
南极点	90°00'S	6	6	20	3	0	780	447	11月23日	12月12日	√	20

注：除西尔山脉和南极点外，杰夫直接参与了物资存放工作，所有物资均按时计划，分配工作均由杰夫负责。物资在1989年元月开始运进内陆存放，我的部分用于同位素样本的空瓶本随机送往西尔山脉存放地。

中华人民共和国驻芝加哥总领事馆
领事赵祥龄在明尼苏达州各界欢送
"1990 年国际穿越南极考察队"
大会上的发言

（1989 年 7 月 16 日于圣保罗市）

尊敬的杜伦伯格参议员，

尊敬的各国同事们，

女士们，先生们：

　　我以中华人民共和国驻芝加哥总领馆代表的身份，在这里讲几句话。

　　首先，我很高兴能有机会应邀出席这个为"1990 年国际穿越南极探险队"壮行的盛大欢送会。

　　一支由来自六个国家的六名科学家和探险家组成的南极探险队就要从这里出发，踏上人类历史上第一次东西穿越南极大陆的征程。我特别为有我的同胞秦大河先生代表中国参加这一具有历史意义的国际探险活动而感到骄傲。这是一次体现各国人民之间的友谊和人类在征服大自然中的合作精神的活动。让我们预祝探险队成功！

　　在这里我想特别提到的是，秦大河先生就要与伙伴们一道出发的时候，接到了他的妻子因车祸受伤的不幸消息。妻子伤得怎么样也不清楚，只知道住进了医院。他本人和他的队友们都十分焦急。为了保证探险队顺利如期出发，在这里我特以中国总领馆代表的名义向秦大河先生表示：你尽管放心与你的队友们一道出发吧，家里的事情我们会替你料理。我将尽快与北京取得联系，设法照料好你的妻子。

　　明年春暖花开时，我们还将在这里迎接你们从南极凯旋。

穿越南极之歌

维克多·巴雅斯基　词

苏联民歌

六名队员同心协力，

奔向那梦寐以求的圣地。

顶着狂风，踏着冰雪，

队伍虽小，却和睦如意。

一名来自中国，

另一名来自大不列颠，

我们的小兄弟来自日本，

年长的大哥来自美利坚。

第五名队员来自法国，

最后一名队员来自苏联。

我们是朋友友好相处，

共同奋战在冰雪荒原。

三十六只极地狗，

三架雪橇日夜兼程。

它们最不爱听"喔……"

"O.K"①是对它们的最佳奖。

六面国旗迎风飘扬，

---

① "喔……"和"O.K"是给狗队下达的"停车"和"前进"的口令。

六国队员心情激荡。

尽管我们肤色有别，

但我们拥有共同的理想。

六名队员同心协力，

奔向那梦寐以求的圣地。

（秦大河 译，张万昌 校）

给《中国科学报》李存富先生的四封信

第一封信

存富同志：

您好！

　　我们"国际穿越南极考察队"到达南极洲已一个多月了，一直忙于行进、采样……

　　下面将我们考察队这一段的活动情况简报贵报。

　　我们考察队一行6人于7月24日下午到达位于乔治王岛的我国南极长城站。7月26日凌晨，我和英国队员杰夫飞往南极半岛北端、拉森冰架北侧的海豹岩，即我们的出发地点——65°11′S，59°58′W，完成建营工作。那里每天只有6—7个小时是白天，为使飞机安全起降，我们还选择了一条飞机跑道，并点燃油灯，指挥飞机起落。那场面确实美丽、壮观和惊险。到当天夜里9点，我们全体队员，40只狗及全部物资均安全到达起点，于7月28日正式从65°11′S，59°58′W出发。

　　到8月31日，考察队安全到达69°10′S，65°18′W的沃雅豪斯冰川顶部，海拔2200米的南极半岛高原面上。行程约600公里，平均每天约8公里。今天，我们在这里遇到了暴风雪，大家都躲在帐篷里写信、休息、刮胡子……我才有机会给你们写这封信。

　　在已过去的600公里行程中，约500公里是在拉森冰架上行进，饱览了南极半岛东侧的风光、山川和冰川。与此同时，作为一名考察队中的冰川工作者，自抵达起点，我就开始了科考工作。作为全球变化研究中的一个极其重要的地区，南极冰川学研究有十分重要的地位。南极冰、雪中有过去和现代地球环境中变化的精确记录。此次考察的路线将穿越西、东南极洲，我们按计划每40英里采集一次雪样，打1米深的雪坑4个，并观察雪层剖面变化等等。采集的雪样将用来分析氧、氢同位素比率，痕量元素和化学成分的分析，期望就某些元素同位素与气候之间建立经验关系式。目前，三种不同类型的冰川采样按原计划进行，较顺利，估计能顺利完成计划。当然，科考工作是在每天长途跋涉后进行的。当时已是人困马乏，而且很冷，但必须坚持采样、观测和记录。有时气温不仅低，而且刮风，工作更加困难。除了采样工作外，气象观测、臭氧观测、天气和云量记录、冰面地貌观测也坚持进行，进展顺利。

8月25日—8月31日，我们通过了本次穿越活动中最危险的地段——巨大冰裂隙区。我们以极其慎重的方式前进，按登山的要求，配有主绳等相互连接，稳步前进。即便如此，狗也有5次落入裂隙中的情况，均被我们救出，未出现狗被摔死或其他事故。这一区段裂隙丛生，是南极考察最容易出事故的地段，曾发生过英国考察队员连人带车落入裂隙中的事故。我们在通过此区段时，天气不好，大雪，刮风，能见度差，但我们慎重前进，注意掌握路线、方向，终于大获成功。大家情绪都很高涨，兴奋！

这次考察的环境、条件是十分严酷的。在过去的一个多月中，我们处在南极洲的冬季，气温在零下42摄氏度，住帐篷，滑雪前进，体力消耗很大；迎风前进时，脸部极易冻伤。苏联、日本队员和我的脸部有不同程度的冻伤。所幸的是我们都十分注意保护手、足的温度，否则不能行动，才是最大的麻烦。当时我滑雪是从头学起，用了约半个月的时间，才能跟上队伍前进。自8月12日起，我已能全天全程滑雪前进，从而大大节省了体力消耗，使我能在每天的行军后，继续做科考工作。我们每天早上5点半起床，生火做早餐，早8时出发，下午4时停止，然后安帐篷、喂狗、做晚餐，准备第二天的食物，我还要做冰川观测工作，晚9时休息。再过半个月，我们将延长行进时间，使每天行进的速度提高到35公里。只有这样，才能按期完成穿越南极洲的计划。这种强度极高的极地探险活动对任何人来说都是十分艰苦的，更不要说还有生命危险。但是，毅力和后勤组织工作是我们穿越活动成功的关键。我们6名队员来自6个国家，除中国外，其他5名均来自发达国家（美、苏、英、法、日）。为此我也应当努力完成此次穿越活动，因为我不仅代表了中国，也代表海外华人，也代表了发展中国家。目前，我们6人情绪很高，体力和精神状态都很好，我们坚信能顺利完成此次穿越南极大陆的历史性科学探险活动。

明后天有飞机为我们送给养，特带出此信。以后有机会再给你们写信。
祝你们工作顺利，身体健康！

致礼

1989.9.1

秦大河于 69°10′S，68°18′W，南极洲

第二封信

存富同志：

您好！

　　我们这支 6 人队伍，经过 105 个日日夜夜的奋斗，终于于 11 月 7 日当地时间下午 7 时，到达"国际探险网"设在南极内陆的大本营——80°18′S，81°21′W。现在是 11 月 9 日晚上 11 时，帐篷外面红日高照，但气温仍在 -25℃左右，一片冰天雪地。自 10 月 26 日以来，我们便进入永昼地区。24 小时日照，使我们穿越活动减少了不少困难。到目前为止，我们行进了 2200 公里，完成了全程的 1/3，但却用了计划时间的 1/2。

　　自 9 月初到 10 月中的一个半月里，我们在南极半岛南部行进，是过去 3 个多月中最困难的时期。低温严寒，大风大雪，几乎难得有一个晴天或一段平静的时间。一场暴风雪持续了好几天，刚刚停止才 3—4 小时，新的暴风雪又来临。我们就是在这样的天气里坚持行进的。有时，能见度极差，几乎降低到零，两辆雪橇首尾相连，才能行进。为确保安全，狗橇之间用绳子连起来前进。有时，雪极为松软，几乎将狗淹没。这种条件下的行进困难极了，有时一天才走 3—4 公里。但我们坚持走了下来，如果坐待好天气，恐怕现在还在那里等待。

　　低温、暴风、松软雪面给我们以极大压力。9 月下旬，我们只好传呼紧急救援飞机来支援我们，并将 15 只冻伤的狗运出休养。一度考察队头头都想裁减雪橇与人员，可见形势之严峻。10 月 12 日，我们抵达南极半岛的南界——雷克斯山脉，结束了 1200 公里的南极半岛艰苦的历程。但

不料 10 月中旬，我们又遇到暴风、低温，且大风又是迎头吹，每个人都程度不同地冻伤了脸部，日本队员舟津圭三脸部肿得十分厉害，我的脸部冻伤也很严重。与此同时，两条狗亦严重冻伤，我们只好将它们牵入帐篷与我们"同吃、同住"。不幸的是其中一只于 10 月 22 日终因体力消耗过大，死于暴风雪中。另一只，我们加强保护，坐在雪橇上运了 1000 公里后，让它乘飞机离开。但我们估计，它可能终身残疾！

10 月 20 日，我们抵达美国的赛普尔站（76°S，84°W）。该站于两年前关闭，仅留有庞大的天线阵地等，主建筑物已被雪掩埋。我们在那里休整了两天，才算缓解了所受低温、暴风的压力。

10 月 24 日，我们进入埃尔斯沃思山区，在山脉的西坡行进。这里已进入极地高压带，且又为永昼期间，气候已较稳定，虽然温度仍不时在 $-40℃$ 左右波动，但暴风雪已大大减少，故感觉较半岛地区的气候好。埃尔斯沃思山脉南北绵延约 400 公里，其中主峰文森峰（4897 米）是南极最高峰。我们沿山麓行进，尽情欣赏了这块白色荒漠中的山脉及其风光！1 月 7 日，我们到达该山脉的南端——爱国者丘陵。

极为困难，极为艰苦，极为危险！我想我们已经经历了最困难的时期。和其他队员相比，中、苏队员更加辛苦，每天长途跋涉后，还要用个把小时做科考工作：观测雪层剖面、采样、记录、气象观测……我们几乎是靠毅力而不是靠体力去完成这些工作的！科学资料的获得，哪怕是最简单、最一般资料的获得，在这类考察活动中都是极为不易的！我很高兴地告诉你们，我们在已经通过的地区，都按计划得到了应取得的绝大多数资料。

好了，已是半夜时分了，虽然太阳仍当空照耀！我们明早将动身直奔南极点，计划 12 月 12 日到达。33 天行进约 1200 公里！届时，我尽量给你们再写信。

秦大河

1989 年 11 月 9 日于爱国者丘陵

第三封信

存富同志：

您好！

　　我们"1990 年国际穿越南极考察队"一行 6 人、28 只狗及 3 部雪橇，已于 12 月 12 日凌晨抵达地球的顶端南极点。自 7 月 26 日抵达（从）半岛北端的海豹岩到这里，行程约 3400 公里，历时 140 天，几经曲折，克服重重困难，终于到达了南极点。我们穿越南极考察工作，取得了初步胜利。4 个多月来，我们经历了 8 月份漫长的冬夜，9 月、10 月份南极半岛永不停顿的暴风雪的袭击，穿越了 500 多公里长的埃尔斯沃思山脉和裂隙纵横的危险区，顶着迎面吹来的来自南极高原的寒风和零下 40 多摄氏度的低温，终于迎来了南极洲的"夏季"。

　　但是，夏季并不温暖，即使 24 小时的日照，气温仍在零下 29 摄氏度左右。不过，知足者常乐，和半岛的暴风雪天气相比，这里永远是"好天气"。随着气候的好转，我们的行进速度也大大提高。

　　目前，我们每月行进路程达 1100 公里，几乎每天行进 30—40 公里，是 8、9 月份行进速度的 2—3 倍。高度疲劳感和低温条件下的饥饿感，令人终生难忘。与此同时，我所负责的冰川学考察工作进展顺利，3300 公里的冰川学观测、采样、剖面工作顺利完成。数百个样品已空运到长城站冷库保存，待船运回。作为一名科技工作者，当我站在极点留影时，胜利的喜悦心情是难以用语言来描述的。

　　在这永昼的高纬极地，虽然气温达 −30℃，仍然可以感受到太阳的威力！在 75°S 的地方，可以看到冰面竟然有湖泊，表面是冻结的。下部却为湖水，很难想象盛夏的南极洲内陆夏季冰面突然出现湖泊，哪怕是短暂的个把月，但却是事实。极为强烈的太阳辐射，加上地形因素，局部地区的冰面，一般是低凹处形成了冰湖。我们在这里，也可以感受到太阳的威力。帐篷外寒风嗖嗖，气温 −27℃，帐篷内几乎不用生火，气温达零度以上。行进时，如果不戴面罩，几个小时后，脸上就感到灼痛，然后脱一层皮。

　　美国人在南极点设有阿蒙森－斯科特基地。当我们 12 日凌晨到达时，受到队员和站长的欢迎和招待。该基地建于1957年,迄今已有32年的历史。主建筑物为钢架结构的大圆顶建筑,高达75米,夏季站上有约100人度夏,冬季仅20人,主要从事气象、冰川、地球物理、高层大气物理、环境等学科的观测和考察工作。

此外,还有庞大的后勤、生活设施,夏季队员营地、机场等。人员来往、物资供应完全依靠空运。一般情况下,只有夏季有飞机往来,3—10月的8个月中,机场关闭,越冬队员在这里度过漫长的冬夜。主建筑正门外约100米处,即为官方指定的地理南极点,立有一圆桩,约1米高,顶部为一圆球,周围立有1959年南极条约签署时的12国国旗,而真正的极点,因每年移动0.5—1米,距这里有数十米之远,亦立有标志。当我们抵达时,队员们在极点处欢迎我们,我们6名队员,在那里用各自的语言发表了简短的讲话:"在按最长路径穿越南极洲的途中,今天我们站在了南极点。在这整个世界汇集为点的地方,我们要告诉大家的是,不同国家、民族和具有不同文化的人民能够一块儿工作和生活,哪怕是在这最困难的环境里,让1990年国际穿越南极考察队这种合作和藐视困难的精神,使世界变得更加美好!"

我们这支自阿蒙森1911年12月14日抵达极点以来的第一个狗拉雪橇考察队发表的简短讲话,博得了大家热烈的掌声,而摄影师则拍下了这一历史性的镜头。

我们只是取得了初步胜利。几个小时之后,我们将离开这里前往南极高原顶部的苏联东方站,之后继续前进,直奔此行终点——和平站。如果一切顺利,预计3月5日左右到达终点。

致礼!

秦大河
1989年12月15日凌晨于南极点

第四封信

存富同志：

您好！

我们一行6人于1月18日下午6时（北京时间），到达南极高原腹地的苏联东方站。

从南极点到东方站之间的广大的内陆高原地区，被人们称为"不可接近的地区"。除了1959—1960年曾有过一支苏联机械化考察队穿越此地区外，一直无人进入该地区。这里气温极低，暴风雪频繁，雪面十分松软，深达1米。我们最终拟定的穿越路线，全长为1250公里。现在，我们这支轻型的徒步考察队，已经安全顺利地通过了这个"不可接近的地区"，并收集到了第一手科学资料，同时澄清了以往对这一地区的种种猜测。

"不可接近的地区"海拔3000—4000米，地势及雪面比较平坦，每年夏季都是昼夜日照，长达3—5月之久。盛夏时气温平均在−30℃—−25℃，风速很小，有时为零。此地区年降水量亦甚低，只有几十毫米。但盛夏一结束，气温就开始急剧降低。1月中旬，每天的气温下降至−35℃以下，当我们接近东方站时，气温已达−40℃。这一带冰盖表层的雪十分松软，但它们的表面因长期沉积间断而形成了一层极薄的冰壳（厚度小于1毫米），重型交通运输机（设备）在这里无法行进，对我们轻装的狗橇来说，几无妨碍。

在穿越"不可接近的地区"过程中，我们的"冰川学观测和采样"工作十分顺利，获得了这一地区内有史以来最详细的冰川学野外观测和采样资料。

1月18日我们顺利到达苏联东方站时，受到站长亚列克山大博士及全体人员的热烈欢迎，东方站主建筑物上，升起了中、美、法、苏、英、日六国国旗。

东方站年平均气温−55℃，是世界上最严寒的地方，曾有过−89.2℃的低温记录，以世界的"寒极"闻名于世。对科学家来说，东方站最有吸引力的地方是与各国科学家合作，在这里提取冰岩芯，并进行多学科研究。

我们于3月3日北京时间傍晚8点10分，胜利完成了"按最长路径穿越南极洲"的科学探险活动，顺利抵达位于南极圈上的苏联和平站。据记录，我们徒步行进了5896公里，历时220天，战胜了无数艰难险阻，6名队员及23只狗在和平站苏联队员的掌声和欢呼声中，到达了终点。至此，这一历史性的科学探险活动宣布胜利结束！

我们是元月22日离开苏联东方站，向终点和平站"冲刺"的。这段路线全长约1450公里，除了接近海岸线的地区外，绝大部分路线都位于南极洲内陆高原面上。盛夏已经结束，气温已开始持续下降，多在−50℃——40℃，海拔高、缺氧……困难重重！为了保证队员及狗的安全，苏联方面决定派两辆拖拉机和我们同步前进，以备不测。

自东方站到和平站途中，我们还经过一个苏联夏季站——共青团站（74°S，98°E），并在那里休息了一天。苏共青团站亦建于1957年，位于东方站与和平站之间，海拔略高于东方站，其气候比东方站更恶劣。在东方站以北，还有一号东方站和少年先锋队站，但这两个站均已关闭多年，建筑物已被雪掩埋，只有几根铁杆竖立在那里，告诉人们，那儿曾经热闹过数年。

2月下旬，我们进入距和平站300公里附近下降风带，大约10天，每天均为暴风雪，能见度差，干扰了我们的行进计划。暴风雪加低温，使许多狗再次冻伤，只好将它们轮流放到拖拉机内休养。对于我们6名队员来讲，在去年冬季（8—10月份）经历了南极半岛极为困难的地段后，对暴风雪已习以为常。有一天我们在暴风雪中竟行进了42公里，使拖拉机内的苏联队员惊讶不已！

3月1日，我们在距和平站26公里处又遇到大风雪的袭击。傍晚约5时，日本队员舟津圭三外出失踪，搜索队直到2日凌晨，即13个小时后，才找到了他，幸运的是手、脚等还未冻伤，但十分危险！在我们即将结束这一历史性穿越的最后日子里，这一插曲告诫我们：任何时候都不可大意！

我们到达终点后，5个国家的电视记者在此地通过卫星播放了实况，我将于4月初回到祖国，愿早日在北京相会。

秦大河

1990年3月20日于"祖波夫教授"号船

生日诗歌六首

（维克多·巴雅斯基、让·路易·艾迪安 作）

维尔·斯蒂格的生日

——1989.8.27，维克多·巴雅斯基作

头一个月的旅途第一个生日，
其中的等待何其漫长。
南纬六十九度的地方，
穿越南极路还很长。

六个多月其实很短，
一人一月转瞬即逝，
身着"高－特克斯"服装，
给我们增添无穷力量。

身边没带过多的蜡烛，
来装饰生日的帐房。
只摆上一盏油灯，
昏暗的帐篷顿时明亮。

我们的"小伙"芳龄几何？
很年轻，才四十五岁！
南极不会忘记，
"嗬，上帝保佑！"

麦克风已录下您的指令，

"约翰，别忘给我送牛肉"。

录音机中记录着，

帐篷中回荡的"流水"声响。

我们不会忘掉那顿晚餐，

高"卡路里"热量加动力。

饭后竟很幸运，

好似斯平纳①冰隙中"死里逃生"。

远离了明尼苏达，

还把芭芭拉和理查德牵挂。

南极在我们头上还是脚下，

这要我们来回答。

让·路易·艾迪安生日

——1989.9.12，维克多·巴雅斯基作

世上只有一人，

常住天上。

我们称他"神仙"，

他了解一切人世沧桑。

什么才是生活的真谛，

幸福又意味什么？

是您妻子的眼睛，

还是大笔瑞士银行存金？

---

① 斯平纳，狗的名字。该狗掉入冰裂隙后被救出。

或许幸福另有含义，

您可以感受和想象。

假若您健康富有，

是否一定比一个贫穷多病的人如意……

这可是个费解的问题，

但又不得不经常考虑。

它是人们内心世界的秘密，

而答案往往取决您自己！

这就是生活！

在您四十三岁生日之际，

却远离巴黎和娇妻，

"您幸福吗？"您回答"是的"。

让我猜猜，您为什么这样回答，

噢，因为您有自己的追求。

您那无尽的思绪，

始终追寻着一个美好的目的。

因为您热爱生活，

从过去到未来，忠贞不渝。

因为您能慧眼识别，

那藏在顽石中的璞玉；

因为您的朋友遍天下，

您执着地追求，

从不畏惧，

自信总有一天会有美妙的结局。

世人有许多事情可以回答"是"，

假如没有顽强的毅力，

生活之美，

您永远无法寻觅！

什么是生活的真谛？

让我们冷静地思量。

生活的美酒满满斟上，

它饱含着理想和希望。

祝福您，我们的朋友，

让生活充满追求和理想。

凭我们的友谊和上苍的恩赐，

我们坚信美好生活将永远陪伴您！

维克多·巴雅斯基的生日

——1989.9.16，让·路易·艾迪安作

谢谢，维克多，

穿越考察队的苏联队员，

你是开拓者的象征！

谢谢，维克多，

你是如此勤快，起早又报早，

"*Hellow*，你好，*Bonjour* …"①

谢谢，维克多，

---

① 维克多每天早上用各种语言向各国队员道"早安""你好"。

你是考察队的气象观测员，

你身强体壮，玻璃温度计都成半截！

谢谢，维克多，

你的品格如此高尚，

困难时总有你帮忙。

谢谢，维克多，

你是如此乐观，

你是我们考察队的歌星。

我们共同祝愿你，维克多，

"生日快乐！"

我们同声说："维克多，我们喜欢你！"

秦大河生日

——1990.1.4，维克多·巴雅斯基作

举世闻名的万里长城，像威武的卫士，

从东到西四千年捍卫着民族的安宁。

诞生在四十三年前，

我们的冰川学家从长城脚下走到这里。

他很早就确信不疑，

在中国研究冰川是最佳途径，

从此他抛开世俗，

一心一意……

在十亿人口的中国，

很少有人，

了解冰川和秦大河，

比他更会使用雪铲的人更寥寥无几。

如今，人们不难发现，

中国哪条冰川不曾留下他的足迹，

哪个雪坑中，

没有他的印记。

区域冰川研究已远不能满足，

他那研究探索的胃口。

于是他千里迢迢奔赴南极，

边喝啤酒边探究着冰雪世界的奥秘。

有谁知道，现在他在哪儿？

也许是天空中闪烁的一颗星，

像往常一样，已攀冰涉雪，

他在干什么？……奋力推动雪橇。

黑色面罩遮住了他的笑脸，

粉色布带紧束他那特大的裤脚。

他像天外来客，

力促我们保护环境生态。

寒风迎面猛烈刮来，

我们的滑雪队疾驰在茫茫雪海。

冰川学家是第一流的狗橇驾驭者，

大河与第一流的驭手并驾齐驱。

多少次是他那神奇的中药，

使伙伴们精力充沛，身体强壮。

大河，谢谢您那甘美的"蜂王浆"，

它使我们难以入睡，它使我们思念家乡！

啊！黄河文化，文明的摇篮，

它给我们的启迪永生难忘！

"少说话，多做事"使您高尚，

件件事物都包含一个美好的希望。

我追忆这古老的文化，默默无言，

举起斟满中国"冰川玉液"的酒杯，

祝愿大河永远健康，精神高尚，

请相信，朋友，您的生活之路将永远充满阳光。

杰夫·萨莫斯生日

——1990.2.19 维克多·巴雅斯基作

古老而纯朴的北英格兰哟，

完美地保持着古朴遗风。

到如今这传统依然流芳，

滋润着每一位大不列颠的儿郎。

无论他们身居何处，

是乡村还是城市，

从最东边的伦敦到查尔斯王子的官邸，

到处都有大不列颠的优秀儿郎。

传统的食物，传统的服饰，

传统的建筑，特有的神韵。
对真正的英国人来说，
没有传统就一切皆无。

为何我总要提传统，
这可对我不太有利。
别急，伙伴，我已得到，
探险队的允许。

瞅一眼杰夫的帐篷，
你就会豁然开朗，
在这艰苦的环境里，
营帐就是我的安乐窝，这就是传统！

乍看像个堡垒，一门紧闭，
另一门开启。
若如此安营休息，
你将被冻得僵挺。

像英国运河下面的隧洞，
长长的冰棱挂满帐篷的四壁，
每当走进帐篷里，
这儿的风光无与伦比。

帐篷里有什么秘密？！——英国！
蓝蓝的眼睛像春天的晴空，
像窗户一样早早地开启，
为的是将万物洞悉。

万事都应有规律，
万物均须有秩序。

每当它们凝视我的脸庞，

总让我觉得自己渺小无比。

这双有魔力的眼睛属于谁，

相信我，它们一定属于杰夫。

当它见到俄国面包①和果酱，

激动的泪花闪烁在这双眼里。

帐篷里面还有什么？是另一传统。

这儿的一切整洁干净，

碗、碟像太阳一样闪闪放光，

火炉则像雪铁龙一样高级。

杰夫不喜欢粗心大意，

可为什么卫星定位器屡出问题？

他准备解释，

与寻航有关的一切原理。

这就是杰夫！他驾驭的狗橇正奋力前进，

狗儿虽小，但没关系。

最美的图利②在队前开道，

强健的罗丹③在后边压阵。

我最了解英国人，

通常他们不过生日。

今天我要打破这一"陋习"，

向杰夫祝贺："生日快乐！"

---

① 俄国面包是维克多的母亲在我们出发前制做好后用飞机运来的，它代表了一颗慈母的爱心。

② 图利是考察队中唯一的母狗，也是考察队三支狗队中在最前方开路的狗。

③ 罗丹是一只高大强壮的公狗，形象较好，令人喜爱。

希望我们的远征不是最后一次，

更希望杰夫身强体健。

但愿他能找回他的护照，

它一定珍藏在"UAP"船上。

舟津圭三的生日

——1990.11.19，维克多·巴雅斯基作

寒风迎面扑来，

像万仞刮割，似雄风示威！

哪儿有我最温暖的衣裳？！

哪里寻找最俏丽的脸庞？！

有时"高－特克斯"服装也不能保护，

他那白嫩的皮肤。

那凛冽的寒风，

穿透衣裳，沁人骨髓。

哪儿是天空？哪儿有太阳？

我已迷失方向！

不要哭泣，亲爱的圭三，

生日的庆钟已经敲响。

三十三岁的妙龄，

和基督耶稣的年龄一样。

你幸运又独立，

但我知道人生不可能处处如意。

在阴冷潮湿的睡袋里，
你思念着美丽的姑娘。
她那长长的秀发，
好似神鹰的翅膀。

七月的阿根廷寒风习习，
秋本恭江依偎在你怀里。
四目相对，难诉衷肠，
次日又匆匆离别，踏上征途。

你来到这冰雪的王国，
驾驭着沉重的狗橇，
可恭江那期待的眼睛，
你一辈子也忘不掉。

圭三，我亲爱的小太阳，
你会找到心爱的姑娘。
现在你还年轻，
以后的路还很长。

许多大使先生，
都有自己心爱的女郎。
姑娘们都喜欢你，
随时向你敞开爱的心房！

欢迎你，圭三，爱情由你把舵掌，
喂，向你致意，
她们用不同的语言歌唱：
"祝你生日快乐！"

（张万昌 译，秦大河 校并注解）

快乐的考察队员

（1990 年 3 月 3 日，考察队摄影组集体作词于和平站）

让我给你讲一个故事，
六位勇士穿越南极，
去年七月踏上征途，
三月三日和平站收尾。
啊，快乐的考察队员，
……

二百多天路途严寒，
挑战自然勇气非凡。
六千公里白色沙漠，
白雪洗浴实在快乐！
啊，快乐的考察队员，
……

他是队里普通队员，
担任队长已有三年。
请他喝酒从不推托，
醉汉每次是斯蒂格。
啊，快乐的考察队员，
……

我们永远不会忘记，
那狗拉雪橇的驾驭者。
拖橇的狗奋力奔波，

驯狗者中有斯蒂格。
啊，维尔·斯蒂格，
……

他致力于外交斡旋，
音乐也给他乐和欢。
人人知道他的性格，
他就是队长艾迪安。
啊，让·路易·艾迪安，
……

清晨当你睁开双眼，
芭蕾舞演员就在外边。
天气、消息是他来传，
他的名字叫巴雅斯基。
啊，维克多·巴雅斯基，
……

天气大变风雪弥漫，
整整一夜不愿回还。
清早雪坑中将他发现，
幸运、幸福日本伙伴。
啊，朋友舟津圭三，
……

长途跋涉入帐休息，
外边有人不停喘息。
我敢断定他是哪位，
他是队里的冰川学家，

啊，秦大河，

……

五位队员都已道完，

最后再谈英国队员。

帐篷里窗明几净，

还有导航专用罗盘。

啊，杰夫·萨莫斯，

……

如果你仍情趣犹兴，

愿为考察队继续出力，

在我们胜利凯旋之际，

齐声高呼"一，二"，"一，二，三"！

啊，快乐的考察队员！

冰雪万里，长征南极

（《光明日报》记者 李国庆）

1990年3月3日，一条振奋人心的消息传遍世界：国际穿越南极大陆考察队经过7个多月艰苦跋涉，徒步行进近6000公里，完成了人类历史上首次不使用机械手段穿越南极大陆的壮举，于当地时间下午7时10分抵达"终点"——南极东部的苏联和平站。各国的报刊纷纷刊登了这支考察队的6名队员在极地的合影：他们身穿防寒服，各自都手持自己国家的国旗，面露胜利的微笑。其中五星红旗格外引人注目。持旗的这位戴眼镜的高个子就是秦大河，中国科学院兰州冰川冻土研究所副研究员。

3月下旬考察队来到巴黎访问时，我有幸见到了这位征服南极大陆的英雄。他征尘未消，脸上冻伤的瘢痕仍明显可见，消瘦了十几公斤的身体也还没有完全恢复。一谈起穿越南极大陆的艰辛历程，他就按捺不住兴奋和激动。他的谈吐既无惊人之语，更无骄矜之气，但是，他的顽强毅力和拼搏精神，使每一个中华儿女感到振奋和自豪。

与南极"有缘"

南极，这个到处是冰雪的银色世界，神秘而又富于魅力。对于科学工作者来说，南极更是一块宝地。它是研究地球气候与环境变迁的独一无二的最好场所，具有特殊的重要意义。

为了深入探索这块大陆的奥秘，一支由中、美、苏、法、英、日6个国家的6名队员组成的国际穿越南极考察队，仅仅靠着滑雪板，带着运载物品的狗拉雪橇，于1989年7月28日从南极半岛的顶端出发，开始了举世瞩目的南极"长征"。秦大河就是这支"长征"队伍中的一员。

秦大河于1947年1月4日出生在我国大西北黄河之畔的兰州市。大河这个名字似乎从他一出生就把他和对大自然的探索联系在一起了。1965年他考入兰州大学地质地理系。可是还没读完一年级，"文化大革命"就开始了，学习受到了很大的干扰。1970 年毕业后，他被分配到一个县城当中学教员。但他始终念念不忘所学的专业，利用业余时间读了许多有关冰川学的书籍。1977 年他被调到兰州冰川冻土研究所，从此真正走上了从事冰川研究的道路。不久，他又考上研究生，为以后的工作打下了扎实的基础。1983 年以后，秦大河的研究重点转向了南极，先后参加了澳大利亚"凯西站"和中国"长城站"的两次南极越冬考察，在南极工作过很长时间。

　　1988 年 4 月，秦大河正在中国南极"长城站"负责越冬考察队工作。在一次与国内的通话中，他得知中国应邀参加国际穿越南极考察队后，立即毛遂自荐，要求作为中国队员参加国际多国考察队。但由于当时正式人选已定，他只能作候补人选。也许真是因为大河与南极冰川有缘吧，原定人选因病不能参加这次国际考察，他幸运地由候补"转正"了。1988 年 12 月下旬，国家南极考察委员会把这个决定通知了当时还在长城站的秦大河。1989 年 1 月，他离开长城站回到国内，着手进行准备。

"武装到牙齿"

　　秦大河只在家里住了 10 天，便匆匆赶到美国北部与加拿大交界处的边境小镇伊力，参加为期两个月的强化训练。

　　国际考察队为穿越南极选定的是一条最为艰难的路线，所以每个队员必须在体力、精神和技术上做好最充分的准备。强化训练的主要项目是滑雪和驾驭狗拉雪橇。当时那里是隆冬季节，气温低达零下 38 摄氏度。考察队员们每次外出训练连续个把星期，日行 30—40 公里，夜间就在冰天雪地里钻睡袋休息，连帐篷都没有，十分紧张、艰苦。在此之前，其他 5 名队员都早已在格陵兰大冰盖地区进行过 2700 公里的训练，而这些对秦大河来说完全是陌生的，他必须从头学起，所以他的任务更为艰巨，训练实际上是对他能力的检验。

　　训练期间，队员们还接受了严格的体格检查。秦大河 1.84 米的个头，82 公斤的体重，很壮实。然而没想到，在检查牙齿时却发现了问题。口腔内科的大夫说必须拔掉 5 颗牙。否则就不能参加考察队。大河无奈，只好答应拔牙。谁知到了口腔外科，"狠心的"大夫又把要拔的牙齿数量增加了一倍。大河想，拔 5 颗牙都是硬着头皮答应的，要拔 10 颗怎么得了？但医生的态度没有一点商量的余地：要么拔牙，要么别去南极。大河穿越南极的决心已经下定，只有豁出去了。就这样，硬是一下子拔掉了 10 颗牙，换了假的。他笑着说，为参加这次考察，可真是"武装到牙齿"了。不过他认为医生的做法并非没有道理。因为如果牙不好，万一在穿越南极途中疼痛发炎，就毫无办法。只要两顿饭吃不好，在那种体力消耗极大的情况下，立刻就会无法坚持。

打胜第一仗

1989 年 7 月 26 日，国际穿越南极考察队全体队员从中国的长城站飞抵位于南极半岛拉森冰架北端的出发地点——海豹冰原岛峰。7 月 27 日队员进行了数公里的试行。28 日当地时间上午 9 时整，6 名队员、41 条经过 3 年训练的爱斯基摩种狼狗拉着 3 个雪橇，正式踏上了穿越南极的征途。

在开始阶段，人和狗在体力和其他方面都需要有个适应过程。恰好头几天的天气很好，为考察队提供了较好的条件。加之当时南极正值寒季，夜长日短，考察队每天仅行走 4—6 个小时，因此第一个星期进展比较顺利。只是秦大河并不像他的队友那样轻松。由于他滑雪技术不佳，为跟上队伍，前几天他实际上不是在滑雪，而是在快步行走。队友们开玩笑地说他滑雪时像个"优美的舞蹈家"。可是他这样却要付出比别人更多的体力，因而感到十分吃力。有时实在没有办法，只好把腰带挂在雪橇上向前滑行。穿越南极，全程 6000 公里，计划 7 个月左右完成，即每天平均要走将近 30 公里的路程。靠步行显然是难以做到。因此，对秦大河来说，迅速掌握滑雪技术成了首要任务。他每天以顽强的毅力坚持跟着队友们，一边行进，一边学习。一个星期后，他就能连续滑雪了：第一天连续滑一小时，第二天两小时……滑雪时间逐日增加。到 8 月中旬，他终于可以和其他队员一样，全天、全程滑雪了。他以意志和汗水打胜了冰雪长征途中的第一仗。

严峻的考验

第一个星期的平静天气结束后，接踵而来的是暴风雪、冰隙区和低温。考察队开始面临严峻的考验。

8 月 4 日，一场强烈暴风雪袭来，持续了两天两夜，风速高达每秒 35—

40 米。两个月内风速超过每小时 120 公里的日子竟有 1/4。雪层常常达到一两米厚，有时几乎把狗埋在雪里，使得考察队无法前进。暴风雪来临时，天昏地暗，能见度极差，队员们有时连走在前面的雪橇都分辨不清；晚上从一个帐篷走到另一个帐篷都必须用绳子拴在身上，否则就会迷失方向。

从 8 月下旬起，考察队在南极半岛进入了这次穿越途中最危险的巨大冰隙地区。冰隙是因冰川的各个部分运动速度不同而造成的裂缝，表面常为冰雪覆盖，实际却是几米甚至几十米的深沟。如果人或雪橇从上面经过，就有可能坠入沟底，造成伤亡，因此非常危险。拉雪橇的狗好几次掉进了冰隙，幸好都被救了上来。

恶劣的天气和自然条件，使考察队的行进速度大受影响，有时一天只能前进两三公里。因此通过南极半岛的时间要比预定计划慢得多。而这次穿越南极的最后一段路线将经过气温最低的"寒极"地带。为避免在南极的寒季（每年 4—10 月）通过这一地带遇到特别低温而使整个计划失败，必须采取措施把耽误的时间追赶回来。考察队经与设在智利蓬塔阿雷纳斯的大本营和在法国、美国的协调办公室联系，最后决定把雪橇的运载重量减到最低限度，把一切能扔的物品，包括备用的帐篷睡袋，甚至替换的内衣及部分科学仪器全都扔掉，轻装前进，务必赶在寒季到来前抵达目的地。

10 月中旬，考察队到达雷克斯山区，在接近赛普尔时，气温低达 -40℃—-35℃。从东边刮来的极地大风正好迎面扑向东进的考察队员，刺骨钻心难以忍受，一天下来队员们的脸都肿了，每个人都有冻伤。6 人中只有秦大河戴眼镜，脸部无法包严，金属镜架又特别凉，因而伤得比别人更重，尤其是鼻梁和眼皮处总是旧伤未好，又添新伤。有段时间他干脆不戴眼镜，只戴防风镜，可这样又看不清前面的人和路。后来他干脆从身上穿着的特制绒裤上剪下一块用来包在脸上。这种材料既可挡风，又不妨碍呼吸。每天晚上把它取下时，上面都结有一大块冰。南极的风可怕，这是考察队员们的一致看法。当我问到秦大河这次穿越南极考察中印象最深的是什么时，他毫不犹豫地回答说："风，南极的风实在太厉害了。"

顺利过极点

考察队 11 月 7 日到达爱国者丘陵，走完了第一段 2100 公里的艰难路程。

这个时间比预定计划晚了 25 天。秦大河和其他队员一样,虽然十分疲劳,但决心接受新的挑战,争取时间、及时到达极点。他们确定了无论如何要在 40 天内赶到极点的"绝对目标"。

11 月 10 日,考察队重新踏上征途。暴风雪仍然是那样无情。虽然暖季已经开始,但最高气温也只有零下 27 摄氏度。最低温度则低达零下 40 摄氏度。考察队员们知道现在需要的是抢时间。秦大河同队友们带着冻伤,天天迎着风雪严寒,以英勇顽强,一往无前的精神向极点挺进。结果,他们在 12 月 12 日就胜利到达极点,32 天时间完成了 1200 公里的路程,比原定的 40 天时间缩短了 8 天。

到达极点,表明考察队已取得了初步胜利。而且追回了在南极半岛失去的时间,使完成穿越任务的前景更为乐观。

12 月 15 日,考察队从极点开始向苏联东方站进发。从极点到东方站这一带一直被视为"不可接近的地区",过去从未有人徒步经过这里。1959—1960 年暖季,苏联曾派一支机械化考察队进入该地区。他们的结论是这里气温太低、雪太松软,如徒步进去,很可能有进无出。东方站的温度平均在零下 50 摄氏度,还曾经记录到零下 89.9 摄氏度的绝对最低气温,被称为世界之"寒极"。但是考察队的队员们并未被吓倒,他们加快步伐,兼程前进,仅用 35 天就走完了 1400 多公里的路程,于 1990 年 1 月 18 日到达了东方站,平均每天行程 40 公里。他们的胜利向世界宣布:"不可接近的地区"是可以接近的。

抱病上征途

秦大河在考察队负责采集冰雪样品等科学考察项目。这是一项艰巨的任务。考察队员们每天早晨 5 点半起床,8 点钟出发,有时一天要滑雪 9—10 个小时,仅在中午吃饭时停留半个小时。下午宿营时,还要忙于搭帐篷、做晚饭、喂狗,准备第二天的食物。大河说,一天下来,往往筋疲力尽,此时最大的愿望就是有人把饭做好,可以吃了就睡。但是,正是在每天这疲劳不堪的时候,他得比别人付出更多的劳动,去挖雪坑、采集样品、观察雪的剖面变化等。考察队从南极半岛出发后,他一直坚持采样、观测和记录。他所采集的雪样将被送往中国、美国和法国的实验室进行氧、氢、同位素比率、痕量元素和化学成分的分析，以期建立某些元素的同位素与气候之间经验关系式的数学模型。通过这些研究，有可能了解地球气候与环境近几万年来的变迁情况，从而掌握其今后演变的方向。

考察队离开极点后，进入"不可接近的地区"。这对秦大河来说，可是个绝无仅有的好机会。因为在这里采集雪样最为理想，雪样未受任何污染和干扰，是非常珍贵的研究资料。他决定好好干一场。

12 月 18 日，考察队来到极点以东约 500 公里的地方。秦大河不顾劳累，一口气挖了个两米半深的雪坑，开始进行观测、采样。由于采集雪样要避免污染，人手不宜多，所以他一直一个人干。他全神贯注地在坑里连续工作了七八个小时，早把寒冷、疲倦置之度外。可是，当他工作完毕时，他已经全身发软、毫无力气了。英国队员萨莫斯把他拉出雪坑。当夜他就开始发烧。第二天队友们提出应该就地休息，但大河没有同意。他想到，这里是从未有人涉足的危险地区，如遇到恶劣天气停一天，也许就会耽误 10 天，影响整个考察计划的完成，因此无论如何也要坚持继续前进。于是，他虽然发着烧，仍咬紧牙关，跟着队友们上了路。途中，队友们多次劝大河休息。但他表示，考察队规定每天走满 20 英里（合 32 公里）的任务必须完成，否则他就不休息。走到 18 英里时，他实在支持不住了，只得把腰带挂在雪橇上，让狗拖着走。最后，即使这样他也已无力站住，终于身不由己地倒下了。此时，考察队当天的行程已达 23.3 英里。大河终于同意休息。一夜过后，他的烧退了。早晨他又和平时一样，踏上滑雪板，继续向东进发。在抵达东方站之前，他又挖了一个两米半深的雪坑，采集了大量雪样。从极点到东方站途中，他还对气象进行了观测，每天早上、中午、晚上，三次测量气温、风速等，取得了宝贵的气象资料。

低温与饥饿

从东方站到南极大陆东部的苏联和平站，是这次穿越南极的最后一段路程。这个地区的气温低，寒季比南极其他地区来得早。考察队 1 月 18 日抵达东方站时，气温约为零下 40 摄氏度。而两周后抵达苏联共青团站附近时，气温更降至零下 49 摄氏度，是这次考察队穿越征途中所遇到的最低气温。

6 名考察队员晚上分成三组休息，每两人一顶帐篷。帐篷内使用高纯度白汽油取暖和做饭。当野外温度为零下 25 摄氏度时，帐篷里的温度可保持在零下 2 摄氏度左右。但外面气温如下降到零下 40 摄氏度，则帐篷里就只有零下 10 摄氏度。在这种情况下，早上睡醒后起床都十分困难，10 个手指无法伸直，只能一个一个慢慢掰开。我见到大河时，他的 10 个手指头仍处于麻木状态，他说，大概还要两三个月才能完全恢复正常。

在探险考察过程中，队员们因为每天要在低温条件下长时间滑雪，所以体力消耗特别大。途中吃的主要是一种压缩干粮，热量很丰富。按规定，每人每天必须保证 6000 卡的热量。但队员们还是常常会产生一种特有的饥饿感。在遇到特别低温时，这种饥饿感就更加明显。大河说，那时肚子就像是填不满的无底洞。他一顿饭可以吃 4 块牛排，重 1/4 磅一块的黄油一次就得吃一块半，奶酪也是大块大块地往嘴里送。可尽管如此，还总觉得饿。肚子吃饱了，心里还想吃。回想起来，自己都感到很好笑。

最后的冲刺

为避免在低温地区遇到过低的气温而使穿越南极计划受挫，考察队加速前进。队员们和狗拉雪橇都在以每天 40 公里的速度向东滑行，位于印度洋之滨的目的地越来越近。2 月 14 日，越过苏联少先队站后，地势骤然下降：考察队开始向海边迈进了。队员们已能感觉到海洋的影响，气温也在上升。但是，在南极半岛曾遇到过的那种暴风雪和冰川裂隙又随之而来。风雪交加的天气、高低不平的冰面、纵横交错的裂隙，似乎都在唤起考察队员们的回忆，想让他们把南极的这一切都永远铭记在心。

离目的地和平站还有 26 公里，只剩一天的路程了。在这最后时刻，突然发生了惊险的事情：日本队员舟津圭三失踪了。一场突如其来的暴风雪使他无法辨别帐篷的位置而迷失了方向。队友们着急地找了他一夜，直至第二天清早才发现他。他像那些狼狗样，在自己身上盖了一层雪来保温，在野外度过了一夜，幸好没有冻坏。大家都松了口气。这时，再也没有什么障碍能够阻挡这支国际考察队了。6 名队员经过最后一天的冲刺后，终于走完了全长 5896 公里的路程（预测距离为 6300 公里），于 1990 年 3 月 3 日当地时间下午 7 点 10 分安全抵达这次穿越南极活动的目的地苏联和平站，完成了史无前例的南极大陆上的"万里长征"。秦大河与 5 位队友一个个象征性地通过了写着"终点"字样的横幅。英雄们胜利的消息通过卫星立即传遍了全世界。一曲人类征服大自然的凯歌响彻全球。

"我是普通人"

在冰天雪地的南极，与险恶的自然环境和气候条件顽强搏斗 200 多天，行程逾万里，其艰险程度可想而知。考察队的队员们在巴黎向各界介绍他们穿越南极经过的时候，都毫不讳言地承认，这次考察"太艰苦了"。考察队队长、法国医生让·路易·艾迪安在谈到考察队的艰难遭遇时，激动得几乎流下了眼泪，说不出话来。

秦大河说，这次穿越南极，更多的是靠毅力完成的，而不是靠体力完成的。这句话一点都不夸张，由于出发前训练时间短，他的体重从原来的 82 公斤减轻到 69 公斤，脸上冻伤的痕迹很久未能消退……他确实是凭着坚强的毅力和顽强的意志，克服了无数困难，才胜利完成这次考察任务的。

穿越南极考察结束后，见到秦大河的人都称他为"勇士""英雄"，但大河却表示："我是个普普通通的人，不是什么英雄。我参加这次活动不是为名为利，而只是想通过考察尽可能多搜集有价值的科学资料，为我国和世界的南极研究工作尽自己的一份力量。"在这次穿越南极途中，他一共采集了 800 多瓶雪样，获得了大量有关南极冰川和气象的第一手资料。这些资料对于我国今后的南极研究工作具有很重要的意义。他说，中国在南极研究方面有较好的基础，但还应该作出更大的努力，使我们中国人在国际南极冰川研究这个舞台上也能拿出一些权威性的成果来，走在世界这一研究领域的前沿。

秦大河为能参加这次南极考察而自豪。他曾多次表示，他参加这个考察队不仅代表中国，也代表海外所有的华人，代表着发展中国家。他用自己的杰出行动证明，他这个代表是当之无愧的。他受到了中国人民和全世界人民的尊敬。

参议院决议第 258 款

　　南极洲是一块被冰雪覆盖的广大陆地，其面积相当于美国和墨西哥面积的总和，储存着全球 70% 的淡水资源，具有世界上最极端的气候，气温可低至 −228°F，风速可达每小时 200 英里。

　　1990 年国际穿越南极考察队的 6 名队员和 40 只狗创造了人类历史上只凭借狗和滑雪板，克服巨大的身体不适和难以想象的低至华氏 54° 的气温，在风速达每小时 100 英里的恶劣气候条件下，徒步穿越 4000 英里，实现了人类首次徒步穿越南极大陆的壮举。

　　来自美国、法国、苏联、英国、中华人民共和国和日本 6 个不同国家的 6 名考察队员的努力表明，来自不同国度、具有不同经济和政治背景的人能够互相协作，并战胜了最困难的自然条件。

　　考察队的活动举世瞩目，并教育了世界各国亿万人民，也显示了尽管南极大陆是一块令人畏惧的、险恶荒芜的大陆，但它们不失为一块美丽而备受人类侵扰的脆弱土地，需要南极条约各国慎重地思考南极洲的未来。

　　此次国际穿越南极考察队是由明尼苏达州伊力镇的探险家维尔·斯蒂格领导的，他同考察队的另一位领导者，现居法国巴黎的让·路易·艾迪安一道，克服了种种困难，于 1986 年在接近北极点的海冰上酝酿了这一梦想，并最终得以实现。

　　来自苏联的考察队员维克多·巴雅斯基，从他的祖国筹集到了至关重要的后勤保障条件，而来自中华人民共和国的考察队员秦大河则搜集了在南极洲从未收集到的科学资料。

　　来自大不列颠的考察队员杰夫·萨莫斯提供了关键的导航技术，并同日本的舟津圭三一道驾驭狗拉雪橇，训练并饲养了牵引考察队员补给和装备的极地狗。

　　40 只极地狗包括塞姆、耶格尔、图利和高迪不但牵引雪橇，特别是在时间变得非常紧迫时，给全体考察队员提供了继续完成这一壮举所必需的精神力量。

但如果没有像凯茜－迪·莫尔和詹妮弗·加斯佩利尼那样的群众团体，考察队办公室工作人员以及世界各地的志愿者和赞助者的大力支持，这一历史性壮举很难实现。

有鉴于此，美国参议院承认并祝贺 1990 年国际穿越南极考察 6 名队员所完成的历史使命，承认并祝贺他们的举动引起了全世界人民对地球上最令人畏惧的、位于地球底部的南极洲的注意，并教育了世界人民保护环境条件脆弱的南极洲这块地球上现存的唯一净土。

（张万昌 译，秦大河 校）

贺电

中华人民共和国国务院总理李鹏在考察队抵达南极点时的贺电

穿越南极探险队：

　　欣闻你们以英勇顽强和大无畏的献身精神，战胜困难，徒步穿越南极大陆，终于到达了南极点。我谨代表中国政府向你们表示热烈的祝贺和衷心的问候！你们的活动堪称人类南极考察史上的一大壮举，预祝你们团结合作，努力拼搏，胜利地到达最终目的地，为人类认识南极、保护南极环境不被污染和和平利用南极作出贡献。

中华人民共和国国务院总理李鹏
1989 年 12 月 13 日，北京

周钦珂给丈夫的贺电

亲爱的大河：

　　你可以想象，当我听到你们考察队安抵南极点的消息后，我是多么的高兴！爸爸、妈妈、我们的儿子东东和我都向你祝贺，大家很挂念你的身体和安全。不管你走到什么地方，我们永远都和你在一起。

　　我还要转达你的母校兰州大学师生们对你的热烈祝贺。

　　我身体还好，家中一切都好，你不必操心，照顾好你自己。我们相信你和考察队全体队员一定能安全到达终点和平站。请向另外 5 名朋友转达我衷心的祝愿。毫无疑问，胜利属于你们。

　　希望早日见到你。

　　祝好！

妻子　周钦珂

1989 年 12 月 14 日

（秦大河译自英文电报稿）

国家南极考察委员会办公室的春节贺电

亲爱的大河，

并让·路易，维尔，维克多，杰夫，圭三：

　　值此中国农历新年之际，我谨代表南极办全体同志并全国人民，向你们致以亲切的慰问和良好的祝愿。我们非常高兴地得知，你们成功地抵达东方站，并又踏上了向终点和平站的征途。我们坚信，你们一定能抵达穿越南极的目的地。全世界人民都在注视着你们，盼望你们成功。你们考察队的行动再一次向全世界显示，南极洲需要和平、友好和国际合作。保护南极环境是全人类的职责。

　　欢迎你们 5 月份来华访问，我们将隆重欢迎你们的到来，并安排你们与中国人民交流。

　　大河的父母亲、妻子钦珂和儿子东言嘱笔问候。

中国国家南极考察委员会办公室主任

郭琨

1990 年元月 24 日，北京

（秦大河译自英文电报稿）

美国总统乔治·布什的贺电

在"国际穿越南极考察队"全体队员完成历史性的徒步穿越南极之际，特此表示最诚挚和最衷心的祝贺！

在过去的6个月里，你们冒着严寒和危险，徒步4000英里，爬冰卧雪，征服了地球上最后一块大陆。你们的国际友好和合作精神，不仅是这次穿越活动成功的保证，也是世界各国合作的良好典范。你们的行动证明，共同的追求和崇高的抱负可以克服语言和文化的差异。你们杰出的成就应当受到嘉奖，特向你们表示敬意。芭芭拉和我本人祝你们成绩显著，顺利归来，并祝成功和幸福。我们期待着3月27日在白宫见到各位。

上帝保佑你们！

乔治·布什

1990年2月28日，白宫，华盛顿

（秦大河译自英文电报稿）

法国总统佛朗索瓦·密特朗的贺电

当你告知经过7个多月的艰苦努力，结束了你们穿越南极的壮举，我谨向你们探险队和你本人表示我的最热烈的祝贺。

你们的探险不仅对体育方面有重要价值，而且也同样是一次人类的奇迹，对我们所生活的环境来说，这次南极探险具有重要的科学意义。

3月21日，当你凯旋巴黎时，我将乐意接见你和你的5个同伴。

佛朗索瓦·密特朗

1990.3.3

（张园译自法文电报稿）

中国总理李鹏的贺电

国际穿越南极大陆考察队的队员们：

在你们胜利到达此次穿越南极大陆的终点站——苏联和平站时，我代表中国政府和中国人民向你们表示热烈的祝贺！

在过去七个月中，你们不畏艰难险阻，翻越雪岭冰隙，穿越南极大陆 6300 公里，揭开南极考察史上光辉的一面。你们的壮举赢得了世界人民的注目与尊敬。

中国愿为人类了解南极、认识南极、和平利用南极作出自己的贡献。你们在考察中表现出来的热爱南极、热爱和平、团结合作、献身科学的精神将永载史册，在未来的南极考察中发扬光大。

中华人民共和国国务院总理李鹏

1990 年 3 月 3 日，北京

中国国家主席杨尚昆的题词

为南极科学考察事业，努力奋斗。

杨尚昆

1990 年 5 月 9 日

中国国家南极考察委员会、国家南极研究学术委员会和国家自然科学基金委员会的贺电

亲爱的秦大河先生：

我们很荣幸地代表参加过中国南极科学考察的教授和科学家们，向您表示亲切的慰问和诚挚的祝贺。

你们考察队的活动给了我们巨大的鼓励，并将永远留在各国人民的记忆之中。你们考察队的成功将进一步增加人类对南极洲这块地球上唯一洁净大陆的认识和环境保护方面的知识。

请转达我们对全体队员的良好祝愿，并祝万事如意。

国家南极考察委员会主任武衡
国家南极研究学术委员会主任孙鸿烈
国家自然科学基金委员会副主任孙枢
（秦大河译自英文电报稿）

英国皇家地理学会的贺电

穿越南极考察队全体队员：

祝贺你们完成了卓越的穿越南极大陆之行。你们作为南极洲的"大使"，给全世界带来了重要的消息。我们期望在各位访问伦敦时聆听这些消息。

英国皇家地理学会向你们致以最良好的祝愿。

英国皇家地理学会

尼杰尔·温塞

1990 年 3 月 5 日，伦敦

（秦大河译自英文电报稿）

日本国首相海部俊树的贺电

向史无前例的和英勇成功穿越南极大陆的国际穿越南极考察队表示热烈祝贺。你们未采用任何机械化手段，与严酷的南极洲自然环境搏斗，为了追求完美而达到人类力所能及的极限，对你们这种敢于向大自然挑战的精神我由衷地钦佩，并表示敬意。你们的合作精神建立在队员之间的相互信赖和超越国家的基础上，这也是你们的成功之本。

你们的伟大功绩将有助于全世界各国进一步认识到和平的重要性和南极环境保护的重要。

日本国首相海部俊树

1990 年 3 月 8 日

（秦大河译自英文翻译稿）

国家南极考察委员会主任武衡 1992 年撰写的序言

（载于《秦大河横穿南极日记》文前，科学普及出版社，1993 年）

1989 年 7 月 27 日，国家南极考察委员会选派中国科学院兰州冰川冻土研究所副研究员秦大河参加由中国、法国、美国、苏联、英国和日本六国六名队员组成的国际徒步穿越南极考察队，从南极半岛顶端拉森冰架的海豹岩出发，开始了举世瞩目的徒步穿越南极科学探险的伟大壮举。当年 12 月 12 日考察队到达南极点，秦大河是第一个徒步到达南极点的中国人，他亲手在南极点升起了五星红旗。翌年 3 月 3 日这支探险队胜利抵达终点——苏联的和平站。国际穿越南极科学探险队集探险与科学考察于一役，历时 220 天，徒步行进约 6000 公里，克服了重重艰难险阻，取得了按最长路径穿越南极大陆的成功。这是本世纪以来人类继登上地球之巅珠穆朗玛峰、飞上月球之后，在征服自然的路途上取得的又一次具有重大意义的胜利。作为队员之一的中国科学家秦大河以勇敢、毅力和高度的民族责任感，创造了惊人的业绩，受到国际上的尊敬，为中华民族赢得了荣誉，长了中国人的志气，体现了中国愿为人类了解南极、认识南极、保护南极和和平利用南极做出贡献的决心和气度。

中国政府遵循《南极条约》的宗旨和原则，积极发展南极科学考察事业，推进南极研究的国际合作。国家南极考察委员会自 80 年代以来派出数十名科学家到友好国家的南极站或南极考察船上进行科学考察，也接待了几个国家的科学家到中国的南极考察站进行多学科的研究，为我国南极考察积累了经验。秦大河参加的这次国际徒步穿越南极探险队把南极考察的国际合作提高到一个新的水平，进一步说明了南极科学考察事业是全人类共同的事业。各国队员的铮铮铁骨和不屈不挠的精神，不达目的誓不罢休的坚强意志，是这次国际穿越南极探险成功的根本保证，也雄辩地说明了：

"南极洲应永远用于和平的目的"。我们要高举和平、合作、友好的旗帜在南极洲这块圣洁的大陆上，创造人间奇迹，共同弹奏和平与发展的主旋律。

秦大河是我国中青年极地冰川学家，1983 年他在澳大利亚南极洲凯西站进行的科学研究和所取得的成果，以及他在中国南极长城站的科学考察和组织领导工作，都表现出良好的素质。这次代表中国参加国际徒步穿越南极探险队，使他有机会把探险与科学考察紧密地结合起来，在 6000 公里的沿途进行冰川考察，采集了 800 多个雪样。在困难的日子里，他冒着生命危险，宁肯把备用的衣物丢弃，也要把雪样一个不少地带上，被同伴戏称为"疯狂的科学家"。南极凯旋归来，他没有为党和人民给予他的荣誉所陶醉，而是扎进实验室，忘我地工作，相继在国际权威性学术刊物上发表了几篇有关南极气候与环境方面的重要论文。记得在 1989 年 6 月 28 日，南委会举行的欢送他踏上穿越南极征程时，我送他八个字"沉着、勇敢、机智、安全"。现在，我仍希望他在科学研究中，苦战攻关，夺取胜利，为中国南极科学事业争光。我们期待着他在南极研究方面的捷报。

秦大河穿越南极进行科学考察的日记以探险队穿越南极大陆的时间为顺序，真实地再现了科学探险的过程，披露了考察活动中许多鲜为人知的事件，把穿越队中各国队员不畏艰险，勇敢拼搏，风雨同舟，勇往直前的经历呈现在读者面前。读者可以从这本日记中领略波状起伏的茫茫冰原、突兀怪耸的冰川、肆虐疯狂的暴风雪等南极大陆的自然风光。更为重要的是，可以从日记中领会科学家的追求和民族责任感，奋斗者的艰辛和人生的价值。这些产生于艰难征途和帐篷里的文字，读来牵魂动魄，感人至深。

字里行间跃动着一个中国知识分子为中华民族立志献身南极科学考察事业、不屈不挠的拼搏精神。

我祝贺秦大河取得的成功，我们更期待我国南极事业取得新的进展，为人类和平利用南极作出无愧于我们伟大民族的贡献。

武衡

1992 年

作者的话

（载于《秦大河横穿南极日记》文前，科学普及出版社，1993 年）

时隔两年，当我翻开徒步横穿南极期间在帐篷里写下的这些日记时，面对字迹模糊、磨损严重的日记本，眼前又浮现出那一段历史。那暴风雪肆虐的莽莽荒原、摇晃的帐篷、顶风蹒跚前进的考察队员和拉橇的狗队……我还清楚地记得，踏上征途的第一天夜晚，6 名队员举杯祝愿"好的开始是成功的一半"，其实当时每个人心里都清楚，前边的 6000 公里充满着艰辛与危险。我也不会忘记，在终点和平站 6 名队员紧紧拥抱，洒下了欢乐的泪水！今天，这一切都成为历史。作为科研人员，我的生活重新被实验室数据、论文所占据，我和课题组的伙伴们加快了工作和生活的节奏，目的是希望 1992 年底结束课题，准备攀登新的高峰。

但是，许多关心和支持过我工作的朋友们都希望能早日读到我横穿南极期间的日记。他们中有长者，有青年学生，有领导人，而更多的是各行各业的人士。我揣摩他们多是希望了解南极、了解大自然，想知道在那白色世界里我们怎样工作、怎样生活，如此盛情与渴望使我汗颜。其实我并没有记日记的习惯，只是由于工作需要，平时记载一些事务，在野外则须记载科学考察的观测结果。由于这次是在南极洲进行人类首次横穿南极的科学探险活动，日记中也记了一些情况，但文笔不畅，实感羞涩。尽管如此，我还是愿意将这些日记奉献给读者。

本书分为两部分。第一部分包括我横穿南极前的准备和集训，横穿南极的 220 个日日夜夜，以及结束后到各国访问时的情况。第二部分为附录，挑选了一批有关考察队的重要文件、文献和资料，用来补充我日记中的若干不足。考虑到读者的需求，我从日记中删除了科考记录。野外生活使 6 位伙伴亲密无间，但我们毕竟是人，而且性格、习惯、经历颇不相同，不适应的时候也有文字记载，我从日记中将这些极为有限的字句也予以删除。横穿南极体力消耗非笔墨所能形容，长途跋涉一天，再完成科考工作，做饭吃毕才记日记，疲惫不堪。因此日记中丢字、落字和违背语法的病句不时出现，在此次整理时对此作了修改。除此之外，我坦诚宣布，本书忠于原始记录。我准备将科考记录另行出版，供专业人士参考。如果以后我有机会的话，我还准备将那些令人捧腹的轶事在适当的时候整理出来供大家欣赏。

将磨损严重、字迹模糊的几十万字输入计算机是一件困难的工作，王晓香同志默默地承担并完成了这一任务。王文悌同志为本书的交稿耗费了大量心血。高向群、张万昌、张园同志将部分文件的英、法文本翻译成中文。金针妹同志清绘图件。周红同志也帮助整理了资料。

中国科学技术出版社和科学普及出版社总编辑金涛给本书的出版予以大力支持和帮助，他热情洋溢的鼓励，使我有勇气将日记"曝光"。责任编辑宋宜昌为使本书问世做了大量细致的工作，并提出具体建议。

国家南极考察委员会主任武衡在百忙中为本书撰写了序言。在此特向上述领导、同事和朋友们表示衷心的谢意！没有武衡主任的支持，没有金涛总编辑及各位同志的鼎力相助，本书不可能在短短几个月内准备就绪并付梓出版。

回首往事，感慨万千。1989 年 6 月 27 日，当我告别八十高龄的双亲，和因车祸受伤住院的妻子钦珂分手之后，我那上中学的儿子一直送我到兰州机场。我带着放不下的那颗心，告别了亲人和黄土高坡，自己也不知道有没有把握安全返回。如今，在本书出版之际，我想把这本书献给我的双亲和妻子。世人说母爱是最伟大的爱，是母亲每天磕头祈祷，乞求神灵保佑他的儿子。钦珂也为我的安全操尽了心，熬白了头发，尽管有"男儿有泪不轻弹"之说，疲惫之极时记日记也实难写下流露感情的字句。但本书中说到他们的太少，这不能不说是一大缺憾！

秦大河

1992 年元月 10 日于兰州

中国南极科学考察大事记
（1984—2024 年）

1980年

中国首次派科学家董兆乾、张青松赴南极考察。

1983年

中国成为《南极条约》缔约国。

1984年

11月20日，中国首次南极考察队的591名队员乘坐"向阳红10"号船和"J121"号船从上海出发，开始远征南极。经过30多天的旅程，船只抵达南极洲南设得兰群岛，开始建设南极长城站。这一年中国在位于南极半岛的乔治王岛建成第一个南极科学考察基地——中国南极长城站，中国成为《南极条约》协商国。

1985年

中国成为南极研究科学委员会（SCAR）成员国。

1986年

"极地"号科学考察船于9月完工。这之后，"极地"号完成8年6个南极航次，于1994年退役。

1988年

中国在位于东南极大陆的拉斯曼丘陵建成第二个科学考察基地——中国南极中山站。

中国极地研究所成立。

1989年

1989年7月至1990年3月，中国科学家秦大河参加由中、法、美、英、前苏联和日本六国探险家和科学家组成的国际南极探险考察队，徒步横穿南极，历时220天，行程5896公里。

1990年

中国成为国家南极局局长理事会（COMNAP）成员国。

1994年

"雪龙"号极地考察船（中国第三代极地破冰船和科学考察船）1994年10月首次执行南极科考和物资补给运输，先后30余次赴极地（南、北极），创下中国航海史上多项新纪录。

1998年

中国实施首次格罗夫山地质考察，发现四块陨石。

2002年

中国首次实施埃默里冰架考察。

2003年

中国极地研究所更名为中国极地研究中心。

2005年

中国南极内陆冰盖考察队成功登顶南极内陆冰盖最高点——冰穹A。

2006年

国家正式批准中国极地考察"十五"能力建设项目。

2007年

中国成为南极海洋生物资源保护公约缔约国。

2008年

国际极地年中国行动启动。

2009年

中国在位于南极内陆的冰穹A建成第一个内陆科学考察基地——中国南极昆仑站。

2012年

中国在南极新建站选址奠基。

2014年

中国在位于东南极冰盖伊丽莎白公主地区建成中国南极泰山站。

2015年

中国首架固定翼飞机"雪鹰601"首航南极。

2017年

中国南极科考第五站在罗斯海恩克斯堡岛选址奠基。

2019年

"雪龙2"号极地考察船作为中国第一艘自主建造的极地科学考察破冰船于2019年7月交付使用。

中国第36次赴南极考察。考察队由105家单位的413人组成，部分考察队员搭乘"雪龙"号、"雪龙2"号前往南极并在南极海域进行海洋调查工作。

2024年

2024年2月7日位于罗斯海的中国南极科考第五站秦岭站开站。